현장 실무자를 위한

유공압 기초

| 공학박사 · 기술사 **김순채** 지음 |

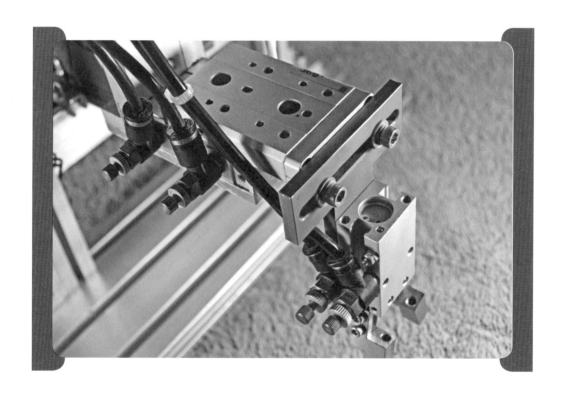

BM (주)도서출판 **성안당**

■ 도서 A/S 안내

성안당에서 발행하는 모든 도서는 저자와 출판사, 그리고 독자가 함께 만들어 나갑니다.

좋은 책을 펴내기 위해 많은 노력을 기울이고 있습니다. 혹시라도 내용상의 오류나 오탈자 등이 발견되면 "좋은 책은 나라의 보배"로서 우리 모두가 함께 만들어 간다는 마음으로 연락주시기 바랍니다. 수정 보완하여 더 나은 책이 되도록 최선을 다하겠습니다.

성안당은 늘 독자 여러분들의 소중한 의견을 기다리고 있습니다. 좋은 의견을 보내주시는 분께는 성안당 쇼핑몰의 포인트(3,000포인트)를 적립해 드립니다.

잘못 만들어진 책이나 부록 등이 파손된 경우에는 교환해 드립니다.

저자 문의 e-mail : edn@engineerdata.net(김순채)
본서 기획자 e-mail : coh@cyber.co.kr(최옥현)
홈페이지 : http://www.cyber.co.kr   전화 : 031) 950-6300

21세기의 엔지니어는 능력이 있어야 미래가 보장된다. 산업구조는 편리성을 추구하는 방향으로 발전하며, 회사는 최소의 비용으로 최대의 효과를 지향하는 실무에 능통하고 운영과 유지보수를 효율적으로 하는 엔지니어가 필요하다. 따라서 현장에 근무하는 엔지니어는 자신의 능력을 배양하기 위해 끊임없는 노력과 자기개발을 해야 한다.

21세기는 글로벌시대이다. 우리는 이제 세계 여러 국가와 경쟁하여 우위를 차지해야 경쟁력이 있으며 세계를 향해 나아갈 수 있다. 또한 기업은 우수한 인재와 체계적인 기업구조를 창출하여 선진 여러 기업과 선의의 경쟁을 해야 하는 시대에 살아가고 있다.

따라서 산업분야에 종사하고 있는 엔지니어는 기업의 효율화에 따른 선진 산업구조를 이해하고 회사의 이익을 창출해 나가는 기술력과 자신의 능력을 갖추므로 미래가 보장될 것이다. 또한 세계는 정보화산업의 발달로 인해 하나가 되었으며 자신의 분야뿐만 아니라 모두가 공유하는 분야도 결코 소홀히 하면 안 될 것이다.

『현장 실무자를 위한 유공압공학 기초』는 산업의 모든 분야에서 적용되는 유압과 공압에 대한 이론과 적용방법, 관련 회로를 이해하여 현장에서 효율적인 설비보전을 할 수 있도록 구성을 하였으며 더 나아가 관련 국가고시에도 활용하도록 집필하였다.

또한 생동감 있는 강의를 통하여 집중력을 배가시켜 강의효과를 극대화하였으며, 실무자 스스로가 기계설비의 트러블요인을 찾아 대처하는 능력을 배양하기 위해 실무에 대한 적용방법을 상황에 따라 제시하고 있으며 다음과 같은 내용을 중심으로 구성하였다.

이 책의 특징
❶ 기초이론부터 실무이론까지 체계적으로 정리
❷ 이론과 연계된 풍부한 그림과 도표를 통해 실무능력 향상
❸ 동영상 강의를 통하여 현장 적용능력과 응용력 배양
❹ 생동감 있는 명품 강의로 집중력 향상
❺ 현장 기술자의 설비보전을 위한 대처능력 배양

　　이 책이 출판되기까지 준비하는 과정 중에 어려울 때나 나약할 때 항상 기도에 응답하시는 주님께 영광을 돌린다. 또한 많은 분량을 꼼꼼히 검토하고 서로 의논하며 양질의 서적을 집필하게 한 편집부 직원들, 동영상 촬영과 편집을 위해 수고하신 분들에게도 감사함을 전한다. 또한 항상 나의 곁에서 같은 인생을 체험하며 위로하는 가족에게 영광을 돌리며 언제나 관심으로 기도하시는 모든 성도님께도 주님의 축복하심과 은혜가 충만하시기를 기도한다.

　　끝으로 이 책을 구입한 공학도와 엔지니어들이 인생의 목표가 성취되시기를 간절히 소망하며 앞날에 무궁한 발전이 있기를 기원합니다.

　　감사합니다.

공학박사 · 기술사 **김순채**

■1 국가직무능력표준(NCS)이란?

국가직무능력표준(NCS, National Competency Standards)은 산업현장에서 직무를 수행하기 위해 요구되는 지식·기술·태도 등의 내용을 국가가 산업부문별, 수준별로 체계화한 것이다.

(1) 국가직무능력표준(NCS) 개념도

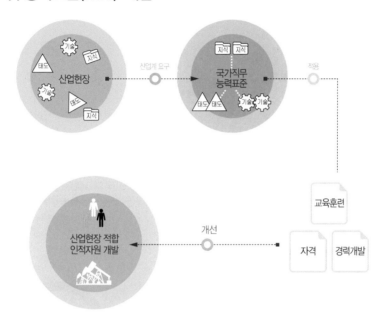

직무능력 : 일을 할 수 있는 On–spec인 능력

① 직업인으로서 기본적으로 갖추어야 할 공통
   능력 → 직업기초능력
② 해당 직무를 수행하는 데 필요한 역량(지식,
   기술, 태도) → 직무수행능력

보다 효율적이고 현실적인 대안 마련

① 실무 중심의 교육·훈련 과정 개편
② 국가자격의 종목 신설 및 재설계
③ 산업현장 직무에 맞게 자격시험 전면 개편
④ NCS 채용을 통한 기업의 능력 중심 인사관리
   및 근로자의 평생경력 개발 관리 지원

(2) 국가직무능력표준(NCS) 학습모듈

국가직무능력표준(NCS)이 현장의 '직무요구서'라고 한다면, NCS 학습모듈은 NCS 능력단위를 교육훈련에서 학습할 수 있도록 구성한 '교수·학습자료'이다.

NCS 학습모듈은 구체적 직무를 학습할 수 있도록 이론 및 실습과 관련된 내용을 상세하게 제시하고 있다.

② 국가직무능력표준(NCS)이 왜 필요한가?

능력 있는 인재를 개발해 핵심 인프라를 구축하고, 나아가 국가경쟁력을 향상시키기 위해 국가직무능력표준이 필요하다.

(1) 국가직무능력표준(NCS) 적용 전/후

🔍 지금은

- 직업 교육·훈련 및 자격제도가 산업현장과 불일치
- 인적자원의 비효율적 관리 운용

→ 국가직무능력표준 →

🔍 이렇게 바뀝니다.

- 각각 따로 운영되었던 교육·훈련, 국가직무능력표준 중심 시스템으로 전환 (일-교육·훈련-자격 연계)
- 산업현장 직무 중심의 인적자원 개발
- 능력중심사회 구현을 위한 핵심 인프라 구축
- 고용과 평생직업능력개발 연계를 통한 국가경쟁력 향상

(2) 국가직무능력표준(NCS) 활용범위

기업체 Corporation

- 현장 수요 기반의 인력채용 및 인사관리 기준
- 근로자 경력개발
- 직무기술서

교육훈련기관 Education and training

- 직업교육 훈련과정 개발
- 교수계획 및 매체, 교재 개발
- 훈련기준 개발

자격시험기관 Qualification

- 자격종목의 신설·통합·폐지
- 출제기준 개발 및 개정
- 시험문항 및 평가방법

③ 과정평가형 자격취득

(1) 개념

국가직무능력표준(NCS)에 따라 편성·운영되는 교육·훈련과정을 일정수준 이상 이수하고 평가를 거쳐 합격기준을 통과한 사람에게 국가기술자격을 부여하는 제도이다.

(2) 시행대상

「국가기술자격법 제10조 제1항」의 과정평가형 자격 신청자격에 충족한 기관 중 공모를 통하여 지정된 교육·훈련기관의 단위과정별 교육·훈련을 이수하고 내부평가에 합격한 자

(3) 교육·훈련생 평가

① 내부평가(지정교육·훈련기관)
　ㄱ 평가대상 : 능력단위별 교육·훈련과정의 75% 이상 출석한 교육·훈련생
　ㄴ 평가방법 : 지정받은 교육·훈련과정의 능력단위별로 평가
　　→ 능력단위별 내부평가 계획에 따라 자체 시설·장비를 활용하여 실시
　ㄷ 평가시기 : 해당 능력단위에 대한 교육·훈련이 종료된 시점에서 실시하고 공정성과 투명성이 확보되어야 함
　　→ 내부평가 결과 평가점수가 일정수준(40%) 미만인 경우에는 교육·훈련기관 자체적으로 재교육 후 능력단위별 1회에 한해 재평가 실시
② 외부평가(한국산업인력공단)
　ㄱ 평가대상 : 단위과정별 모든 능력단위의 내부평가 합격자
　ㄴ 평가방법 : 1차·2차 시험으로 구분 실시
　　•1차 시험 : 지필평가(주관식 및 객관식 시험)
　　•2차 시험 : 실무평가(작업형 및 면접 등)

(4) 합격자 결정 및 자격증 교부

① 합격자 결정기준
　내부평가 및 외부평가 결과를 각각 100점을 만점으로 하여 평균 80점 이상 득점한 자
② 자격증 교부
　기업 등 산업현장에서 필요로 하는 능력보유 여부를 판단할 수 있도록 교육·훈련기관명·기간·시간 및 NCS 능력단위 등을 기재하여 발급

★ NCS에 대한 자세한 사항은 **N**국가직무능력표준 National Competency Standards 홈페이지(www.ncs.go.kr)에서 확인해주시기 바랍니다. ★

✽ 차 례

PART 6 **전기 일반**

부 록 **관련 자료**

Chapter 5   시퀀스제어 문자기호 / 406

Chapter 6   특수문자 읽는 법 / 415

Chapter 7   삼각함수공식 / 416

Chapter 8   용접기호 / 418

P/A/R/T
01

공압 분야

공압의 기초 이론

01 개요

1 공기압 기술의 발달

공기압 공학 또는 기술을 영어로는 pneumatics라 부르고 있다. 우리가 사용하고 있는 공기를 압축 또는 감압한 상태로 목적에 맞게 사용하는 공학 · 기술이 공기압 공학 · 기술이다.

(1) 공기압의 역사는 대단히 길다. 기원전부터 이집트에서 불을 일으키는 부싯돌에 공기압을 이용하였으며 기원전 100년경에는 압축 공기를 이용한 투석기 등에 공기압 기기를 사용하였다.

그 후 18세기의 산업혁명에서부터 공기압 기술은 서서히 산업에 이용되었고 열차용 공기 브레이크의 개발, 프레스용 클러치의 브레이크 장치, 차량의 자동문 개폐 장치, 토목, 기계 등에 주로 사용되고 있었지만 일반 산업의 자동화, 인력 절감 등에 폭넓게 사용된 것은 불과 수십 년 전부터이다.

(2) 공기압 장치는 간단한 조작으로 사용이 가능하므로, 그 용도로서는 차량의 문 개폐에서부터 치과 의사의 그라인더, 가정용의 공기 주압기 및 나아가 산업용 로봇 및 미사일 유도탄에 이르기까지 그 적용 범위는 광범위하게 되어가고 있다.

특히 low cost automation, simple automation으로서 널리 보급되었고 지금은 F.A (Factory Automation) 시스템 구성에 절대적인 요소로서 공장 자동화의 수준 향상에 따라 그 수요는 한층 더 증가하고 있다.

2 공압의 특징

(1) 장점

① 구조가 간단하므로 설비 비용 및 보전 비용의 절감이 가능하다.
② 낮은 압력을 사용하고 있어 유압에 비해 출력이 작으므로 경량 작업에 최적이다.
③ 압축성이 있기 때문에 탱크 등에 에너지를 축적하여 비상 시에 사용이 가능한 이점이 있는 반면에 정확한 정속 제어나 중간 정지가 곤란하다.
④ 유체의 저항이 작으므로 고속 운전이 가능하다.

⑤ 압력 조절기(regulator)를 사용하여 구동력의 무단계 제어가 가능하다.

⑥ 외부에 누출하여도 유압에서와 같은 화재, 환경 오염 등의 문제가 없다.

⑦ 공기압 배관은 일반적으로 공장 내에 설비되어 있으므로 에너지원을 쉽게 얻을 수 있다.

⑧ 복귀 회로가 불필요하므로 유압에 비해 배관 작업이 대폭 절감된다.

⑨ 사용할 수 있는 온도 범위가 −40~130[℃]로서 유압에 비하여 그 범위가 넓다.

(2) 단점

① 유압에 비해 출력이 작다. 유압의 1/10~1/30, 최대 작업 압력은 700[kPa](7[bar]), 힘은 30,000~35,000[N]이 한계이다.

② 일정한 속도 유지가 어렵고, 저속에서 속도가 불안정하다.

③ 효율이 낮고 배기 소음이 크다.

④ 운전 비용이 많이 든다.

⑤ 압축 공기를 만드는 데 많은 주의가 필요하다.

⑥ 먼지와 수분을 제거하기 위한 주변 장치가 필요하다.

02 대기와 공기압

1 대기 환경

(1) 우리가 살고 있는 지구는 대기라고 부르는 기체에 의해 에워 싸여 있다. 이 대기는 지구의 표면에서 고도가 높아짐에 따라 점점 희박하게 되어, 마침내는 진공이 되어 버리지만 지상 11[km] 부근의 대류권까지는 [표 1.1]처럼 거의 일정한 성분으로 구성되어 있다.

| 표 1.1 | 공기압의 체적과 중량 조성비

체적 조성비[%]		중량 조성비[%]	
질소	78.09	질소	75.53
산소	20.95	산소	23.14
아르곤	0.93	아르곤	1.28
이산화탄소	0.03	이산화탄소	0.05

(2) 일반적으로 이 대류권 내의 대기를 공기라 부른다. 실제로는 이 밖의 수증기나 가스 불순물이 포함되어 있다. 공기는 1[m³]당 약 1.2[kg]의 무게로 대기층의 중력이 작용하는데

해면에 작용하는 힘은 높이가 760[mmHg]인 수은주의 밑바닥에 작용하는 힘과 동등한 힘이 작용하고 있다. 이것을 대기압이라 부르고 해면상에서 고도가 높아질수록 중력은 감소하여 5[km]의 높이에서는 약 1/2이 된다.

(3) 공기에서 '표준 상태'라는 것은 온도 20[℃], 절대 압력 760[mmHg](해면상에서의 대기압), 상대 습도 65[%]로 정해져 있으며 공기압 기기에서 공기의 유량도 이 상태로 환산한 값으로 표현되는 것이 일반적이다.

→ N(Normal)을 붙여 나타낸다. 예 200[N/m^3]

그런데 공기는 대기압 상태로는 에너지용으로서 공업용에 사용하는 것이 불가능하므로 압축기(compressor)로 공기를 압축함으로써 압력을 높게 하여 용도에 적합하게 사용한다.

(4) 이와 같이 압력이 대기압보다 높은 경우에 이것을 공기압이라 부른다. 즉 '공기압 = 압축 공기'이므로, 예를 들어 공기압 실린더라고 하는 것은 압축 공기를 사용하여 작동시키는 실린더라는 것을 의미한다.

| 표 1.2 | 공기의 물리적 성질

명칭	기호	상수	단위
표준 대기압	P_o	1.0332	kgf/cm^2
밀도	ρ	0.1319	kgf·s^2/m^4
비중량	γ	1.293	kgf/m^3
정압 비열	C_p	0.240	kcal/kgf·℃
정적 비열	C_v	0.171	kcal/kgf·℃
비열비	k	1.402	
가스 정수	R	29.27	kgf·m/kgf·℃
음속	α	331.68	m/s

2 공기 중의 수분

공기 중에는 수분이 수증기의 형태로 함유되어 있다. 이 수증기는 어떤 일정량 이상으로 되면 잉여분이 물방울로서 분리되는데 이 일정량이라는 것은 공기의 습도에 따라 변화한다.

예를 들어 압축기에서 나온 뜨겁고 습한 공기를 후부 냉각기(after cooler)에서 40[℃] 정도로 냉각하여 수분을 분리해도, 배관 도중에 온도가 내려가면 수분이 생긴다. 따라서 수분이 있으면 곤란한 경우에는 에어드라이어를 사용하여 공기를 건조 상태로 해야 된다.

공기 중의 수분이 분리되어 물방울 상태로 되면 배관 중에서 녹을 발생시키거나 공기 중의 먼지 등과 함께 기기 중에서 작동 불량의 원인이 된다. 또한 도장용 공기 공구에서 도료를 뿜어내는 경우에는 도장면에 얼룩이 되어 도장 불량이 생긴다. 이와 같이 여러 가지 불량을 일으키므로 수분 대책은 보수상 중요한 문제가 된다. 수분을 완전히 포함하지 않는 공기를 건조 공기라 하고 건조 공기와 수분과의 혼합 기체를 습공기라 한다.

우리가 평소 호흡하고 있는 공기는 이 습공기이다. 이 습공기 중에 함유된 수분량의 많고 적음을 알고, 목적에 따라 그 제거 수단을 구성하는 것은 공기압 제어의 신뢰성을 높이기 위하여 중요한 일이다.

(1) 전압력(P[kg/cm^2 abs])

수분과 건조 공기의 혼합 기체가 나타내는 압력을 의미한다.

(2) 수증기 분압(P_w[kgf/cm^2])

습공기 중에서 수증기가 나타내는 분압으로서 건조 공기의 분압(P_w[kgf/cm^2])은 전압력에서 수증기 분압을 뺀 것이 된다. 포화 습공기의 수증기 분압은 그 온도의 포화 증기량(P_s[kgf/cm^2] 또는 [mmHg])에 해당한다.

(3) 절대 습도(x[kg/kg′])

습공기 중에 함유되어 있는 건조 공기 1[kg]에 대한 수분의 양을 말한다. 습공기의 모든 상태량은 이 x[kg]의 수분과 1[kg]의 건조 공기가 혼합된 습공기 $(1+x)$[kg]에 대해 나타내는 것이 많으므로 이 경우 건조 공기의 단위를 특히 [kg′]로 나타낸다.

(4) 상대 습도(ϕ[%])

어떤 습공기의 수증기 분압과 그 온도와 같은 온도에서 포화 공기의 수증기 분압과의 비율을 말하고 [%]로서 나타내는 경우가 많다. 즉

$$\phi = \frac{P_w}{P_s} \times 100[\%]$$

보통 습도 및 [%]라 말할 때는 이 상대 습도를 기준으로 한 것이다.

(5) 노점 온도

어떤 습공기의 수증기 분압에 대한 증기의 포화 온도를 말한다. 즉 이것과 같은 수증기 분압을 가진 포화 공기의 온도이다. 어떤 습공기에 그 노점 온도 이하의 온도를 갖는 물체가 닿으면 그 물체의 표면에 이슬이 생긴다.

| 표 1.3 | 포화 수증기량(상대 습도 100[%])

		1[℃] 단위 온도[℃]									
		0	1	2	3	4	5	6	7	8	9
10 [℃] 단위 온도 [℃]	90	420.1	433.6	448.5	464.3	480.8	496.6	514.3	532.0	550.3	569.7
	80	290.8	301.7	313.3	325.3	337.2	349.9	362.5	375.9	389.7	404.9
	70	197.0	204.9	213.4	222.1	231.1	240.2	249.6	259.7	269.7	288.0
	60	129.8	135.6	141.5	147.6	153.9	160.5	167.3	174.2	181.6	189.0
	50	82.9	86.9	90.9	95.2	99.6	104.2	108.9	114.0	119.1	124.4
	40	51.0	53.6	56.4	59.2	62.2	65.3	68.5	71.8	75.3	78.9
	30	30.3	32.0	33.8	35.6	37.5	39.5	4106	43.8	46.1	48.5
	20	17.3	18.3	19.4	20.6	21.8	23.0	24.3	25.7	27.2	28.7
	10	9.04	10.0	10.6	11.3	12.1	12.8	13.6	14.5	15.4	16.3
	0	4.85	5.09	5.56	5.59	6.35	6.80	7.26	7.75	8.27	8.82
	0	4.85	4.52	4.22	3.93	3.66	3.40	3.16	2.94	2.73	2.54
	−10	2.25	2.18	2.02	1.87	1.37	1.60	1.48	1.36	1.26	1.16
	−20	1.067	0.982	0.903	0.829	0.761	0.698	0.640	0.586	0.536	0.490
	−30	0.448	0.409	0.373	0.340	0.309	0.281	0.255	0.232	0.210	0.190
	−40	0.172	0.156	0.141	0.127	0.114	0.103	0.093	0.083	0.075	0.067
	−50	0.060	0.054	0.049	0.043	0.038	0.034	0.030	0.027	0.024	0.021
	−60	0.019	0.072	0.015	0.013	0.011	0.0099	0.0087	0.0076	0.0067	0.0058
	−70	0.0051									

03 대기의 압력과 단위

1 기압[atm]

$$1기압[atm] = 76[cmHg] = 760[mmHg] = 1,013[hPa]$$
$$= 1,013[mbar] = 1,013[bar] = 14.7[PSI]$$

1기압은 물을 약 10[m] 정도 끌어올리는 힘을 의미하며 수은은 약 76[cm] 정도(토리첼리의 실험)이다.

2 대기압

대기압은 수면에 가해지는 공기의 무게를 기준으로 하고 있는데 이 무게는 지구상의 위치나 기상 상태에 따라 약간씩 다르므로 위도 40도 지역에서 1년간 측정된 값을 평균한 것을 표준 기압으로 정의하고 있다. 1대기압은 $1.033[\text{kgf/cm}^2]$이다.

3 힘[N]

$$\text{힘} = N \rightarrow F = ma, \quad [\text{N}] = [\text{kgf} \cdot \text{m/s}^2]$$
$$1[\text{kgf}] = 1[\text{kg}] \times 9.8[\text{m/s}^2] = 9.8[\text{N}]$$

4 압력[Pa]

(1) 압력의 정의는 단위 면적에 작용하는 힘으로써 그 단위로는 $1[\text{cm}^2]$당 작용하는 힘[kgf]의 크기, 즉 $[\text{kgf/cm}^2]$가 가장 많이 사용되고 있다. 압력은 또한 그것에 상당하는 수은주의 높이[mmHg]와 물기둥의 높이[mmHg]로 표현되는 경우도 있다.

(2) 최근에는 국제적인 단위의 통일을 목적으로 국제단위계(SI단위계)의 보급이 확대되고 있으며 이 단위계에서는 $1[\text{m}^3]$당 작용하는 힘 N(뉴턴)의 크기 $[\text{N/m}^2]$을 [Pa](파스칼)로 나타낸다. 이 경우 [Pa]은 상당히 작은 단위이므로 그 1,000배인 [kPa](킬로파스칼)이나 1,000,000배인 [MPa](메가파스칼)을 사용하는 경우가 많다. 대기압 단위로서는 [bar]가 사용되고 있다.
이들의 관계는 다음과 같다.

| 표 1.4 | 압력 단위의 관계

kgf/cm^2	bar	kPa	mmHg	mmAq
1	0.9807	98.07	735.6	10,000
1.02	1	100	750	10,197
0.0103	0.01	1	7.5	102

(3) 압력의 기준으로서 압력이 0이라는 것은 그 면에 작용하는 힘이 전혀 없는 상태, 즉 완전 진공이라는 상태가 된다. 그러나 실제로는 대기압과의 압력차, 즉 게이지 압력을 사용하는 일이 많다.

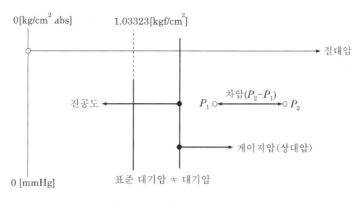

| 그림 1.1 | 압력의 기준

절대 압력

물리학에서는 완전 진공을 기준으로 한 절대 압력을 사용하고, 일반 공학에서는 대기압을 기준으로 한 게이지 압력을 사용한다.

절대 압력은 완전 진공을 기준으로 하여 측정한 압력이다.

절대 압력＝대기압＋게이지 압력＝대기압－진공 압력

(4) 이 경우는 대기압 760[mmHg]＝1.033[kgf/cm²]＝101.3[kPa]이 된다. 게이지 압력에 대한 특별한 표시는 1[kg/cm² g]처럼 표시하는 경우가 많다. 이것에 비하여 완전 진공을 기준점으로 한 압력, 즉 절대 압력을 표시하는 경우는 [kg/cm² abs]로 나타낸다.

게이지 압력을 절대 압력으로 환산하려면 대기압 부분을 더한다.

예를 들면 3[kg/cm² g]＝3＋1.033＝4.033[kg/cm² abs]가 된다.

(a) 절대압으로 표시된 예　　(b) 게이지압으로 표시된 예
(단위 : [mbar])　　　　　　 안쪽 숫자(단위 : [cmHg])

| 그림 1.2 | 절대 압력과 게이지 압력 지시계

참고

- $1[\text{Pa}] = 1[\text{N/m}^2]$, $1[\text{kgf/cm}^2] = 9.8[\text{N}/10^{-4}] = 98[\text{kPa}]$
- 기계 분야의 단위 : $1[\text{kgf/cm}^2] = 98[\text{kPa}] = 14.3[\text{PSI}]$
- SI의 단위 : $1[\text{bar}] = 10[\text{N/cm}^2] = 100[\text{kPa}] = 14.5[\text{PSI}]$
- 물리학의 단위 : 1기압$[\text{atm}] = 10.13[\text{N/cm}^2] = 101.3[\text{kPa}] = 14.7[\text{PSI}]$
- ※ $1[\text{kgf/cm}^2]$, $1[\text{bar}]$, 1기압의 단위는 $1[\text{bar}]$를 기준으로 ±2[%] 이내 차이
  $1[\text{bar}] = 100,000[\text{Pa}] = 1,000[\text{hPa}] = 100[\text{kPa}] = 0.1[\text{MPa}]$
  $1[\text{kPa}] = 1/1,000[\text{bar}] = 1[\text{mbar}]$

04 압력에 대한 법칙

1 보일의 법칙

가스의 절대 온도 T가 일정하면 비체적 v는 압력 P에 반비례한다.

$$T_1 = T_2 \rightarrow P_1 v_1 = P_2 v_2 = C\,(\text{Constant})$$

$$\frac{v_2}{v_1} = \frac{P_1}{P_2}$$

여기서, T : 절대 온도[K], P : 압력$[\text{kgf/m}^2]$, v : 비체적$[\text{m}^3/\text{kg}]$

2 게이뤼삭의 법칙

가스의 압력 P가 일정하면 비체적 v도 절대 온도 T에 비례한다.

$$P_1 = P_2 \rightarrow \frac{v_2}{v_1} = \frac{T_2}{T_1}, \ \frac{v_1}{T_1} = \frac{v_2}{T_2} = C\,(\text{Constant})$$

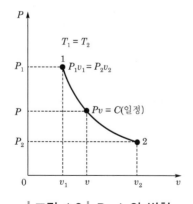

| 그림 1.3 | Boyle의 법칙

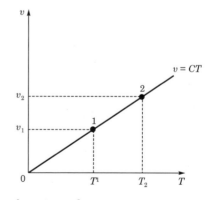

| 그림 1.4 | Gay-Lussac의 법칙

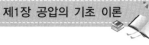

▌3▐ 아보가드로의 법칙

동일 압력 및 동일 온도하에서 모든 가스는 단위 체적 내에 같은 수의 분자를 함유한다.

▌4▐ 파스칼의 원리

밀폐된 용기 속에 정지 유체의 일부에 가해지는 압력은 유체의 모든 부분에 동일한 힘으로 동시에 전달된다. 이것을 파스칼의 원리라 한다.

① 경계를 이루는 어떤 표면 위에 정지하고 있는 유체의 압력은 그 표면에 수직으로 작용한다.

② 정지 유체 내의 점에 작용하는 압력의 크기는 모든 방향으로 같게 작용한다.

③ 정지하고 있는 유체 중의 압력은 그 무게가 무시될 수 있으면, 그 유체 내의 어디에서나 같다.

④ 힘은 피스톤의 단면적에 비례하므로 단면적이 크면 큰 힘을 얻을 수 있다.

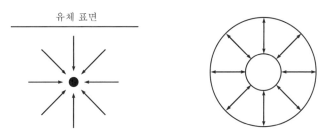

| 그림 1.5 | 파스칼의 원리

Chapter 02 공압 기기

01 공압의 응용

1 용도

공기압 기기는 산업의 전 분야에서 생산성과 품질의 향상을 위한 모든 시스템에 효율적으로 적용을 하고 있으며 다양한 특징을 가지고 있어 자동화 장치의 구성에 있어서 폭넓게 사용되고 있다.

|표 1.5| 공기압 기기의 특징

구분	특성	사용 분야
취급	안전성, 설치성	소형 경량 부품의 조립, 반송 작업, 수지, 다이캐스팅, 프레스, 반송, 로봇
제어	압력 설정, 속도 조절, 유량 조절	밸브 제어, 방직 기기의 에어제트, 공기 베어링, 장력 조절
내환경성	내방폭, 고온, 방습, 오염 대응	광산, 화학 공장, 가스, 도장 라인, 화력 발전 공장, 세차기, 식품 기계, 반도체 공장
에너지의 축적	비상시 대응(정전, 방화)	철도, 항공기, 브레이크 긴급 차단용

|표 1.6| 구동 방식에 따른 비교

구분		기계	전기 · 전자	유압	공압
구동계	직선 운동	쉽다.	어렵다.	쉽다.	쉽다.
	회전 운동	쉽다.	쉽다.	약간 어렵다.	약간 어렵다.
	구동력	소 – 대	소 – 대	중 – 대	소 – 중
	구동력 조정	어렵다.	어렵다.	쉽다.	쉽다.
	구동 속도	소 – 대	중 – 대	소 – 중	소 – 대
	속도 조정	어렵다.	약간 어렵다.	매우 쉽다.	쉽다.
	속도의 안전성	매우 한정적	한정적	한정적	저속은 곤란
	구조	약간 복잡	약간 복잡	약간 복잡	간단
	과부하에 대한 특성 변화	적다.	적다.	약간 있다.	크다.

구분		기계	전기·전자	유압	공압
구동계	응답성	매우 빠르다.	매우 빠르다.	빠르다.	빠르다.
	정전 대책	약간 어렵다.	어렵다.	쉽다.	쉽다.
	보수	간단	기술 필요	약간 간단	간단
제어계	신호의 교환	어렵다.	매우 쉽다.	약간 어렵다.	쉽다.
	연산 속도	빠르다.	매우 빠르다.	보통	보통
	내방폭성	양호	별도 대책 필요	양호	매우 양호
	온도의 영향	없음.	크다.	약간 있다.	거의 없음.
	습도의 영향	없음.	크다.	없음.	크다(드레인에 주의).
	대진동성	보통	매우 좋다.	나쁘다.	좋다.
	제어의 자유도	보통	매우 좋다.	나쁘다.	좋다.
	가격	보통	약간 고가	약간 고가	보통
비고		• 구동계로는 캠, 나사, 레버, 링크, 치차 등의 기구에 의해 사용되고 있는 방식 • 구동원으로서의 전기 모터 사용	• 구동계로는 전자 클러치, 브레이크 등 기계식과 제어계는 리밋 스위치, 릴레이 등에 의한 제어 방식	• 구동계로는 실린더와 같이 가압력을 이용 • 제어계로는 각종 유압 제어 밸브에 의한 제어 방식	• 구동계로는 실린더 등에 의한 구동 방식 • 제어계로는 공압 제어 밸브에 의한 제어 방식

2 압축 공기의 응용성

일상 생활에서 흔히 볼 수 있는 자동문에서부터 자동차, 공작 기계, 산업용 로봇, 기차, 선박, 항공기, 우주선 등에 이용하며 특히 자동화 생산 라인을 갖추고 있는 산업 현장에서는 빼놓을 수 없는 에너지원이자 장치이다.

[그림 1.6]은 공압의 이용 분야를 보여준다.

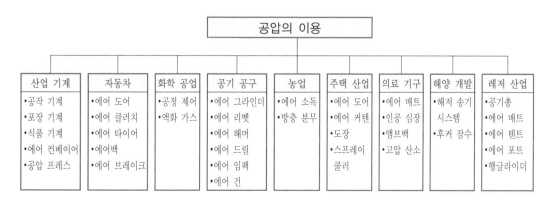

| 그림 1.6 | 공압의 이용 분야

3 공압 시스템의 구성

공압 시스템은 전동기나 원동기(내연 기관)로 공기 압축기를 구동하여 기계적 에너지를 공기의 압력 에너지로 변환시키고, 이 공기의 압력을 제어하여 공압 실린더나 공압 모터와 같은 액추에이터(actuator)에 공급함으로써 각종 기계적인 일을 하게 된다. 이들 일련의 기기 요소를 공압 기기라 하고, 이들 결합체를 공압 장치(pneumatic system)라 한다. 공압 장치의 기본 시스템은 공압 발생 장치, 공기 청정화 장치, 압축 공기 조정 제어 밸브 및 액추에이터로 구성된다.

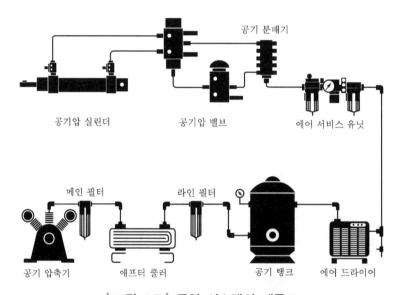

| 그림 1.7 | 공압 시스템의 계통도

02 공기 압축기

1 개요

공기 압축기(air compressor)는 공압 액추에이터를 구동시키기 위하여 압축 공기를 만들어내기 위한 기기로서, 공압 장치는 공기 압축기를 출발점으로 구성된다. 공기 압축기는 대기압의 공기를 흡입, 압축하여 이상의 압력을 발생시키는 것을 말한다.

피스톤식	다이어프램식	루트
베인식	스크루식	

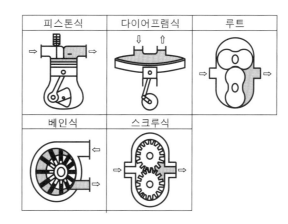

| 그림 1.8 | 체적형 공기 압축기의 종류

2 공기 압축기의 효율적 운영 방법

최근 공기 압축기는 여러 가지 용도에 이용되고 있으며, 특히 산업체에서 널리 보급되고 있다. 산업체에서는 각종 제어 계통의 작동 유체로서 또 프로세스에 직접 사용하기도 한다. 이와 같이 널리 사용되고 있는 공기 압축기의 효율적인 운전은 산업체의 원가 절감의 한 방편으로서 또는 에너지의 생산에 따른 공해 배출물의 감소 방안으로서 피할 수 없는 선택 수단이 되고 있다.

3 공기 압축기의 일반 특성

(1) 공기 압축기의 종류 및 특성

공기 압축기는 압축 방식에 따라 크게 세 가지로 분류되며 각각 기계의 특성상 장·단점을 지니고 있으므로 현장 여건에 적합한 압축기를 사용하는 것이 중요하다.

① 왕복동 압축기
  ⊙ 실린더 안에 피스톤의 왕복 운동으로 압축 공기를 생성하며, 높은 압력 변화에 따른 유량의 변동이 작은 특징을 가지고 있다.
  ⓛ 높은 공기 압력을 생산할 수 있으나, 유량의 한계(3,300[m³/h])를 갖고 있어 공기 사용량이 많은 공정에는 부적합하며, 피스톤 운동의 특성상 공기의 흐름이 연속적이지 못하다.

② 스크루 압축기
  ⊙ 왕복동 압축기의 피스톤 대신 암·수 로터가 맞물려 회전함으로써 압축 공기를 생성하며, 압력은 왕복동 압축기보다 작으나 공기 유량이 많다.
  ⓛ 왕복동 압축기보다 많은 유량을 생산할 수 있으나, 기계적인 소음이 매우 크다. 유량은 크기에 따라 20,000[m³/h] 정도 생산 가능하나, 그 이상은 작동 원리상 장비의 부피가 현실성 없게 커지는 단점이 있다.

③ 터보 압축기

   ㉠ 임펠러를 고속 회전시켜 공기의 속도를 높이고 디퓨저를 통해 속도 에너지를 압력 에너지로 전환시킴으로써 압축 공기를 생성하며 왕복동 압축기와 스크루 압축기의 단점을 보완한 형식이다.

   ㉡ 유량을 압력 변동 없이 조절할 수 있으며, 다른 종류의 압축기보다 전력당[kW] 많은 유량을 생산할 수 있다. 그러나 유량 대비 압축비가 높을 때 발생하는 서지 곡선(surge line)이 있어 이 영역에서는 회전체(impeller)가 공회전을 하게 되어, 유동의 흐름이 불규칙하게 되고, 결국 제어가 안 되는 불안정한 상태가 되므로 이 영역을 피해서 운전해야 하는 단점이 있다.

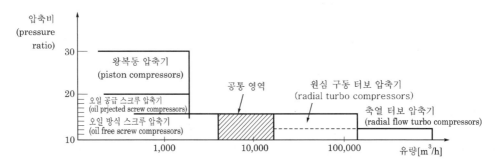

| 그림 1.9 | 압축기 종류별 운전 영역

| 표 1.7 | 압축기 종류별 비교표

구분	왕복동식	스크루식	터보식
압축 원리	실린더 내에 있는 피스톤의 압축 작용(왕복 용적형)	밀폐된 케이싱 내의 암·수 로터가 맞물려 회전할 때 점진적 체적 감소를 통한 압축(회전식 용적형)	임펠러를 고속 회전시켜 공기의 속도를 높이고 디퓨저를 통해 속도 에너지를 압력 에너지로 전환시킴(원심식).
압축 단수	2단 압축(20단까지 가능)	2단 압축(8단까지 가능)	3단 압축
공기량	일반적으로 120[m³/min]까지 생산할 수 있으며, 그 이상은 기계적인 효율, 진동이 문제가 됨.	60[m³/min] 이하인 경우 터보식보다 전력비가 저렴함.	50[m³/min] 이상 한계 없이 제작할 수 있음.
운전 특징	높은 압력 변화에 따른 유량의 변동이 작으며, 유량의 한계가 있어 공기 사용량이 많은 공정에는 부적합	압력은 왕복동 압축기보다 작으나, 공기 유량이 큼.	유량을 압력 변동 없이 조절할 수 있으며, 다른 종류의 압축기보다 전력당 많은 유량을 생산할 수 있음.

구분	왕복동식	스크루식	터보식
용량 제어	현장 공기량의 소요에 따라 100, 75, 50, 25, 0[%]의 5단계 부하 조절이 가능	100~0[%] 또는 modulation 방법으로 0~100[%]까지 무단계적으로 흡입 공기량을 조절할 수 있음.	surging 영역이 있으므로 100~70[%] 정도 구간의 부하 운전이 가능하고 50[%] 용량 요구 시는 여분의 압축 공기를 방출
제어 방법	언로더 피스톤 밸브를 조작, 흡입 밸브를 개방 상태로 하여 운전	흡입 밸브가 없으므로 언로더 역할을 하는 스로틀 밸브로 흡입구의 압력이 일정하게 유지되도록 비례적으로 교축하여 제어(정압 제어 불가능)	인렛 가이드 베인을 공기 사용량에 따라 연속적으로 흡입 용량을 조절(정압 제어)
Surging	없음.	없음.	70[%] 부하 운전점이 하한선이므로 그 이하 운전 시 대책 필요
효율	• 전부하 : 높음. • 부분 부하 : 높음.	• 전부하 : 높음. • 부분 부하 : 높음.	• 전부하 : 아주 높음. • 부분 부하 : 아주 높음.
비고		인버터 장착된 압축기 있음.	

※ 부분 부하(partial load)와 무부하(unload) 개념 유의

(2) 설치 환경

공기 압축기는 설치 장소의 조건에 따라 운전 효율 향상과 기계적 수명을 연장할 수 있으므로 다음과 같은 장소에 설치해야 한다.

① 바닥이 평평하고 수평인 면일 것

② 기초 진동이 심한 장소에는 방진 매트(mat)를 깔아줄 것

③ 습기, 먼지가 적고 통풍이 잘된 곳일 것

④ 점검 및 보수가 용이하도록 벽면과 최소한 30[cm] 이상 띄울 것

⑤ 빗물이나 유해 가스가 침입하지 않는 곳

⑥ 실내 온도가 높게 되면 압축기의 효율이 저하하고 압축에 장해가 발생할 우려가 있으므로 반드시 환풍기를 설치하는 것이 좋음.

(3) 공기의 일반 특성

① 공기의 부피는 절대 온도에 비례하고, 절대압에 반비례한다.

$$\frac{P_1 V_1}{T_1} = \frac{P_2 V_2}{T_2}$$

$$V_2 = V_1 \frac{T_2}{T_1} \frac{P_1}{P_2}$$

② $PV^k = $ 일정 → $P_1 V_1^k = P_2 V_2^k$ (여기서, k : 비열비)

$$\frac{P_1 V_1}{T_1} = \frac{P_2 V_2}{T_2} \rightarrow \frac{T_2}{T_1} = \frac{P_2}{P_1} \frac{V_2}{V_1} = \left(\frac{V_1}{V_2}\right)^k \left(\frac{V_1}{V_2}\right)^{-1} = \left(\frac{V_1}{V_2}\right)^{k-1} = \left(\frac{P_2}{P_1}\right)^{\frac{k-1}{k}}$$

$$P_1 V_1{}^k = P_2 V_2{}^k \rightarrow \frac{P_2}{P_1} = \left(\frac{V_1}{V_2}\right)^k \rightarrow \frac{V_1}{V_2} = \left(\frac{P_2}{P_1}\right)^{\frac{1}{k}}$$

$$\frac{T_2}{T_1} = \left(\frac{V_1}{V_2}\right)^{k-1} = \left(\frac{P_2}{P_1}\right)^{\frac{k-1}{k}}$$

※ 실외 압축기에서의 T_2

$$T_2 = T_1 + \frac{T_1}{\eta}\left[\left(\frac{P_2}{P_1}\right)^{\frac{k-1}{k}} - 1\right] \quad (\text{여기서, } \eta : \text{단열 효율})$$

③ 일량

$$W = \int_1^2 P dV = \int \frac{P_1 V_1{}^k}{V^k} dV \quad (\because P_1 V_1{}^k = P V^k)$$

$$= P_1 V_1{}^k \int_1^2 V^{-k} dV = P_1 V_1{}^k \frac{1}{-k+1}\left[V^{-k+1}\right]_1^2$$

$$= P_1 V_1{}^k \frac{1}{-(k-1)}\left[V^{-(k-1)}\right]_1^2 = P_1 V_1{}^k \frac{1}{-(k-1)}\left[\frac{1}{V^{k-1}}\right]_1^2$$

$$= P_1 V_1{}^k \frac{1}{-(k-1)}\left(\frac{1}{V_2{}^{k-1}} - \frac{1}{V_1{}^{k-1}}\right)$$

$$= P_1 V_1{}^k \frac{1}{k-1}\left(\frac{1}{V_1{}^{k-1}} - \frac{1}{V_2{}^{k-1}}\right)$$

$$= P_1 V_1{}^k \frac{1}{k-1}\frac{1}{V_1{}^{k-1}}\left(1 - \frac{V_1{}^{k-1}}{V_2{}^{k-1}}\right)$$

$$= \frac{P_1 V_1}{k-1}\left\{1 - \left(\frac{V_1}{V_2}\right)^{k-1}\right\}$$

4 공기 압축기의 동력 및 구성

(1) 압축기의 소요 동력

공기 압축기의 소요 동력은 다음 식으로 표시할 수 있다.

$$L = \frac{(a+1)k}{k-1}\frac{P_s Q_s}{6,120}\left\{\left(\frac{P_d}{P_s}\right)^{\frac{k-1}{(a+1)k}} - 1\right\}^{\frac{\phi}{\eta_c \eta_t}} \text{[kW]}$$

여기서, P_s : 흡입 공기의 압력[kg/m² abs]
　　　　P_d : 토출 공기의 압력[kg/m² abs]
　　　　Q_s : 흡입 공기량[m³/min]

a : 중간 냉각기의 수

k : 공기의 단열 지수

η_c : 압축기의 전달 열효율[%]

η_t : 전달 효율[%]

ϕ : 여유율[%]

위 식에 따라 압축기는 압축 공기의 토출 압력 및 토출 공기량과 비례 관계에 있으므로 이들 값을 줄이면 축동력이 감소함을 알 수 있다.

(2) 압축기의 구동 동력

$$L_m = \frac{L_s}{\eta_r \, \eta_m} \, [\mathrm{kW}]$$

여기서, η_r : 동력 전달 장치(벨트, 체인 등)의 효율

η_m : 전동기의 효율

L_m : 구동 원동기의 입력[kW]

※ 공기 압축기 효율 측정 방법에 대해 자세한 사항은 KS-6350, 6351을 참조할 것

(3) 압축기의 구성

산업체 생산 제품에 따라 압축기 시스템은 조금씩 차이가 있으나 일반적으로 다음과 같은 구조로 설치되어 있다.

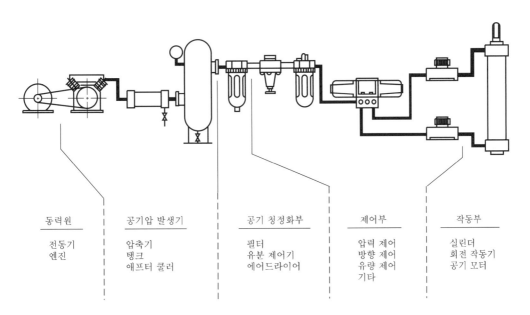

동력원	공기압 발생기	공기 청정화부	제어부	작동부
전동기 엔진	압축기 탱크 애프터 쿨러	필터 유분 제어기 에어드라이어	압력 제어 방향 제어 유량 제어 기타	실린더 회전 작동기 공기 모터

| 그림 1.10 | 일반적인 공기 압축기 시스템

① **후부 냉각기**(after cooler)

압축기 후단부(discharge)에서의 에어 온도는 최고 250[℃] 정도까지 상승하므로 탱크, 배관 등 송출 도중에서의 방열량으로는 충분히 냉각이 될 수 없으므로 송출 온도 그대로 사용할 경우 사용 기기에서 패킹의 열화를 촉진하거나, 말단에서 냉각된 수분이 배출되어 사용 기기에 나쁜 영향을 미친다.

따라서 후부 냉각기를 설치하여 공기 온도를 낮추고 수분도 어느 정도 분리하여야 효과적이다.

② **공기압 탱크**(receiver tank)

공기압 탱크는 공기의 압축성을 충분히 갖도록 함으로써 소비량의 변동에 대응하여 압축기의 맥동을 제거하거나 탱크의 표면에서의 방열을 이용하여 냉각 작용을 돕는 것도 가능하다. 또 저장된 공기를 정전 시 사용하는 것도 가능하다.

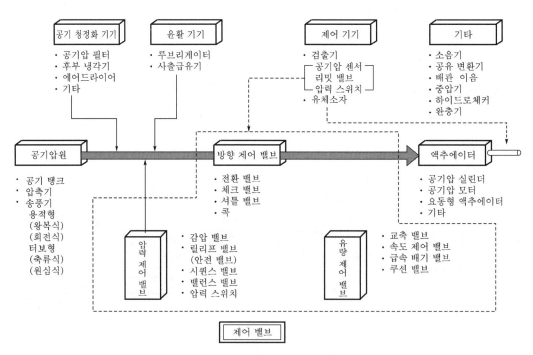

| 그림 1.11 | **공기 압축기 시스템 제어 계통**

③ **에어 필터**(air filter)

압축된 공기에 포함된 먼지 등 이물질은 공압 기기 및 생산 제품에 불리한 영향을 끼치므로 이를 제거하기 위하여 공기 필터를 설치한다.

④ 드레인 트랩

애프터 쿨러 출구 부분, 리시버 탱크 하단부, 에어 필터 하단부, 배관 라인 도중에 부착하여 분리되는 수분이나 오일을 배출시키는 것으로 자동적으로 일정량이 모이면 배출시키는 자동 배출기나 타이머로 작동하는 전자식(auto trap)이 있다.

⑤ 공기 건조기(air dryer)

후부 냉각기나 탱크에서의 냉각으로는 수분 제거가 불충분하므로 강제적으로 수분을 제거하여 가압하(압축기 내 발생 압력) 노점을 하향시키기 위해 에어 드라이어를 설치한다.

5 공기 압축기의 소요 동력 저감 방안

(1) 흡입 공기 온도 저감

① 공기 압축기에 흡입되는 공기는 온도가 낮을수록 전력 절감 효과가 있다. 이론 단열 공기 동력은 토출 압력과 유량(체적 유량)에 비례하므로 흡입되는 공기의 온도가 높을수록 체적(유량 : Q_s)이 증가하므로 소비 동력도 증가함을 알 수 있다.

② 소비 동력과 흡입 온도와의 관계를 그래프로 나타내면 흡입 온도가 낮을수록 소비 동력도 저하됨을 알 수 있으며 이를 위해 실내 온도가 높을 경우 외기 흡입을 위해 흡입구를 실외로 빼내는 것이 좋다. 이 경우 빗물 등에 의해 장해가 없도록 유의해야 하며 또한 충분한 굵기의 유도관을 설치하여 흡입 압력이 낮아지지 않도록 주의를 해야 한다.

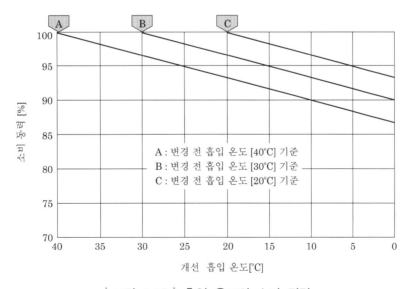

| 그림 1.12 | 흡입 온도와 소비 전력

공식 흡입 온도 저하에 따른 전력 절감량의 산출 방법

$$\varepsilon = \left(1 - \frac{T_2}{T_1}\right) \times 100 \,[\%]$$

여기서, T_1 : 개선 전 흡입 공기 절대 온도[K]
T_2 : 개선 후 흡입 공기 절대 온도[K]

 예제

실내 평균 온도 25[℃]인 공기 압축기실에서 실내 공기를 흡입하던 것을 덕트를 설치하여 외부 공기를 흡입할 경우 개략적인 절감률은? (단, 외기 평균 온도 : 15[℃])

$$\varepsilon = \left(1 - \frac{273 + 15}{273 + 25}\right) \times 100 = 3.3\,[\%]$$

참고

산업체 실제 운전 현황

터보 압축기는 외기 흡입을 많이 도입하고 있으나 스크루 압축기는 실내에 설치된 배관으로 인하여 덕트 설치 공간이 부족하여 외부 공기를 흡입하는 것이 불가능한 경우가 다반사이다. 이런 경우 실내에 냉동기가 운전되고 있고 부하에 여유가 있다면 냉동기의 냉수를 이용하여 흡입 공기를 냉각하여 운전하는 것도 하나의 방법이다.

(2) 흡입 공기 압력 조정

① 공기 압축기에는 깨끗한 공기의 흡입을 위해 여과기(filter)를 설치하며 이 여과기의 엘리먼트를 통하여 미세한 먼지가 제거되어 맑은 상태로 실린더 내부로 흡입된다. 흡입 여과기가 막히게 되면 흡입이 불량하게 되어 압축 효율이 불량해지고 여과 불량으로 실린더에 장해가 발생할 수 있으므로 엘리먼트를 자주 청소해 주어야 한다.

② 통상적으로 500시간 정도 운전 후 청소를 하며 먼지가 많은 장소에서는 200시간 정도 운전 후 청소를 하여야 한다. 청소 방법은 압축 공기로 엘리먼트 내부에서 불어주며 오염 상태가 다소 심한 경우에는 물로 세척 후 공기로 불어준다. 수세인 경우에는 5회까지 가능하며 이 이상 초과한 경우나 오염이 심하여 청소 효과를 기대하기 어려운 경우에는 신품으로 개체해야 한다.

③ 다음 [그림 1.13]은 소비 전력과 흡입 압력과의 관계를 나타낸 것으로 소비 전력은 흡입 압력과 토출 압력의 압축비($= P_d / P_s$)에 비례하므로 흡입 압력이 낮아질수록 압축비가 상승하므로 소비 전력도 상승됨을 알 수 있다.

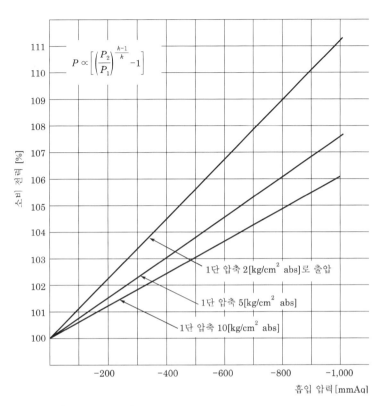

| 그림 1.13 | 흡입 압력과 소비 전력과의 관계

공식   흡입 압력 저하에 따른 전력 절감률의 산출 방법

$$\varepsilon = \left[1 - \frac{\left(\dfrac{P_2}{P_1'}\right)^{\frac{k-1}{(a+1)k}} - 1}{\left(\dfrac{P_2}{P_1}\right)^{\frac{k-1}{(a+1)k}} - 1} \right] \times 100 \, [\%]$$

여기서, P_1 : 개선 전 흡입 공기 절대 압력($[\mathrm{kg/m^2\ abs}] \to 10^4[\mathrm{kg/cm^2\ abs}]$)

P_1' : 개선 후 흡입 공기 절대 압력($[\mathrm{kg/m^2\ abs}] \to 10^4[\mathrm{kg/cm^2\ abs}]$)

P_2 : 토출 공기 절대 압력($[\mathrm{kg/m^2\ abs}] \to 10^4[\mathrm{kg/cm^2\ abs}]$)

a : 중간 냉각기의 수(이론 단열 공기압축 $a=0$)

k : 공기의 단열 지수(1.4)

예제

흡입 압력 -500[mmAq]일 때 이를 개선하여 -100[mmAq]로 하였다면 개략적인 전력 절감률은? (단, 1단 압축일 경우이며 토출 압력 4[kg/cm² g])

$$\varepsilon = \left[1 - \frac{\left(\frac{5}{0.99}\right)^{\frac{0.4}{1.4}} - 1}{\left(\frac{5}{0.95}\right)^{\frac{0.4}{1.4}} - 1} \right] \times 100 = 3.10[\%]$$

(3) 흡입 공기 습도 조정

흡입 공기의 습도가 높으면 흡입 공기 중에 실제 공기가 차지하는 부피가 적어지므로 그만큼 압축 후의 공기량은 적어진다.

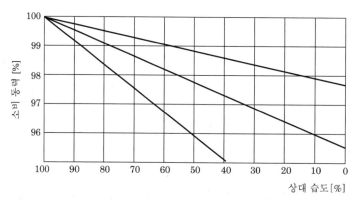

| 그림 1.14 | 상대 습도와 소비 동력과의 관계

따라서 흡입구를 옥외에 설치할 경우 빗물의 비산이나 안개 등이 흡입되지 않도록 빗물 커버를 설치하고 흡입 공기가 가능하면 깨끗하고 건조한 저온의 공기가 되도록 하는 것이 좋다.

공식 상대 습도에 따른 소비 동력 절감률 산출 방법

$$\varepsilon = \left[1 - \frac{10,332 - \frac{10,332}{760} P_W \phi_1}{10,332 - \frac{10,332}{760} P_W \phi_2} \right] \times 100[\%]$$

여기서, P_W : 해당 온도에서의 증기압[mmHg]

ϕ_1 : 개선 전 상대 습도[%]

ϕ_2 : 개선 후 상대 습도[%]

예제

온도가 30[℃]인 공기의 상대 습도가 80[%]에서 60[%]로 낮추어졌을 때 개략적인 절감률은? (단, 30[℃]에서의 증기압은 31.83[mmHg])

$$\varepsilon = \left[1 - \frac{10,332 - \dfrac{10,332}{760} \times 31.83 \times 0.8}{10,332 - \dfrac{10,332}{760} \times 31.83 \times 0.6} \right] \times 100 = 0.86[\%]$$

참고

산업체 실제 운전 현황

계절별 온·습도가 다른 우리나라의 기후 조건에서 상대 습도를 일정하게 유지하여 압축기 흡입 측에 공급한다는 것은 현실적으로 어렵다. 그러나 증기 다소비 업체 중 컴프레셔룸에 증기가 누증되거나 또는 응축 수조가 있는 경우에는 실내 상대 습도가 상당히 높아서 이러한 경우에 실내 습도를 낮추는 방안을 강구한다면 전력 절감이 가능하겠다.

(4) 토출 압력의 적정

공기의 압력은 압축 공기 사용 기기의 필요 압력에 따라 결정되나 높은 압력으로의 압축은 전동기의 소비 동력이 더 필요하므로 가능하면 낮추어 사용하는 것이 좋다.

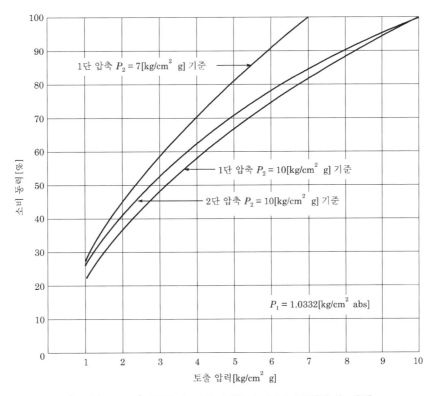

| **그림 1.15 |** 압축기 토출 압력과 소비 동력과의 관계

[그림 1.15]는 토출 압력과 소비 동력과의 관계를 나타낸 것이다. 보통 압축기의 압력을 1[kgf/cm²] 정도 낮추게 되면 6~8[%]의 축동력 감소 효과가 기대된다.

 공식 토출 압력을 낮추었을 때의 절감률 산출 방법

$$Lad \propto \left\{ \left(\frac{P_2}{P_1} \right)^{\frac{k-1}{(a+1)k}} - 1 \right\}$$

$$\varepsilon = \frac{Lad_1 - Lad_2}{Lad_1} \times 100[\%]$$

여기서, Lad : 이론 단열 공기 동력[kW]

P_1 : 대기 압력(흡입 압력)

P_2 : 개선 전후의 토출 절대 압력

예제

현재 토출 압력 7[kgf/cm²]를 6[kgf/cm²]로 낮추었다면 절감률은?

✅ $Lad_1 \propto \left\{ \left(\frac{8}{1} \right)^{\frac{0.4}{1.4}} - 1 \right\} = 0.8114$,　 $Lad_2 \propto \left\{ \left(\frac{7}{1} \right)^{\frac{0.4}{1.4}} - 1 \right\} = 0.7436$

$\varepsilon = \dfrac{0.8114 - 0.7436}{0.8114} \times 100 = 8.36[\%]$

토출 압력의 운전 현황

(1) 산업체 실제 운전 현황

　1) 일반적으로 토출압을 과하게 설정하여 운전하는 경우에는 토출 압력을 낮게 설정하여 운전하면 되나 실제 산업체에서 토출압을 높혀서 사용하는 경우 다음과 같은 경우가 대부분이므로 주의가 요한다.

　2) 생산 업체의 실제 운전 현황에 따른 문제점

　　① 사용처마다 필요 공기 압력이 다르나 부하 변동에 따른 압력 강하를 대비하여 전체 공기 배관을 loop 배관으로 형성한 경우

　　② 배관의 굴곡 개소가 많거나, 공기 배관 설비의 노후로 인한 누설로 인하여 사용처에서의 압력이 설계치 이하로 저하되어 공급되는 경우

　　③ 설계보다 과한 배관 분기로 인한 관말에서의 압력 강하의 경우

　　위의 경우에 토출압만 낮춘다면 생산 설비에서 문제가 발생될 수 있으므로 주의 깊은 검토가 요망된다.

(2) 각 현황에 따른 개선 대책

　1) 압축 공기는 고가의 에너지이므로 각 사용처 필요 압력별로 배관 라인을 구분하여 그에 해당하는 압력의 압축 공기를 공급한다(단, 압력별로 loop 배관은 유지시킨다).

2) 일반적으로 공기 압축기 토출구에서 최종단 사용처 배관 라인까지의 설계 압력 강하는 0.2[kgf/cm²] 이내이므로, 배관 굴곡 개소를 줄이고 누설 부위를 차단하여 압력 강하를 줄임으로써 토출 압력을 낮춘다. 일반적으로 산업체 공기 압축기 시스템에서 발생하는 누기율은 20[%] 이상이므로 이 문제를 해결한다면 용량, 압력 등 여러면에서의 문제점을 해결할 수 있으나 현실적으로 누기율을 줄이는 데는 다소 시간이 걸린다.

3) 관말에 압력 강하를 방지할 수 있는 용량의 receiver tank를 설치한다.

(3) 현장 실제 압축기의 토출 압력 및 부하율과 소비 동력과의 관계 예

　　1) 컴프레서의 사양

토출 압력[kg/cm² g]	7
토출량[m³/min]	40
용량 조정[%]	0, 50, 100 3단계(흡입변 개방 방식)
전동기	3.3[kW], 300[kW]

　　2) 토출 압력과 전동기 동력[kW]

압력[kg/cm² g]　　부하[%]	7	6	5	4	3
100	226	216	205	190	166
50	156	150	144	134	120

　　3) 부하(풍량)와 전동기 동력[kW]

부하[%]	0	50	100
토출량[m³/min]	0	20	40
입력[kW]	44	132	220

사용 압력이 7[kgf/cm²](부하율 : 100[%])일 때 동력이 226[kW]이었던 것이 1[kgf/cm²] 감소하여 6[kgf/cm²]가 되면 216[kW]로 떨어진다. 즉 사용 압력을 1[kgf/cm²] 감소시키면 소요 동력을 약 4[%] 정도 절감시킬 수 있다. 또 부하율에 따라서 동력의 변화가 큼을 알 수 있다.

(5) 압축 공기의 누설 방지

제어용이나 작업용으로 사용되는 각종 기계나 전동 드라이버 등에서는 에어 밸브나 실린더 등의 노후 패킹이 좋지 않아 누설이 되는 경우가 많다. 이때 정확한 공기의 누설을 측정하면 누설에 의한 낭비 전력을 계산할 수 있다.

> **공식**　압축 공기의 누설 시 전력 손실 계산식

$$Lad = \left(\frac{k}{k-1} \right) \frac{P_1 Q C}{6,120} \left\{ \left(\frac{P_2}{P_1} \right)^{\frac{k-1}{k}} - 1 \right\} \frac{1}{\mu} \, [\mathrm{kW}]$$

여기서, Q : 분출 공기량[N·m³/min]

C : 유량 계수

μ : 압축기 효율[%]

P_1 : 흡입 압력(대기 압력)$[\mathrm{kg/m^2\ abs}]$

P_2 : 누설 압력$[\mathrm{kg/m^2\ abs}]$

예제

현재 토출 압력 7[kgf/cm²]의 압축 배관에 직경 2[mm]의 찌그러진 구멍이 생겼을 때 누설되는 공기에 의해 손실되는 전력의 개략치는? (단, 유량 계수 $C = 0.5$, 압축기 효율 60[%], 구멍 직경이 2[mm], 유량 계수(C) 1일 때 0.3[m³/min])

✅ $Lad = \dfrac{1.4}{1.4-1} \times \dfrac{1 \times 10^4 \times 0.3 \times 0.5}{6,120} \times \left\{ \left(\dfrac{8}{1}\right)^{\frac{1.4-1}{1.4}} - 1 \right\} \times \dfrac{1}{0.6} = 1.16\,[\mathrm{kW}]$

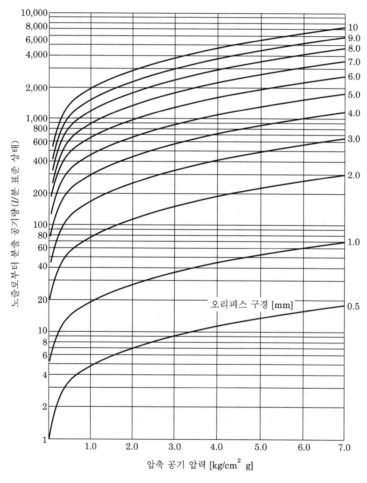

| 그림 1.16 | 압축 공기 누설률 측정 방법

| 표 1.8 | 누설 구경 대비 손실 전력 (6[kgf/cm²] 기준)

구경[mm]	구멍 면적[mm²]	누설량[N·m³/h]	환산 동력[kW]
1	0.79	3.4	0.28
2	3.14	14.5	0.7
3	7.06	32.0	1.8
5	19.63	90.0	7.4

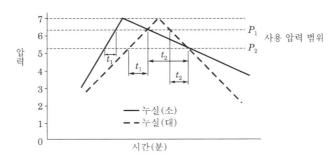

| 그림 1.17 | 시간과 압력과의 관계

$$누설률 = \frac{t_1}{t_1 + t_2} \times 100[\%]$$

(6) 고효율 압축기의 운전율 증대

각 기기의 운전 효율을 측정하여 가능한 고효율 기기의 가동 시간율을 증대하고 효율이 낮은 기기를 예비기로 활용한다. 그리고 동시 가동 시에는 고효율 기기를 베이스 기기로, 저효율 기기를 부하 조정용으로 활용한다.

가동 연도와 비교하여 성능이 극히 저조한 기기는 over-haul을 실시토록 하고 그래도 성능 복구가 안 될 때는 개체를 검토한다.

(7) 배관 손실의 저감

컴프레서의 토출 압력을 ΔP_1[kgf/cm²], 배관의 압력 손실을 ΔP[kgf/cm²]로 한다면 사용처의 압력 $P_2 = P_1 - \Delta P$[kgf/cm²]로 된다. 공기 사용처에는 사용 압력이 결정되어 있으므로 ΔP가 클 경우 토출 압력 P_1을 높게 할 필요가 있어 소요 동력의 증가가 초래된다.

공기압 배관 1[m]당의 압력 손실은

$$\Delta P = 40.40 \frac{\lambda(T + 273)Q^2}{(P + 1.033)d^5}[\text{kgf/cm}^2]$$

여기서, P : 공기의 압력[kgf/cm²]

T : 공기의 온도[℃]

λ : 관마찰 계수

d : 관내경[mm]

Q : 유량[l/min]

그러므로 앞에서 언급했다시피 ΔP가 감소하면 소비 동력이 절감되므로 불필요한 밸브 및 배관 굴곡 개소를 줄이고 충분한 굵기의 배관을 설치하여 ΔP를 줄여야 된다. 그리고 배관의 loop화 및 압력 손실이 1[kgf/cm^2] 이상일 때 배관경의 증대도 검토되어야 한다.

(8) 공기 사용처의 합리화

① 사용 압력의 저감 운전

[그림 1.16]에서도 알 수 있듯이 사용 압력을 저감하면 확실히 동력은 감소하고 [그림 1.17]에서 서술한 누설량은 $P_1 - P_2$에 비례하므로 P_2가 대기압인 경우는 사용 압력(게이지압)의 평방근에 비례하여 누설량이 감소한다.

② 냉각용, 퍼즈용 공기를 핀 방식으로 전환

단순히 냉각과 purge(분사 및 오물 제거)를 목적으로 하는 용도(즉 소정의 풍량만 얻으면 좋은 경우)에 대해서는 공기 분사 방식을 핀 방식으로 전환하는 것이 좋다. 예로서 저압 스프레이 설비인 경우, 스프레이 압력이 0.5[kg/cm^2 g] 정도의 것은 핀으로 전환이 가능하다. 일반 방식에 의한 압축 공기는 1[N·m^3/min]당 5~6[kW]의 동력을 요구하지만 핀 방식에서는 0.2~0.4[kW] 밖에 소요되지 않는다(500~1,000[mmAq], 100~500[m^3/min]인 경우).

③ 연속 사용을 간헐 사용화

노즐에서 공기를 분사하여 사용하고 있는 설비에는 밸브의 개폐를 전자화하고 원격 조작 또는 설비와 연동하여 노즐 폐시간을 길게 하여 압축 공기의 낭비를 없게 한다. 또 연속적으로 분사하고 있는 것은 간헐적으로 분사할 수 있는지를 검토하여 실시한다.

(9) air receiver tank

air receiver tank는 시스템 내 맥동 감소, 응축수 제거, 냉각, 압축 공기 저장 등 여러 가지 기능을 갖고 있는데, 순간적으로 많은 압축 공기가 사용될 때 일정 범위의 시스템 압력을 유지할 수 있다. 또 자동 운전이나 압축기의 부하·무부하 운전 횟수를 감소시켜 모터와 관련 부품의 수명을 연장시킬 수 있다.

① receiver tank 용량 산정 방법

$$V \geq \frac{P_A}{P_U - P_L} V_C T \times \cdots$$

여기서, V : 배관 용량+receiver tank 용량$[m^3]$

P_A : 대기압$(1.0332[kgf/cm^2])$

P_U : 상한 압력$[kgf/cm^2]$

P_L : 하한 압력$[kgf/cm^2]$

V_C : 사용 공기량(min : max compressor 토출 공기량)

T : 허용 압력 하강 시간(min : holding time)

위 식을 보면 receiver tank 용량을 결정하는 데 있어서 가장 중요한 변수는 T(holding time)임을 알 수 있다. 왜냐하면 나머지 변수는 공정 및 공기압 시스템에 관련하여 이미 정해져 있기 때문이다.

예제

운전 중인 공기 압축기 trip시 stand-by용 압축기가 공정에 지장을 주지 않고 부하 운전이 가능하는 데 필요한 Receiver Tank 용량은? (단, P_U=7.5$[kgf/cm^2]$, P_L= 6.5$[kgf/cm^2]$, V=43.5$[cm^3]$(기존 Tank 용량=40.3$[m^3]$, 배관 내 체적=3.2$[m^3]$), V_C=8,500$[N·m^3/h]$, stand-by용 압축기 기동 방식 : 직입 기동 방식)

$$Holding\ Time = \frac{P_U - P_L}{P_A}\frac{V}{V_C}$$

$$= \frac{8.5332 - 7.5332}{1.0332} \times \frac{43.5 \times 3,600}{8,500}$$

$$= 17.9초$$

$$Receiver\ Tank\ 용량 = \frac{P_A V_C T}{P_U - P_L} - 배관\ 내\ 체적$$

$$= \frac{1.0332 \times 8,500 \times 30}{(8.5332 - 7.5332) \times 3,600} - 3.2$$

$$= 70[m^3]$$

모터를 직입 기동하는 stand-by용 압축기가 기동하여 부하 운전을 하는 데 소요되는 시간이 일반적으로 20~25초가 소요되므로 holding time이 17.9초인 경우 공기압 시스템 내 압력 강하를 초래하여 문제를 야기시킬 수 있으므로 receiver tank 용량을 키워야 함을 알 수 있다. holding time을 30초로 할 경우 receiver tank 용량은 다음과 같다.

$$receiver\ tank\ 용량 = \frac{P_A V_C T}{P_U - P_L} - 배관\ 내\ 체적$$

$$= \frac{1.0332 \times 8,500 \times 30}{(8.5332 - 7.5332) \times 3,600} - 3.2$$

$$= 70[m^3]$$

그러므로 기존 receiver tank 용량이 40.3$[m^3]$이므로 29.7$[m^3]$만큼의 receiver tank 를 증설하여야 한다.

② 압축기 동력별 일반적 receiver tank 용량

압축기 동력	receiver tank 용량
30~50[HP]	0.5~1[m³]
50~100[HP]	1~3[m³]
100~200[HP]	2~5[m³]
200~300[HP]	3~10[m³]
300~500[HP]	5~20[m³]

단, 왕복동식 압축기는 압축 시 맥동이 발생되므로 보다 큰 용량을 써야 한다.

■6 합리적 용량 조절 운전 방법

(1) 단일기의 경우

① 단속 운전

unload율 100[%](무부하 상태)를 운전하고 있는 경우에는 압축기 자체를 정지시킨다. 즉 부하에 대응한 단속 운전을 행한다. 무부하 시의 소비 동력은 스크루형인 경우는 정격 동력의 약 50[%]이고 왕복동식인 경우는 약 20[%]로 상당히 크므로 단속 운전을 하여 불필요한 손실을 줄여야 한다.

② 효율적 용량 조정

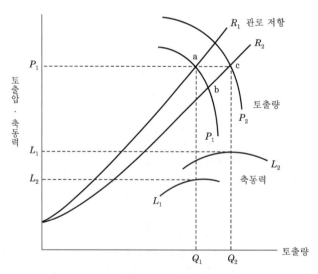

| 그림 1.18 | 공기 압축기의 성능 곡선

㉠ 용량 조정의 원리 : 공기 압축기의 성능 곡선의 예를 표시한 것이다. 토출 측 배관의 저항이 R_1이고, 토출압 P_1으로 운전하고 있다면 운전점은 a점이고, 토출량은 Q_1,

축동력은 L_1으로 된다. 만약 사용 공기량이 증가하여 관 내 압력의 저하로 관로 저항이 R_1에서 R_2로 감소할 경우 운전점은 a점에서 변화하여 b점으로 되므로 토출압이 강하한다.

압축기에서는 토출압을 일정 범위로 운전하는 것이 원칙이기 때문에 그 토출압 저하를 압력 조정변 또는 압력 스위치로 검출하여 흡기변에 신호를 보내 흡기변의 개도를 늘린다. 그때 압력 곡선은 P_1에서 P_2로 변화하여 전환점 c점이 되고 압력은 종래의 P_1, 토출양은 Q_2, 축동력은 L_2로 된다. 즉 사용 공기량의 변화를 토출 압력으로 검출하고, 토출 압력을 일정하게 유지시키는 것에 유의하여 부하(사용 공기량)에 대처 조정한다.

ⓛ 용량 조정 방법 : 용량 조정 방법에는 연속식과 단계식 등이 있지만 압축기의 기종에 따라서 결정되어진다.

(2) 복수기의 경우

병렬 운전을 하고 있는 경우에는 사용 공기량의 변동이 클 때 대수 제어를 하는 것이 효율적이다.

① 일반적 대수 제어

대수 제어에는 운전 대수 제어와 용량(부하) 조정이 있다. 이 경우의 고찰 방법은 다음과 같다.

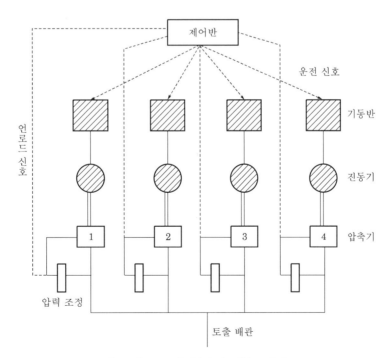

| 그림 1.19 | 일반적 대수 제어

㉠ 시동 순서·정지 순서 : [그림 1.19]에서 시동 순서는 1→2→3→4, 정지 순서는 4→3→2→1이다.

㉡ 용량 조정 : 각 기기는 자체의 언로드에 의해 운전된다. 즉 각 기기는 저마다의 압력 조정변을 갖고 그 설정압에 의해 각 기기의 용량 조정을 행한다. 용량 조정은 통상 0[%], 50[%], 100[%] 등의 단계로 나눌 수 있다.

㉢ 시동 신호 : [그림 1.19]에서 1호기, 2호기가 운전하고 있다고 할 때 그 부하가 100[%](언로드율 0[%])로 될 경우 3호기가 시동 운전 상태로 되고 1, 2, 3호기 모두가 부하 100[%]로 될 경우 4호기가 시동하게 된다.

㉣ 정지 신호 : 4대가 운전하고 있다고 할 때 전기(全機)의 부하가 50[%]일 경우 우선 4호기가 정지하고 다음에 운전 중 3기의 부하가 모두 50[%]에 이르면 3호기도 정지한다. 이 방법으로는 전기가 거의 같은 부하율로 운전하는 것이 된다. 즉 정지할 때는 전기가 50[%] 부하로 되지 않으면 안 되기 때문이다. 이와 같은 부분 부하 운전을 많이 실시하게 되면 에너지 손실과 운전 효율이 나빠진다.

② **효율적 대수 제어**

압축기는 100[%] 부하일 때가 최고 효율이 된다. 다수의 압축기가 부분 부하 운전을 하고 있는 것은 전력을 낭비하고 있는 것이 된다. 효율적 대수 제어로 운전하고 있는 기기는 전부 100[%] 부하로 운전하는 것을 원칙으로 하고 1대만을 변동 부하에 대처하기 위해 용량 조정을 행한다.

[그림 1.20], [그림 1.21]은 이 예를 표시한 것이다.

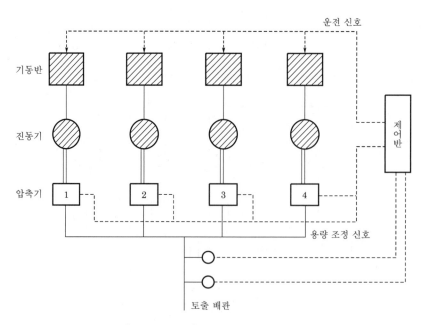

| 그림 1.20 | 효율적 대수 제어

㉠ 압력 스위치를 토출 배관에 부착, 사용 공기의 압력 변동을 직접 검지한다.

㉡ 시동·정지 순서 : 제일 오래 정지하고 있는 것을 최초로 시동하고, 제일 길게 운전하고 있는 것을 최초로 정지시켜 운전 시간과 정지 시간의 평균화를 유지한다.

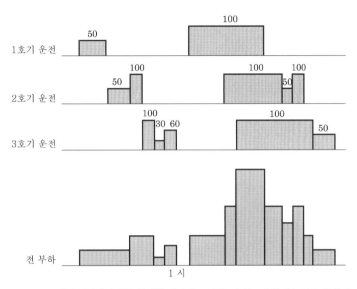

※ 정지 예정기가 부분 부하를 담당하고 다른 기기는 전 부하(100[%])를 운전한다.

│ 그림 1.21 │ 운전 패턴의 예

㉢ 시동 신호 : 압력 스위치의 설정치(압력 저하)에 따라 위 ㉡의 순서로 시동하고(압력 상승) ㉡의 순서로 정지한다.

㉣ 용량 조정 : 정지 예정기가 부분 부하를 분담하고 타 압축기는 전 부하를 운전한다.

③ **토출 압력 정밀 제어**

대수 제어로는 제어반의 기능 관계상 압축기의 운전 정지와 단계적 용량 조정(0, 50, 100[%]의 3단계 정도) 밖에 행할 수 없다. 따라서 단계적으로 교체하므로 토출 압력이 변동한다.

토출 압력 정밀 제어는 앞에 서술한 효율적 대수 제어에 추가적으로 공기 배관의 압력을 세밀히 검출하고, 각 기기의 용량 조정을 흡입변 조임 등에 따라 연속적으로 실시하여 압력 변동 폭을 작게 하는 것이다.

즉 [그림 1.21]에 있어서 부분 부하 운전을 행하고 있는 압축기의 부하를 단계적으로 하지 않고 연속적으로 조정한다. 공기 압축기의 병렬 제어에 있어서 방법별 비교는 [표 1.9]와 같다.

| 표 1.9 | 공기 압축기의 병렬 제어

방법	대수 제어		부하(풍량) 제어		압력 변동폭	전력 절약 효과
	방법	신호원	방법	신호원		
수동 제어	수동에 따른 운전·정지	없음.	각 기기에 따른 언로드부터 각기 단독으로 행함.	각 기기에 있는 압력 조정변, 압력 스위치에 따름.	대	소
간접 부하 검출 순위 기동	• 기동 : 부하가 증가하는 것에 지정한 순위로 기동 • 정지 : 부하가 감안하는 것에 기동의 순위와 역순위로 정지	각 기기 언로드율에 따름.	각 기기에 따른 언로드부터 각기 단독으로 행함.	각 기기에 있는 압력 조정변, 압력 스위치에 따름.	중	중
직접 부하 검출 로터리 순위 기동	• 기동 : 부하가 증가하는 것으로 정지 시간이 긴 것부터 순서 기동 • 정지 : 부하가 감소하는 것으로 정지 시간이 긴 것부터 순서 기동	토출 측 공동 배관 압력 스위치에 따름.	정지 예정기(운전 시간이 최고 긴 것)만 언로드부터 부하 조정, 다른 기기는 부하 100[%] 운전	정지 예정기는 자체의 압력 조정변, 압력 스위치에 따름.	중	소
토출 압력 정밀 제어	상동	상동	기본적으로 직접 부하 검출 로터리 순위 기동과 같지만 대수 제어와 연동하고 있기 때문에 압력, 변동폭이 작음.	토출 측 공동 배관 압력 스위치에 따름.	소	최대

④ 적용 실시 예

　[그림 1.21]에 나타낸 것과 같이 종래의 운전은 11대 컴퓨레서가 배치되어 A그룹은 간접 부하 검출·순위 기동, B, C그룹은 수동 운전했다.

　이것을 계통 통합하여 B, C그룹은 수동 운전으로 베이스로드를 담당시키고 A그룹은 토출 압력 정밀 제어로 실시한 결과 개조에 의한 효과는 [표 1.10]에 나타냈다. 대략적인 투자 회수 기간은 1년 정도일 것으로 판단되었다.

| 표 1.10 | 개조에 의한 효과

토출 압력(평균치)[kg/cm^2 g]	압력 변동률[kg/cm^2 g]	전력 절감량[kWh/년]
종래　6.8	종래　0.6	1,304
개조 후　6.2	개조 후　0.2	

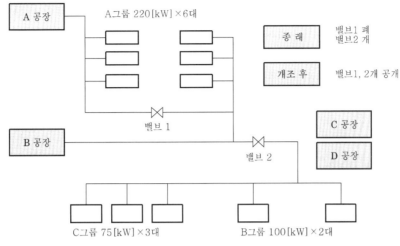

| 그림 1.22 | 공기압 시스템의 개조 예

7 압축 공기의 합리적 제습 방안

압축 공기 내의 수분은 배관 라인 내 부식 및 scale을 발생시키고, 각종 공압 기기에는 오동작을 유발시켜 효율을 저하시킨다. 뿐만 아니라 제품의 질에 있어서도 좋지 않은 영향을 미치고 있다.

때문에 압축기 내의 수분을 제거하고자 여러 종류의 제습기가 개발되어 사용되어지고 있다. 이에 수분 생성의 원리 및 각각의 제습기 종류별 특성을 이해하여 에너지를 절감해야 한다.

(1) 수분 생성의 원리

① 공기는 자연 법칙상 온도가 높을수록, 압력은 낮을수록 더 많은 수분을 내포하게 된다. 즉 압축 공기의 온도를 낮추고, 압력을 높일수록 수분 함유량이 적어진다는 것이다. 예를 들면 흡입 전에는 대기의 상대 습도가 낮다 하더라도 흡입 후 압축 시 압력의 상승으로 흡입된 대기의 상대 습도는 높아지게 된다.

② 통상 7[kgf/cm²]의 공기 압축기에서 흡입된 8[m³]의 공기는 압축 후 1[m³]로 줄어들게 된다. 그러나 대기압하 8[m³] 중에 포함된 수분의 양과 압축 후 체적이 줄어든 1[m³] 중의 수분의 양은 절대치에 있어서 변화가 없다.

따라서 압축 후 상대 습도는 공기 압축기가 단열 압축을 한다고 가정했을 때 압축 전보다 8배 증가하게 된다. 만약 흡입 전 공기의 상대 습도가 30[%]라고 가정한다면 압축 후에는 240[%]가 된다.

③ 그러나 상대 습도란 100[%]가 최대이며 그 이상의 수분은 수증기로 존재하지 못하므로 물로 응축하게 되며, 바로 이 140[%]의 수분이 응축수의 생성 원인이 된다.

그러나 실제로는 압축기 내의 변화가 단열 압축이 아니고 또한 압축으로 인한 공기 온도의 상승으로 인해 140[%]의 수분이 응축수가 되지는 않지만 압축기 내에 인터쿨러를 설치하여 압축 공기의 온도를 낮추는 이유 중의 하나가 위와 같은 원리에 의해서이다.

(2) 이슬점(dew point)

① 이슬점은 어떤 온도 및 압력 조건에서 공기 내 수분이 응축되기 시작하는 온도로서 제습기 선정 시에 중요한 요소가 된다.

이슬점은 대기압 상태에서 응축이 시작되는 대기압하 이슬점(atmospheric dew point)과 어떤 압력하에서 응축이 시작되는 압력하 이슬점(presure dew point)이 있으며, 공기압 시스템에서는 압력하 이슬점을 기준으로 제습기를 선정해야 한다.

② 왜냐하면 어떤 압력 조건에서 대기압 상태가 되면 체적이 팽창하여 이슬점은 더 낮아지나 시스템 내에서는 그 압력 조건에서 운전이 되기 때문이다.

그러므로 제습기 선정의 가장 간단한 방법은 노출된 배관 라인의 최저 온도에서의 압력하 이슬점보다 조금 낮게 선정하는 것으로 공기압 시스템 내에는 수분이 발생되지 않는다.

예제

흡입 온도 30[℃], 7[kgf/cm²]로 압축 후 제습기로 5[℃]까지 냉각 제습 시 제거되는 수분량은?

- 30℃의 포화 절대 습도 : 30.3[g/m³]
- 7[kgf/cm²] 압축 공기 5[℃]를 대기압으로 환산한 온도(대기압하 노점 온도) : -20[℃]
- -20[℃]의 포화 절대 습도 : 1.607[g/m³]

✅ 제거 수분량=30.3-1.607=29.233[g/m³]

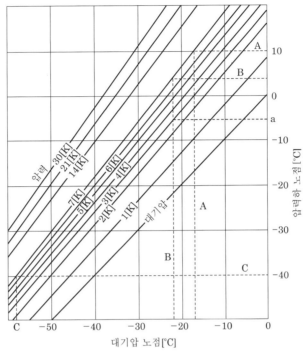

| 그림 1.23 | 대기압하 노점 환산표

| 표 1.11 | 대기압하 각 노점에서의 수분량　　　　　　　(단위 : 수분[g/m^3]-노점의 공기)

압력[kgf/cm^2] 노점[℃]	0	1	2	3	4	5	6	7	8	9
90	420.1	433.6	448.5	464.3	480.8	496.3	514.3	532.0	550.3	569.7
80	290.8	301.7	313.3	325.3	337.2	349.9	362.5	375.9	389.7	404.9
70	197.0	204.9	213.3	222.1	231.1	240.2	249.6	259.4	269.7	280.0
60	129.8	135.6	141.5	146.6	153.9	160.5	167.3	174.2	181.6	189.0
50	82.9	86.9	90.9	95.2	99.6	104.2	108.9	114.0	119.1	124.4
40	51.0	53.6	56.4	59.2	62.2	65.3	68.5	71.8	75.3	78.9
30	30.3	32.0	33.8	35.6	37.5	39.5	41.6	43.8	46.1	48.5
20	17.3	118.3	19.4	20.6	21.8	23.0	24.3	25.7	27.2	28.7
10	9.40	10.0	10.6	11.3	12.1	12.8	13.6	14.5	15.4	16.3
0	4.85	5.19	5.56	9.95	6.14	6.80	7.26	7.75	8.27	8.12
−0	4.85	4.52	4.22	3.95	3.66	3.40	3.14	2.94	2.73	2.24
−10	2.35	2.18	2.02	1.87	1.73	1.60	1.48	1.36	1.26	1.16
−20	1.067	0.982	0.903	0.928	0.761	0.698	0.640	0.586	0.536	0.490
−30	0.448	0.409	0.373	0.340	0.309	0.281	0.255	0.232	0.210	0.190
−40	0.172	0.156	0.141	0.127	0.144	0.103	0.093	0.083	0.075	0.067
−50	0.060	0.054	0.049	0.043	0.038	0.034	0.030	0.027	0.024	0.021
−60	0.019	0.017	0.015	0.013	0.011	0.0099	0.0087	0.0076	0.0067	0.0058
−70	0.0051									

(3) 제습기 종류별 특징

공기로부터 수분을 제거하는 데 비용이 소요되며, 공기를 더 많이 건조시키기 위해서는 더 많은 비용이 소요된다. 필요한 것보다 너무 큰 용량을 선정하면 비용을 낭비하게 되므로 에어 드라이어의 용량은 공기압 시스템의 용도에 맞게 선정하여 실질적으로 운전 비용이 절감되도록 하는 것이 필요하다.

│ 표 1.12 │ 제습기 타입별 장·단점 비교표

구분		압력하 노점 온도	purge 율	원리 및 장·단점
	냉동식 드라이어	4[℃]	–	압축 공기를 냉동기로 냉각해서 수분을 응축하여 수분을 제거한다. 설치·유지 비용이 저렴하나 노점 온도가 높아 정밀 또는 도장 공정에는 사용하기 어렵다.
흡착식 제습기	purge형 (heaterless)	–40[℃]	12	압축 공기 속의 수분을 알루미나겔과 같은 흡착제의 미세한 구멍에 모세관 현상을 통해 수분을 흡착 제거하는 방식이며, 흡착제 재사용을 위한 건조 시 생산한 건조 공기를 이용하는 방식이므로 많은 퍼지에어가 소모되어 에너지 낭비가 심하다. 구조가 간단하고 고장이 적으며, 수분 제거율이 뛰어나다.
	heater형	–40[℃]	8	heaterless형과 제습 방식은 동일하나 흡착제 건조 방식이 전기 또는 스팀 히터를 이용하므로 고장률과 제습제 손상이 많고 전기 에너지 소모도 많으며 또한 쿨링 시에 건조 공기를 퍼지에어로 사용하므로 압축 공기 소모도 있다.
	non purge, heater형	–10[℃]	–	heaterless형과 제습 방식은 동일하나 흡착제 건조용 열원을 공기 압축 과정에서 발생되는 폐열을 이용하므로 전기 에너지를 대폭 절약할 수 있다. 그러나 흡착제가 고가이며, 노점 온도가 높아서 초정밀 공정에는 적합하지 않다.
	blower형	–40[℃]	5	heater형과 같은 제습 원리를 가지고 있으나 히팅 시에 건조 공기를 퍼지에어로 사용하는 대신 블로어를 사용함으로써 퍼지에어를 줄여 에너지를 절감하는 에너지 절약형 제습기이다.
복합형 제습기		–60[℃]	3.5	냉동식 제습기와 흡착식 제습기를 조합해서 구성되어 있으며, 전단에 냉동식 제습기에서 수분을 90[%] 이상 제거한 후 후단에서 흡착식 제습기로 완전 건조하는 방식이다. 초기 투자 비용이 다소 소요되나, 수분 제거율이 뛰어나고 흡착식 제습기를 소형화할 수 있기 때문에 유지 비용이 기존의 흡착식보다 적게 든다.

※ 일반적으로 퍼지율은 위와 같지만 설정 퍼지 압력에 따라 퍼지량이 달라지므로 진단 시에 반드시 설계 퍼지율을 확인해야 한다.

① 제습 히팅 열원 변경

제습기 재생을 위한 히팅 열원으로 전기를 사용 시 다른 저가의 에너지원을 사용 예로써 인근에 스팀 열원이 있을 시 1차로 스팀으로 가열을 하고 2차로 전기를 사용하는 방안이다.

② 제습기 재생 히팅용 공기 사용 합리

일반적으로 히팅용 공기를 고가의 고압 건조 공기를 감압(일반적으로 7$[\text{kgf}/\text{cm}^2]$을 1$[\text{kgf}/\text{cm}^2]$로)하여 사용하고 있어 에너지 낭비가 심하며 히팅용 공기는 제습된 건조 공기가 필요하지 않고 또한 약 1$[\text{kgf}/\text{cm}^2]$의 압력이 필요하므로 roots-blower를 활용, 히팅용 공기를 공급하여 에너지 낭비를 방지한다(히팅 후 냉각용 공기는 제습된 공기 사용).

③ 제습기 cycle time 조정

제습기의 리버싱 타임을 일정 시간에서 제습된 공기의 노점에 따라 운전토록 하여 재생 시간을 줄여 에너지 절감을 도모한다.

가장 많이 쓰이고 있는 흡착식 제습기의 경우 4시간 제습을 실시하고 재생을 위하여 2시간 가열, 2시간 냉각을 실시하고 있다.

이는 하절기 흡입 공기의 습도가 높은 점을 기준으로 되어 있으나 가을 및 동절기는 습도가 낮으므로 제습 시간을 길게 하여도 무방하다. 그러나 무조건 일정 시간이 지나면 바꾸어 운전을 실시하고 있어 재생의 여력을 활용하지 못하고 있다.

(4) air dryer 현황

구분		현황	비고
air dryer	냉동식	• 용량 : 15RT×1기	
	흡착식	• 용량 : 3,100$[\text{N}\cdot\text{m}^3/\text{h}]$×1기 • 흡착제 : Alu(알루미나겔) 970$[\text{kg}]$×2 • 형식 : 가열식 • 송풍기 : 7.5$[\text{kW}]$ • 퍼지 공기량 : 60$[\text{N}\cdot\text{m}^3/\text{h}]$	히터 외장식 (21$[\text{kW}]$×2)

(5) 흡착식 dryer 운전 현황

① 재생 시 전기 heater 입력 전력 : 25.5$[\text{kWh}/2\text{h}]$

② 송풍기 부하 : 5.0$[\text{kW}]$(가열 시에만 사용)

③ purge 공기량 : 처리 공기량의 5~8$[\%]$ 소비

　※ 흡착제 Alumina의 수분 흡착량 : 0.2~0.3$[\text{kg}/\text{kg-Alu}]$

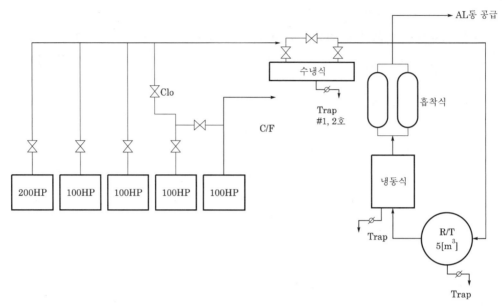

| 그림 1.24 | 공기 압축기 계통도

(6) 개선 대책

① 흡착식 제습기 전에는 after cooler와 냉동식 제습기가 설치되어 있어 대부분의 제습을 담당하고 있다. 건구 온도 15[℃]와 상대 습도 60[%]일 때 절대 습도는 6.5[g/kg-Air]로 대기압에서의 노점 온도는 약 11.5[℃]이며, 5[kg/cm² g]로 압축 시 노점 온도는 약 41[℃]가 된다. 이를 냉동식 제습기에서 공기 온도를 6[℃]로 냉동 건조할 경우 이것은 6[℃]의 가압 노점을 대기압에서 약 −18[℃]의 노점으로 변화시키는 경우와 동일하다. 이와 같이 낮은 노점을 갖는 공기는 절대 습도가 1[g/kg-Air] 이하로 매우 건조하다. 그러므로 timer에 의한 일정 시간이 경과한 후 재생하는 방법에서 공기 노점 관리 방법 채택(dewpoint controller 활용)으로 흡착식 dryer의 재생 방법 개선이 필요하다. 즉 흡착식 제습기의 제습 시간을 연장하여 재생 주기를 조절함으로써 재생에 소요되는 에너지를 감소할 수 있다. 그리고 제습한 압축 공기의 노점을 측정하여 제습 시간과 재생 주기를 조절하는 'dewpoint demand control'을 도입하여 에너지를 절감하도록 한다.

② dewpoint demand control

압축 공기의 dewpoint demand control은 제습 공기의 노점(dewpoint)을 측정하여 노점이 낮을 때에는 제습기의 Tower 교체를 보류하고 재생 Tower는 증압된 상태에서 purge 없이 대기함으로써 대기 시간 동안 에너지가 소비되지 않으며, 계절적으로 대기 습도가 적은 동절기에 효과가 크게 나타난다.

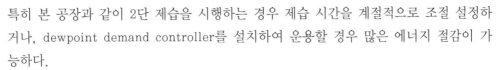

특히 본 공장과 같이 2단 제습을 시행하는 경우 제습 시간을 계절적으로 조절 설정하거나, dewpoint demand controller를 설치하여 운용할 경우 많은 에너지 절감이 가능하다.

다만, 흡착제의 성능은 설치 경과 연수에 의하여 급격히 저하되는 특성이 있으므로 관리에 각별한 주의가 필요하며 성능이 지나치게 저하되었을 때에는 즉시 교체하여 압축 공기의 손실이 발생되지 않도록 해야 한다.

(7) 기대 효과 계산

흡착식 제습기의 재생 방법을 개선 시 전력 절감 기대 효과는 다음과 같다.

① 계산 기준
  ㉠ 압축 공기 생산량 : 53.9[N·m³/min]
  ㉡ 흡입 공기 온도 : 22[℃]
  ㉢ 흡입 공기 상대 습도 : 60[%]
  ㉣ 흡입 공기 절대 습도 : 6.5[g/kg-Air]
  ㉤ 흡입 공기 비중 : 1.293[kg/N·m³]

② 압축 공기 중 수분량
  $= 53.9[\text{N·m}^3/\text{min}] \times 1.293[\text{kg/N·m}^3] \times 6.5[\text{g/kg-Air}]$
  $= 453[\text{g/min}]$

③ 냉동식 제습기의 수분 제거 후 수분량
  앞서 설명한 바와 같이 냉동식 제습기에서는 절대 습도가 1[g/kg-Air] 이하로 제습 가능하나 본 계산에서는 제거율을 80[%]로 계산한다.
  $= 453[\text{g/min}] - (453[\text{g/min}] \times 0.80)$
  $= 90.6[\text{g/min}](= 0.0906[\text{kg/min}])$

④ 흡착 가능 수분량
  이론상 수분 흡착량은 0.2~0.3[kg/kg-Alu]이나 0.2를 적용한다.
  $= 970[\text{kg}] \times 0.2[\text{kg/kg-Alu}]$
  $= 194[\text{kg 수분/Tower}]$

⑤ 제습 가능 시간
  재생 효율 및 흡착 효율을 고려하여 50[%]로 하면 약 17시간을 사용 가능하다.
  $= 194[\text{kg}] \div 0.0906[\text{kg/min}]$
  $= 2,141.3[\text{min/Tower}](35.7시간)$

⑥ 개선 전 흡착식 dryer 재생 시의 소비 전력
  ㉠ 기존 방식 cycle
    • 제습 시간 4시간×3[회/일]×2Tower

- heating 시간 2시간×3[회/일]×2Tower
- cooling 시간 2시간×3[회/일]×2Tower

ⓛ heating 시 소비 전력

- Heater 소비 전력

  =Heater 소비 전력×재생 횟수×Tower 수

  =25.5[kWh/2h]×3[회/일]×2Tower

  =153.0[kWh/일]

- 송풍기 소비 전력

  =5.0[kW]×2시간×3[회/일]×2Tower

  =60.0[kWh/일]

  → cooling 시 소비 전력(purge 소비 전력)

- 퍼지량

  =Purge량[N·m^3/h]×2[h]×3[회/일]×2기×측정원 단위[kW/m^3]

  =60[N·m^3/h]×2[h]×3[회/일]×2기×0.09[kW/m^3]

  =64.8[kWh/일]

ⓒ 재생 시의 소비 전력계

  =153.0+112.2+60.0+64.8

  =390[kWh/일]

⑦ 개선 후 절감 전력량

Alu의 제습 가능 시간이 17, 23[시간/Tower]이므로, 안전율을 고려하고도 현재 4시간 제습에서 12시간 제습으로 service time을 연장시킬 수 있다. 그러므로 재생에 소요되는 heating 및 cooling 시간이 3[회/일]에서 1[회/일]로 감소하고 소비 전력은 2/3가 절감될 수 있다.

㉠ 개선 방식 cycle

- 제습 시간 12시간×1[회/일]×2Tower
- heating 시간 2시간×1[회/일]×2Tower
- cooling 시간 2시간×1[회/일]×2Tower

㉡ 절감 전력

  =개선 전 소비 전력[kWh/일]×절감률

  $=390×\dfrac{2}{3}$

  =260[kWh/일]

03 공기 여과기

공기 여과기(air filter)는 공압 제어 회로 속에 이물질이 들어가지 못하도록 입구부에 공기 여과기를 설치하여 압축 공기 중에 수분이나 불순물을 제거하고 정화된 공기를 시스템으로 공급하는 기기이다.

(a) 일반   (b) 드레인 부착

| 그림 1.25 | 공기 여과기

04 압력 조정기

압력 조정기(regulator)는 공기 압축기로부터 설정된 1차 압력을 다시 작업 라인에 알맞은 압력으로 조정하기 위한 기기이다. 즉 2차 압력을 항시 일정하게 유지하기 위한 기기이다.

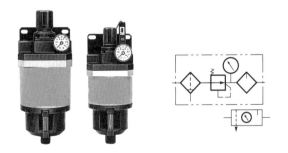

| 그림 1.26 | 압력 조정기

05 윤활기

공기 여과기로부터 공급되는 압축 공기는 건조 공기이므로 윤활 기능이 없다. 따라서 윤활기(lubricator)는 공압 실린더나 각종 제어 밸브가 원활한 작동을 할 수 있도록 윤활유를 공급해 주는 장치이다.

│ 그림 1.27 │ 윤활기

06 액추에이터

(1) 액추에이터

외부에서 에너지를 공급받아 일을 하는 장치를 말한다.

(2) 감지기

액추에이터의 작업 완료 여부 및 상태를 감지하여 제어 장치에 정보를 제공하여 물체의 접촉 여부를 판별하도록 한다.

(3) 제어기

감지기로부터 입력되는 정보를 분석, 처리하여 필요한 제어 명령을 내려주는 곳으로 다음 동작으로 전환하도록 한다.

※ 밸브(감지기, 제어기) : 액추에이터가 움직이는 방향, 속도, 그리고 힘을 제어할 수 있는 요소

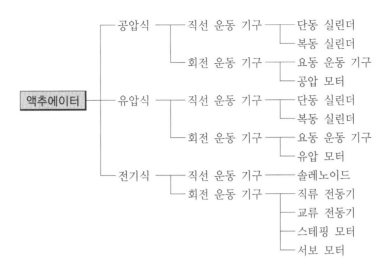

| 그림 1.28 | 액추에이터의 분류

07 공압 밸브

1 밸브의 분류(기능적인 분류)

① 압력 제어 밸브(pressure control valve)
② 유량 제어 밸브(flow control valve)
③ 방향 제어 밸브(directional valves, way valve)
④ 논 리턴 밸브(non-return valve)

2 압력 제어 밸브

압축 공기의 압력을 일정하게 유지하거나, 설정 압력을 초과할 경우 공기를 대기 중 방출하여 기기의 안전을 확보하기 위한 기기를 말한다. 종류로는 감압 밸브(regulator), 릴리프 밸브(relief valve), 시퀀스 밸브(sequence valve), 압력 스위치(pressure switch)가 있다.

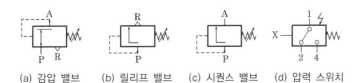

(a) 감압 밸브   (b) 릴리프 밸브   (c) 시퀀스 밸브   (d) 압력 스위치

| 그림 1.29 | 서비스 유닛의 내부 구조

３ 방향 제어 밸브

① 공기의 흐름의 시작과 정지, 그리고 흐름의 방향을 제어하는 장치이다.

② 밸브의 제어 위치는 사각형으로 나타내고 겹쳐져 있는 사각형의 개수는 제어 위치의
  개수를 나타낸다(사각형이 2개인 밸브는 2개의 제어 위치를 가진 밸브이다).

③ 밸브의 기능과 작동 원리는 사각형 안에 표시된다. 매체가 흐르는 유로는 직선, 화살
  표는 흐르는 방향, 매체의 흐름이 차단되는 위치는 T자와 같이 나타내고 밸브의 출구
  와 입구의 연결구는 사각형 밖에 직선으로 표시한다.

| 표 1.13 | 밸브의 명명

종류		KS 기호	비고
2포트	2위치		정상 상태 닫힘(NC) 2/2-way 밸브
	2위치		정상 상태 열림(NO) 2/2-way 밸브
3포트	2위치		정상 상태 닫힘(NC) 3/2-way 밸브
	2위치		정상 상태 열림(NO) 3/2-way 밸브
	3위치		중립 위치 닫힘 3/3-way 밸브
4포트	2위치	3.	4/2-way 밸브
	3위치 (all port block)	4.	중립 위치 닫힘 4/2-way 밸브
	3위치 (ABR 접속)		중립 위치 배기 4/2-way 밸브
	3위치 (PAB 접속)	5.	중립 위치 열림 4/3-way 밸브
5포트	2위치	6.	5/2-way 밸브
	3위치 (all port block)		중립 위치 닫힘 5/3-way 밸브
	3위치 (ABR 접속)	7.	중립 위치 배기 5/3-way 밸브
	3위치 (PAB 접속)		중립 위치 열림 5/3-way 밸브

08 공압 구동 기기(액추에이터)

공압 구동 기기는 압축된 공기 에너지를 기계적인 직선 운동 에너지 또는 회전 운동 에너지 등으로 변환시키는 기기를 말한다.

이는 직선 왕복 운동을 하는 공압 실린더, 요동 회전 운동을 하는 요동 액추에이터, 연속 회전 운동을 하는 공압 모터 등으로 크게 나눌 수 있다.

1 공압 실린더

공압 실린더는 최종적으로 압축 공기의 압축 에너지를 기계적 에너지로 변환하여 직선 왕복 운동을 하는 액추에이터이다.

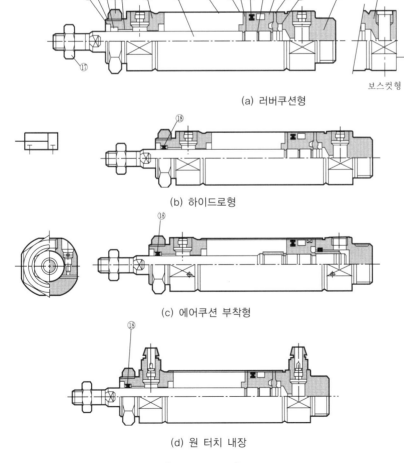

(a) 러버쿠션형

보스컷형   그레비스형

(b) 하이드로형

(c) 에어쿠션 부착형

(d) 원 터치 내장

번호	부품명
①	로드 커버
②A	헤드 커버 A
②B	헤드 커버 B
②C	헤드 커버 C
③	실린더 튜브
④	피스톤
⑤	피스톤 로드
⑥	부시
⑦	패킹 누름판
⑧	스냅 링
⑨	댐퍼 A
⑩	댐퍼 B
⑪	스냅 링
⑫	클레비스용 부시
⑬	피스톤 패킹
⑭	피스톤 개스킷
⑮	웨어링
⑯	취부 너트
⑰	로드 선단 너트
⑱	로드 패킹

| 그림 1.30 | 공압 실린더의 내부 구조

2 실린더 구조에 의한 분류

명칭	기호	비고
단동 실린더		밀어내는 형
		스프링으로 밀어내는 형
		스프링으로 당기는 형
복동 실린더		편로드형
		양로드형
		양쿠션/편로드형

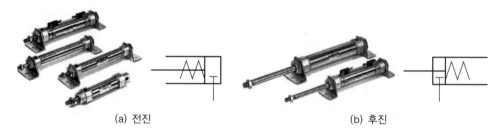

(a) 전진　　　　　　　　　　　　　　(b) 후진

| 그림 1.31 | 단동 실린더

(a) 편로드형　　　　　　　　　　(b) 양로드형

| 그림 1.32 | 복동 실린더

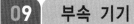

09 부속 기기

1 진공 펌프

공압에서는 보통 대기압 이상의 압력이 사용되며 공작물의 공급, 취출 등의 반송 관계에 진공을 이용해서 흡착하는 방법이 사용된다. 원리는 압축 공기를 노즐에서 분출시키면 벤투리 효과에 의해 주변의 공기가 흡인되어 진공압(음압)이 발생한다.

2 배관

배관은 구리, 황동, 강관, 전기 도금 강관, 플라스틱류로 설치하기가 쉬워야 하고 내식성이 있고 가격이 저렴해야 한다. 동관, 황동관은 내식성, 내열성이 요구되는 곳에 사용하며, 수지 튜브는 소경의 배관, 구부리는 부분에 사용한다. 나일론, 폴리우레탄, 수지 튜브가 일반적이다. 고무 호스는 탄성이 커서 구부리기가 쉽지만 사용 시 내유성과 내오존성에 주의하며, 주관로는 1/100(1~2[%])의 경사가 되도록 설계해야 한다.

3 소음기

공압 기기에서 발생하는 소음을 줄이는 것으로, 종류는 흡입형, 리액턴스형, 조합형, 다목적형 0.5[kgf/cm^2] 이하의 배압이 있다.

4 공유압 조합 기기

정밀한 속도 제어나 다단 속도 제어를 하며 정확한 다단 위치 제어가 가능하다. 저압의 압력을 이용하여 고압력을 얻을 수 있고 원활하고 충격 없는 정지를 하며, 그 종류는 다음과 같다.
① **공유압 변환기**(pneumatic-hydraulic converter) : 오일과 압축된 공기의 결합 운동에 의해 기름과 공기를 매개체로 하여 압력을 서로 전달하는 기기이다.
② **하이드롤릭 체크 유닛** : 공압 실린더와 결합해서 그것에 있는 교축 밸브를 조정하여 실린더의 속도를 제어하는 데 사용하며 직렬형과 병렬형이 있다.
③ **증압기** : 공기압을 이용하여 오일의 유입된 증압기를 작동시켜 수배에서 수십배의 유압으로 변환시키는 배력 장치로 직압식과 예압식이 있으며, 압력비는 4 : 1, 8 : 1, 16 : 1, 32 : 1이다.

5 공압 근접 감지 센서(비접촉식 감지 장치)

① **공기 배리어**(air barrier) : 분사 노즐, 수신 노즐로 구성되며, 압력은 0.1~0.2[bar], 공기 량은 0.5~0.8[m³/h], 물체 감지 거리는 100[mm] 이하이다.

② **반향 감지기**(reflex sensor) : 배압 원리를 이용하며 분사 노즐, 수신 노즐이 합체되어 있고, 압력은 0.1~0.2[bar], 감지 거리는 1~6[mm]이고 검사 장치, 계수, 감지 등에 적 용한다.

③ **배압 감지기**(back pressure sensor) : 가장 기본적인 센서로서 노즐로 공기를 방출하여 물체가 접근하면 배압이 형성되며, 압력은 0.1~8[bar]로 마지막 위치 감지, 위치 제어 에 사용한다.

④ **공압 근접 스위치**(pneumatic proximity switch) : 공기 배리어 원리를 이용하며, A 신호 는 저압이기 때문에 압력 증폭기를 사용한다.

⑤ **전기 근접 스위치**(electric proximity switch) : 영구 자석을 지닌 피스톤이 스위치에 접근하면 유리 튜브 안에 있는 2개의 리드가 접촉하게 되어 전기 신호를 보내는 것이다.

⑥ **공압－전기 신호 변환기** : 공압 제어 시스템과 전기 제어 시스템을 연결해주는 공압－ 전기 변환기가 필요하며, 신호 변환기는 공압 단동 실린더로 작동되는 전기 리밋 스위 치로 공기 압력은 0.6~10[bar]이다.

시퀀스 제어의 기본 논리 회로

01 기본 회로

1 AND 회로

직렬로 스위치가 연결되어 있는 AND 회로이므로 푸시 버튼 스위치 PB₁과 PB₂가 동시에 ON되었을 경우만 출력인 램프가 점등된다.

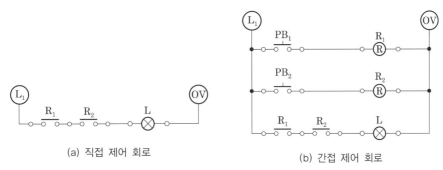

(a) 직접 제어 회로

(b) 간접 제어 회로

| 그림 1.33 | AND 회로

2 OR 회로

초기 상태에서는 램프가 점등되지 않은 상태에서 푸시 버튼 스위치 PB₁이나 PB₂를 누르면 출력인 램프가 점등되며, PB₁과 PB₂가 동시에 ON되었을 경우에도 출력인 램프가 점등된다.

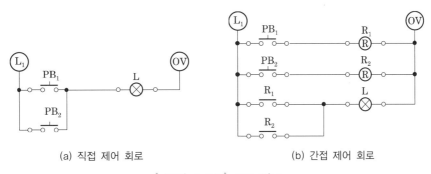

(a) 직접 제어 회로

(b) 간접 제어 회로

| 그림 1.34 | OR 회로

3 NOT 회로

초기 상태는 푸시 버튼 스위치 PB₁이 b접점이므로 램프가 ON되어 있다가 푸시 버튼 스위치 PB₁을 누르면 전원이 차단되어 램프가 OFF된다.

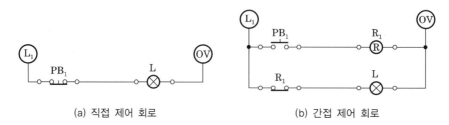

(a) 직접 제어 회로   (b) 간접 제어 회로

| 그림 1.35 | NOT 회로

4 NAND 회로

푸시 버튼 스위치 PB₁과 PB₂가 동시에 ON되었을 경우 릴레이 X₁의 b접점이 열려 램프 L이 소등된다.

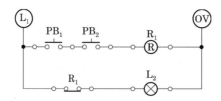

| 그림 1.36 | NAND 회로

5 NOR 회로

푸시 버튼 스위치 PB₁과 PB₂가 동시에 OFF되었을 경우만 릴레이 X₁의 b접점이 열려 램프 L이 소등된다.

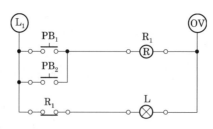

| 그림 1.37 | NOR 회로

6 자기 유지 회로

자기 유지란 전자 릴레이의 코일과 접점을 이용하여 조작 전원이 제거되더라도 자체 접점을 이용하여 자화력을 유지하는 것이다.

(1) ON 우선 자기 유지 회로
OFF 스위치를 동시에 작동하였을 때 ON이 유지되도록 하는 회로이다.

(2) OFF 우선 자기 유지 회로
ON, OFF 스위치를 동시에 작동하였을 때 OFF가 유지되도록 하는 회로이다.

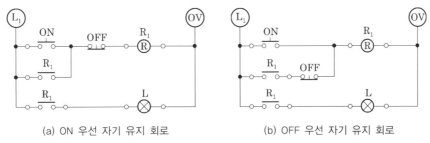

(a) ON 우선 자기 유지 회로   (b) OFF 우선 자기 유지 회로

| 그림 1.38 | 자기 유지 회로

02 명령 처리를 위한 기본 회로

1 ON DELAY 회로

① PB_1을 누르면 릴레이 코일 R이 여자되고 동시에 타이머 코일이 동작을 시작한다. 이 때 푸시 버튼을 복귀하여도 자기 유지 회로에 의해 타이머는 계속 동작을 하며 타이머에 설정한 시간이 경과하면 타이머 a접점 T_a가 동작하여 출력인 램프를 점등한다(설정 시간은 타이머의 조작 단계에서 설정한다).

② PB_2를 누르면 릴레이 R과 타이머 T의 여자가 해제되어 접점이 복귀, 출력 램프가 소등된다.

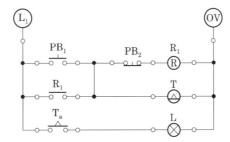

| 그림 1.39 | ON DELAY 회로

2 OFF DELAY 회로

푸시 버튼 스위치 PB$_1$을 누르면 R$_2$가 여자되어 출력 램프가 ON되고 자기 유지가 된다. PB$_2$를 ON시키면 R$_1$ 릴레이가 동작되고 동시에 타이머 릴레이가 동작된다. 설정한 시간이 경과하면 타이머 T$_b$ 접점이 OFF되어 램프가 OFF되고 R$_2$ 릴레이도 해제되어 자기 유지가 해제된다. 따라서 모든 코일과 릴레이는 모두 복귀된다(설정 시간은 타이머의 조작 단계에서 설정한다).

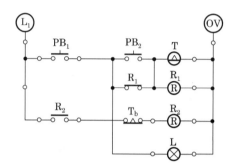

| 그림 1.40 | OFF DELAY 회로

3 인터록 회로

① 인터록 회로란 기기의 보호나 조작자의 안전을 위해 기기의 동작 상태를 나타내는 접점을 사용하여 관련된 기기의 동작을 금지하는 회로를 말한다.

② PB$_1$ 푸시 버튼을 누르면 R$_1$ 코일이 여자되고 R$_1$ a접점이 모두 ON되어 자기 유지시키며, R$_2$ 코일의 전원을 차단하고 L$_1$을 점등시킨다.

③ R$_1$이 여자된 상태에서는 PB$_2$ 푸시 버튼을 ON하여도 R$_2$가 여자되지 않는다. PB$_3$을 눌러 R$_1$ 코일에 공급되는 전원을 차단한 후 PB$_2$ 푸시 버튼을 누르면 R$_2$ 코일이 여자되어 R$_2$ a접점이 모두 ON되어 자기 유지시키며, R$_1$ 코일의 전원을 차단하고 L$_2$를 점등시킨다.

03 타이머 회로

제어에서 시간의 지연이나 동작 지연이 필요한 경우 사용하는 전기 기기이다.

| 표 1.14 | 전기 기기

코일		
a접점		
b접점		
a접점		
b접점		

Chapter 04

공압 제어의 기초 회로

01 복동 실린더의 제어 회로(자기 유지 회로)

전진 푸시 버튼을 누르면 실린더가 전진한다. 이때 푸시 버튼에서 손을 떼도 실린더는 전진 상태를 유지한다. 후진 푸시 버튼을 누르면 실린더는 후진한다.

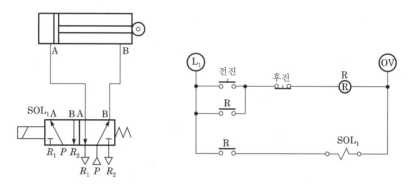

| 그림 1.41 | 복동 실린더의 제어 회로(자기 유지 회로)

02 복동 실린더의 제어 회로(인터록 회로)

PBS$_1$ 푸시 버튼을 누르면 실린더가 전진한다. 이때 푸시 버튼에서 손을 떼도 실린더는 전진 상태를 유지한다. PBS$_2$ 푸시 버튼을 누르면 실린더는 후진한다.

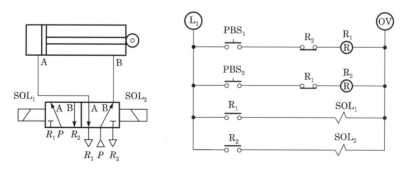

| 그림 1.42 | 복동 실린더의 제어 회로(인터록 회로)

03 복동 실린더의 제어 회로(자동 복귀 회로 Ⅰ)

PB$_1$ 푸시 버튼을 누르면 실린더가 전진한다. 실린더의 피스톤 로드가 리밋 스위치(LS$_1$)를 ON하면 스스로 복귀한다.

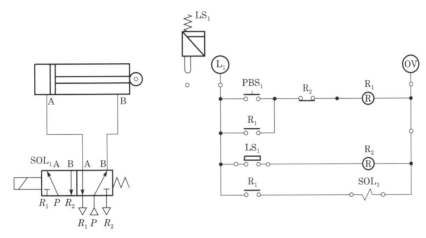

| 그림 1.43 | 복동 실린더의 제어 회로(자동 복귀 회로 Ⅰ)

04 복동 실린더의 제어 회로(자동 복귀 회로 Ⅱ)

실린더가 전진하여 LS$_1$을 누르는 순간 릴레이(R$_1$)의 자기 유지 회로를 풀어주면 편측 솔레노이드 밸브는 스프링에 의해 자동으로 복귀하는 회로이다.

PBS$_1$ 푸시 버튼을 누르면 실린더가 전진한다. 실린더의 피스톤 로드가 리밋 스위치(LS$_1$)를 ON하면 스스로 복귀한다.

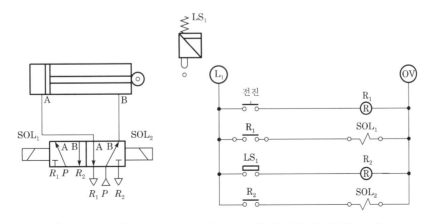

| 그림 1.44 | 복동 실린더의 제어 회로(자동 복귀 회로 Ⅱ)

05 복동 실린더의 제어 회로(카운터 실습)

PLC trainer의 디지털 입력 스위치에서 연속 왕복할 횟수를 카운터에 입력하고 PB_1 푸시 버튼을 누르면 입력한 수만큼 실린더가 왕복한 후 정지한다.

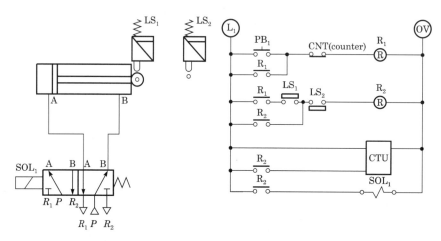

| 그림 1.45 | 복동 실린더의 제어 회로(카운터 실습)

06 복동 실린더의 제어 회로(타이머 실습)

회로의 동작 원리는 시동 스위치인 PB_1을 ON시키면 릴레이 R_1이 여자되고 자기 유지되며, 솔레노이드를 ON시켜 실린더를 전진시킨다. 동시에 타이머 T_1이 동작하여 설정된 시간 후 R_1의 자기 유도를 해제하므로 밸브가 스프링에 의해 원위치 되어 실린더가 자동으로 후진한다.

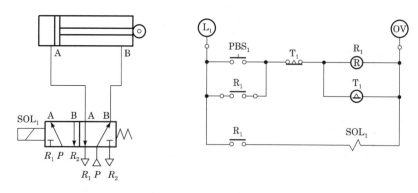

| 그림 1.46 | 복동 실린더의 제어 회로(타이머 실습)

공압 제어의 응용 회로

01 시퀀스 회로의 구성과 설계 원리 이해

1 조건과 목적

(1) 조건

두 개의 복동 실린더가 시동 신호를 주면 $A^+ \rightarrow B^+ \rightarrow A^- \rightarrow B^-$의 순서로 순차 작동되어야 한다.

(2) 목적

시퀀스 회로의 구성을 이해하고 시퀀스 회로 설계 원리를 배운다.

2 구성 기기

① 복동 실린더 : 2개
③ 연결 케이블 : 1set
⑤ DC power supply : 1대
⑦ 계전기(릴레이) : 4개

② 누름 버튼 스위치 : 1개
④ 리밋 스위치 : 4개
⑥ 5포트 2위치 양측 전자 밸브 : 2개

3 회로 설계 방법

(1) 변위 선도

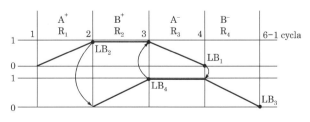

| 그림 1.47 | 변위 선도

(2) 설계 공식

① 양쪽 솔레노이드 밸브를 사용할 경우

$R_n =$ 입력 조건 $\times R_n$ (입력 조건은 시작 스위치와 LS)

② 한쪽 솔레노이드를 사용할 경우

$R_n =$ [입력 조건 + 자기 유지] (전단 동작 확인 LS)

4 회로도

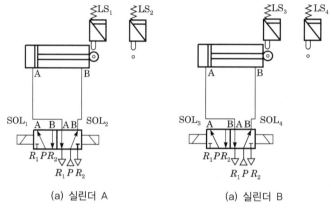

(a) 실린더 A   (a) 실린더 B

(A) 공압 회로

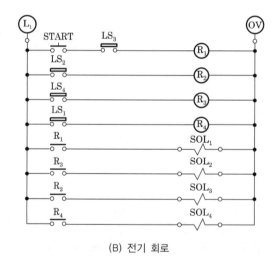

(B) 전기 회로

┃그림 1.48┃ 시퀀스 회로의 구성과 설계 원리 이해

5 동작 설명

START → R_1 → SOL_1 → A실린더 전진(양쪽 솔레노이드 밸브이므로 자기 유지) → LS_2 닫힘 → R_2 → SOL_3 → B실린더 전진(양쪽 솔레노이드 밸브이므로 자기 유지) → LS_4 닫힘 → R_3 → SOL_2 → A실린더 후진(양쪽 솔레노이드 밸브이므로 자기 유지) → LS_1 닫힘 → R_4 → SOL_4 → B실린더 전진(양쪽 솔레노이드 밸브이므로 자기 유지)

02 부가 조건 회로

1 조건과 목적

(1) 조건

복동 실린더의 동작을 1회(단동) 사이클 기능과 연속 사이클 기능으로 분리시킨다.

(2) 목적

제어계를 단속 동작과 연속 동작의 부가 조건 기능을 부여할 수 있는 기능을 익힌다.

2 구성 기기

① 복동 실린더 : 1개
② 누름 버튼 스위치 : 3개
③ DC power supply
④ 4포트 2위치 양측 전자 밸브 : 1개
⑤ 유지형 스위치 : 1개
⑥ 연결 케이블 : 1set
⑦ 계전기(릴레이) : 3개
⑧ 리밋 스위치 : 2개

3 회로도

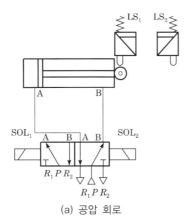

(a) 공압 회로

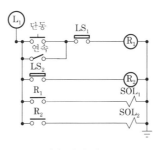

(b) 전기 회로 I

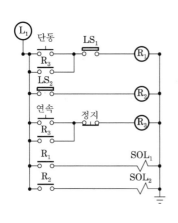

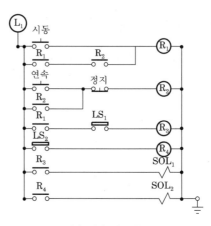

(c) 전기 회로 Ⅱ   (d) 전기 회로 Ⅲ

| 그림 1.49 | 부가 조건 회로

⬛4 동작 설명

(1) 전기 회로 Ⅰ

단동 사이클 동작으로는 누름 버튼 스위치를 사용하고 연속 사이클 동작으로는 유지형 토글 스위치를 사용한다.

① 단동 : 단동$-$LS$_1$$-R_1$$-SOL_1$(전진)$-LS_2$$-R_2$$-SOL_2$(후진)

② 연속 : 연속$-$LS$_1$$-R_1$$-SOL_1$(전진)$-LS_2$$-R_2$$-SOL_2$(후진) → 반복 동작

(2) 전기 회로 Ⅱ

단동 사이클 동작과 연속 사이클 동작을 모두 자동 복귀식 누름 버튼 스위치를 사용한다 (정지 신호$-$후진된 상태에서 정지).

① 단동 : 단동$-$LS$_1$$-R_1$$-SOL_1$(전진)$-LS_2$$-R_2$$-SOL_2$(후진)

② 연속 : 연속$-$정지(b접점)$-$R$_3$$-LS_1$$-R_1$$-SOL_1$(전진)$-LS_2$$-R_2$$-SOL_2$(후진)

→ R$_3$의 자기 유지 접점에 의해서 동작이 반복됨.

(3) 전기 회로 Ⅲ

전기 회로 Ⅰ, Ⅱ에서는 단동과 연속의 선택 기능은 있으나 제어계에 시동 스위치가 없다. 안전상 연속 동작은 시동 스위치에 의해서 동작한다.

① 단동 : 시동$-$R$_1$$-R_3$$-SOL_1$(전진)$-LS_2$$-R_4$$-SOL_2$(후진)

② 연속 : 연속$-$시동$-$R$_1$$-R_3$$-SOL_1$(전진)$-LS_2$$-R_4$$-SOL_2$(후진)

→ R$_2$가 자기 유지 상태가 되어 있으므로 동작이 반복됨.

P/A/R/T

02

유압 분야

유압의 기초 이론

01 개요

유압(油壓 ; oil hydraulics)이란 유압 펌프에 의하여 동력의 기계적 에너지를 유체의 압력 에너지로 바꾸어 유체 에너지에 압력, 유량, 방향의 기본적인 3가지 제어를 하여 유압 실린더나 유압 모터 등의 작동기를 작동시킨 후 다시 기계적 에너지로 바꾸는 역할을 하는 것으로 동력의 변환이나 전달을 하는 장치 또는 방식을 말한다.

02 유압 장치의 기본적인 구성

(1) 유압 탱크

유압은 공압과 다르게 에너지가 소멸된 오일은 다시 탱크로 들어와 필터를 거쳐 에너지를 재생하는 과정을 거치며 유압 탱크에는 오일스트레이너, 유압 레벨 장치, 청정 흐름을 유지하도록 구성되어 있다.

(2) 유압 펌프

유압 펌프는 유압 탱크의 오일을 흡입하여 시스템에서 요구하는 압력을 생성하는 역할을 하며 전동기와 연결되어 있다.

(3) 릴리프 밸브

릴리프 밸브는 유압 시스템에서 압력을 생성하여 설정된 압력으로 액추에이터로 보내어 작동시킨다.

(4) 압력계

압력계는 릴리프 밸브에서 설정되는 압력으로 유지되는지를 확인할 수 있는 압력 지시계이다.

(5) 밸브

밸브는 유압의 작동 시스템의 조건에 따라 선택하며 솔레노이드의 신호에 따라 포트를 열고 닫음으로 액추에이터를 제어한다.

(6) 유량 제어 밸브

유량 제어 밸브는 각 액추에이터로 보내지는 유압을 운동 조건에 따라 조절하도록 부착을 한다.

(7) 실린더와 유압 모터

실린더와 유압 모터는 실제 유압으로 설계자가 원하는 일을 하는 장치이다.

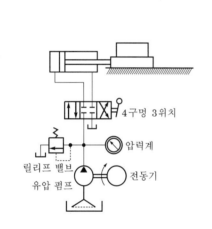

| 그림 2.1 | 유압 회로의 기본 구성

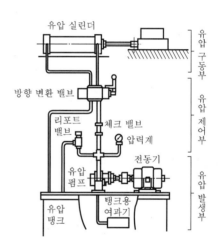

| 그림 2.2 | 유압 장치의 구성도

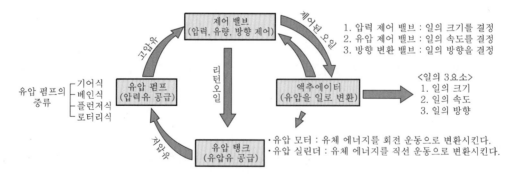

| 그림 2.3 | 유압 기기의 관계 운동

03 유압 이론

1 압력과 힘의 관계

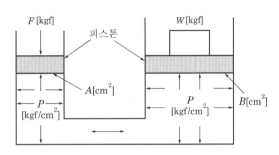

| 그림 2.4 | 파스칼의 원리

유압에서 사용하는 압력이란 물체의 단위 면적[cm²]에 가해진 힘[kgf]의 크기를 말하며, [kgf/cm²]로 나타낸다.

즉 가해지는 힘[kgf]을 그 힘을 받는 면적으로 나눈 것이다. 왼쪽의 피스톤이 누르는 힘을 $F[\text{kgf}]$, 피스톤의 단면적을 $A[\text{cm}^2]$라고 하면 내부에 발생하는 압력 P는 $P = \dfrac{F}{A}[\text{kgf/cm}^2]$가 되며, 이 압력이 배관을 통하여 단면적 $B[\text{cm}^2]$의 피스톤 밑면에 파스칼의 원리에 의하여 전달된다.

이 P라는 압력은 하중 W와 평행되는 관계로 $W = \dfrac{PB}{A}[\text{kgf}]$가 되어 [kgf]로 나타낼 수 있다.

2 절대 압력과 게이지 압력

압력을 나타내는 데는 그 기준(압력 0의 상태)의 설정 방법에 따라 절대 압력과 게이지 압력으로 나누며, 통상적으로 게이지 압력으로 나타낸다.

(1) 절대 압력(absolute pressure)

완전 진공을 기준으로 하여 나타낸다. 완전 진공 상태가 압력 0이다.

(2) 게이지 압력(gauge pressure)

대기압을 기준으로 하여 나타낸다. 대기압 상태가 압력 0이다.

3 유압의 물리적 법칙과 계산식

(1) 압력

단위 면적에 작용하는 힘이다.

$$p = \frac{F}{A}, \quad \text{단위 } 1[\text{kgf/cm}^2] = 1[\text{atm}](\text{기압})$$

(2) Bernoulli의 정리

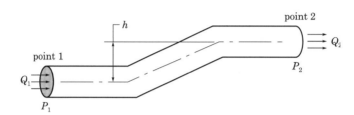

| 그림 2.5 | Bernoulli의 정리

유로의 임의 단면에 있어서 총 수두 p는 일정하다. 총 수두는 정 수두 p_s, 위치 수두 및 속도 수두로 구성된다. 즉

$$p = p_s + \frac{\gamma h}{10} + \frac{\gamma v^2}{20g}$$

이 되며, 일반적으로 위치 수두는 무시한다.

여기서 단위는 $p, p_s : [\text{kgf/cm}^2]$, $h : [\text{m}]$, $v : [\text{m/s}]$, $g : 9.81[\text{m/s}^2]$, $\gamma :$ 작동유의 비중으로 하고 $1[\text{kgf/cm}^2] = 10[\text{mAq}]$로 하였다.

(3) 연속의 법칙

관로를 흐르는 유량은 모든 단면에서 동일하다.

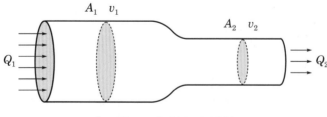

| 그림 2.6 | 연속의 법칙

$$Q = vA = \text{일정}$$

여기서 아주 가는 관로에는 적용되지 않는다. 또 흐름과 관벽과의 마찰은 무시할 수 없다.

단위로 $Q : [l/\min]$, $A : [\mathrm{cm}^2]$로 하고

① 작은 단면적에서 $v[\mathrm{m/s}]$로 하면

$$Q = 6vA \left(= \frac{60 \times 100}{1,000} vA \right)$$

② 큰 단면적에서 $v[\mathrm{m/min}]$로 하면

$$Q = \frac{vA}{10} \left(= \frac{100}{1,000} vA \right)$$

(4) 출력

$$P = \frac{Qp}{450} \; [\mathrm{PS}]$$

$$P = \frac{Qp}{612} \; [\mathrm{kW}]$$

여기서 $Q : [l/\min]$, $p : [\mathrm{kgf/cm}^2]$일 때 펌프의 구동 마력 P_d는

$$P_d = \frac{P}{\eta}$$

여기서, $\eta = \eta_{\mathrm{vol}} \eta_{\mathrm{mech}}$(총 효율)

(5) 유량

유량이란 단위 시간에 이동하는 액체의 양을 말하며, 유압에서 유량은 토출량으로 나타내며 단위는 $[l/\min]$(분당 토출되는 양) 또는 $[\mathrm{cc/s}]$(초당 토출되는 양)로 표시한다. 즉 이동한 유량을 시간으로 나눈 것이다. 유량의 계산식은

$$Q = \frac{V}{t} = \frac{AS}{t} = Av[l/\min]$$

여기서, $V :$ 용량$[l]$, $t :$ 시간$[\min]$, $v :$ 유속$[\mathrm{m/s}]$, $S :$ 거리$[\mathrm{m}]$, $A :$ 단면적$[\mathrm{cm}^2]$

(6) 유속

유속이란 단위 시간에 액체가 이동한 거리를 나타내며, 유압에서 단위는 $[\mathrm{m/s}]$(매 초당 움직인 거리)로 나타내며 유속의 계산식은

$$V = \frac{Q}{A} [\mathrm{m/s}]$$

여기서, $Q :$ 유량$[l/\min]$, $A :$ 단면적$[\mathrm{cm}^2]$

(7) 관의 내경을 구하는 공식

$$Q = Av = \frac{\pi d^2}{4} v \text{ 이므로 } d = \sqrt{\frac{4Q}{\pi v}}$$

(8) 기름 통로 단면적 줄임 기구

유압 장치에는 압력이나 유량을 조정할 때 밸브를 사용하는데 밸브는 흐름의 면적을 바꾸어 그 목적을 달성한다. 그 중에서 흐름의 면적을 줄여서 관로 또는 기름 통로 안에 저항을 일으키게 하는 기구를 줄임 기구라 하며, 짧은 줄임 기구(오리피스)와 긴 줄임 기구(초크)가 있다.

① **짧은 줄임 기구(오리피스)** : 면적을 줄인 길이가 단면 치수에 비하여 비교적 짧은 경우를 말하며, 이 경우 압력 강하는 액체의 점도에 거의 영향을 받지 않는다.

② **긴 줄임 기구(초크)** : 면적을 줄인 길이가 단면 치수에 비하여 비교적 긴 경우를 말하며, 이 경우에는 압력 강하가 액체의 점도에 따라 크게 영향을 받는다.

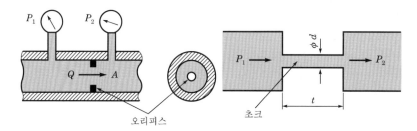

| 그림 2.7 | 줄임 기구

유압의 구성 기기

01 유압 펌프

1 개요

유압 펌프는 전동기나 엔진 등에 의하여 얻어진 기계적 에너지를 받아서 기름에 압력과 유량의 유체 에너지를 주어 유압 모터나 실린더를 작동시키는 유압 장치의 기본 동력이다.

(1) 펌프에는 정용량형 펌프(1회전당의 토출량을 변동할 수 없는 펌프)와 가변 용량형 펌프(1회전당의 토출량을 변동할 수 있는 펌프)가 있으나 일반적으로 정용량형 펌프가 사용되고 있다.

(2) 정용량형은 밀폐된 유실의 용량 변화에 의해 기름을 흡입, 토출하며 흡입과 토출 쪽은 격리되어 있어서 부하가 변동하여 펌프의 토출 압력이 변화하여도 펌프의 토출량은 거의 일정하여 유압 장치에 적합하다.

2 기구에 의한 분류

(1) 기어 펌프

외접 기어 펌프, 내접 기어 펌프

(2) 베인 펌프

1단 베인 펌프, 2단 베인 펌프, 각형 베인 펌프, 가변 베인 펌프, 더블형 베인 펌프(복합 베인 펌프)

(3) 피스톤 펌프

액셜형 피스톤 펌프, 레이디얼형 피스톤 펌프, 리시프트형 피스톤 펌프

3 기어 펌프의 특징 및 구조

(1) 기어 펌프의 특징

① 구조가 간단하다.
② 다루기 쉽고 가격이 저렴하다.
③ 기름의 오염에 비교적 강한 편이다.
④ 펌프의 효율은 피스톤 펌프에 비하여 떨어진다.
⑤ 가변 용량형으로 만들기가 곤란하다.
⑥ 흡입 능력이 가장 크다.

(2) 기어 펌프의 구조

① 외접식 기어 펌프

2개의 기어가 케이싱 안에서 맞물려 회전하며, 맞물림 부분이 떨어질 때 공간이 생겨서 기름이 흡입되고, 기어 사이에 기름이 가득차서 케이싱 내면을 따라 토출 쪽으로 운반한다(기어의 맞물림 부분에 의하여 흡입 쪽과 토출 쪽은 차단되어 있다).

② 내접식 기어 펌프

외접식과 같은 원리이나 두개의 기어가 내접하면서 맞물리는 구조이며, 초승달 모양의 간막이판이 달려 있다.

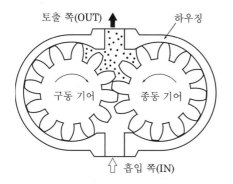

| 그림 2.8 | 외접식 기어 펌프

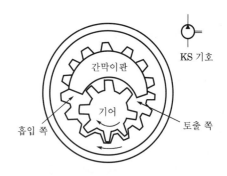

| 그림 2.9 | 내접식 기어 펌프

4 베인 펌프의 특징 및 구조

(1) 베인 펌프의 특징

① 수명이 길고 장시간 안정된 성능을 발휘할 수 있어서 산업 기계에 많이 쓰인다.
② 소음 및 맥동이 작다.
③ 유지 및 보수가 용이하다.

④ 작게 만들 수 있어 피스톤 펌프보다 단가가 싸다.

⑤ 기름에 의한 오염에 주의하여야 하고 흡입 진공도가 허용 한도 이하이어야 한다.

(2) 베인 펌프의 구조

① 단일형 베인 펌프(single type vane pump)

ㄱ 축이 회전 운동을 하면 로터가 회전하고 베인은 원심력 및 유압에 의하여 튀어나와 캠링 내면에 닿아 섭동한다. 베인 사이의 유실은 캠링의 곡선에 따라 용적을 하며, 유실이 넓은 곳에 흡입구가 달려 있어 기름이 흡입되며, 유실이 좁은 쪽에는 토출구가 있어서 기름이 강제적으로 토출된다.

ㄴ 로터 외부에 작용하는 유압은 평행되어 있으므로 베어링부에 작용하는 레이디얼 하중은 줄어들며, 이를 압력 평형형이라고도 한다.

② 더블형 베인 펌프(double type vane pump)

ㄱ 용량이 같은 2세트의 펌프가 같은 케이스 안에 1개의 축에 의하여 회전 운동을 하는 구조로 되어 있으며, 양쪽의 펌프에 언제나 같은 부하가 걸리도록 압력 분배 밸브가 달려 있다. 따라서 1단 쪽의 펌프 토출구가 2단 쪽의 펌프 흡입구와 통하고 있다.

ㄴ 압력 분배 밸브는 큰 플랜지와 작은 플랜지로 구성되며, 면적비는 2 : 1로 되어 있다. 따라서 1단 쪽 펌프의 토출량이 2단 쪽 펌프의 흡입량보다 많을 때에는 과잉 유압은 1단 쪽 펌프의 흡입부로 되돌아온다. 반대일 경우에는 2단 쪽 토출부에서 2단 쪽 흡입부로 유압유가 보충되어 언제나 같은 부하가 되게끔 작동한다.

③ 고압 단일형 베인 펌프(high pressure one stage vane pump)

ㄱ 단일형이고 140[kgf/cm²] 이상의 성능을 지니는 펌프이다. 베인 펌프를 고압화하기 위한 조건으로서는 흡입 쪽에서의 베인과 캠링의 접촉력을 반드시 줄여야 한다. 이를 위하여 베인 바닥에 공급하는 압력을 감압해서 해결하고 있다.

ㄴ 베인 바닥에 압력을 공급하기 위하여 측판에 설치하는 포트를 4개로 나누어 펌프의 토출 압력을 약 1/2로 감압한 다음 흡입 쪽의 베인 바닥으로 유도한다.

ㄷ 흡입 쪽 베인 바닥에 공급된 기름은 토출 쪽에 오면 초크 구멍을 통하여 펌프 토출 쪽 포트에 배출하는 기구로 되어 있으므로 토출 쪽의 베인 바닥 압력은 머리부보다 초크의 저항분만큼 캠링의 베인을 안정시킨다.

④ 가변 용량형 베인 펌프(variable displacement vane pump)

ㄱ 고정 용량형 펌프 캠링에 비해 내면은 진원이다. 따라서 무부하 시에는 스프링 힘에 의하여 로터에 캠링을 편심시켜서 유실의 용적을 변화시킨다.

ㄴ 토출 압력이 설정된 값에 도달하면 자동적으로 토출량은 0에 가까워지고 그 이상 압력 상승은 일어나지 않으며, 링의 편심량 변동으로 토출량도 조절할 수 있다.

ⓒ 동력 절감, 유온 상승의 감소, 릴리프 밸브의 불필요 등의 우수한 점이 있으나 구
조면에서 소음, 진동이 약간 크고 압력 평형형이 아니므로 축 받침용 베어링의 수
명이 짧아지는 등의 단점이 있다.

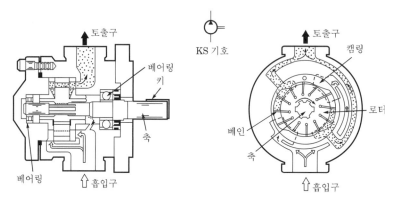

| 그림 2.10 | 단일형 베인 펌프

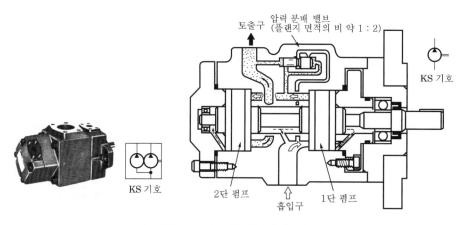

| 그림 2.11 | 더블형 베인 펌프

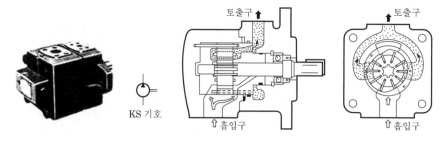

| 그림 2.12 | 고압 단일형 베인 펌프

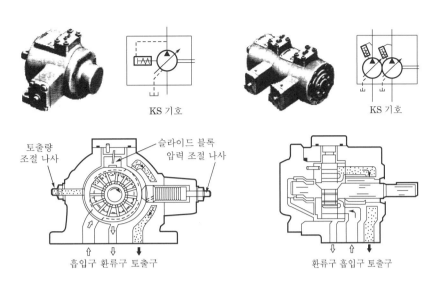

| 그림 2.13 | 가변 용량형 단일형 베인 펌프 | 그림 2.14 | 가변 용량형 더블형 베인 펌프

5 피스톤 펌프의 특징 및 구조

(1) 피스톤 펌프의 특징

① 고압에 적합하며 펌프 효율이 가장 낮다.

② 가변 용량형에 적합하며, 각종 토출량 제어 장치가 있어서 목적 및 용도에 따라 조정할 수 있다.

③ 구조가 복잡하고 비싸다.

④ 기름의 오염에 극히 민감하다.

⑤ 흡입 능력이 가장 낮다.

(2) 피스톤 펌프의 구조

① 레이디얼형 피스톤 펌프

실린더 블록이 회전하면 피스톤 헤드는 케이싱 안의 로터의 작용에 의하여 행정이 된다. 피스톤이 행정하는 곳에서는 기름이 고정된 밸브축의 구멍을 통하여 피스톤의 밑바닥에 들어가며, 안쪽으로 행정하는 곳에서 밸브 구멍을 통하여 토출된다.

② 액셜형 피스톤 펌프(사판식)

경사판과 피스톤 헤드 부분이 스프링에 의하여 항상 닿아 있으므로 구동축을 회전시키면서 경사판에 의해 피스톤이 왕복 운동을 하게 된다. 피스톤이 왕복 운동을 하면 체크 밸브에 의해 흡입과 토출을 하게 된다. 사판의 기울기 α에 의하여 피스톤의 스트로크(행정)가 달라진다.

③ 액셜형 피스톤 펌프(사축식)

축 쪽의 구동 플랜지와 실린더 블록은 피스톤 및 연결봉의 구상 이음(ball joint)으로 연결되어 있으므로 축과 함께 실린더 블록은 회전한다. 기울기 α에 의하여 피스톤의 스트로크(행정)가 달라진다.

④ 리시프트형 피스톤 펌프

크랭크 또는 캠에 의하여 피스톤을 행정시키는 구조이며, 고압에서는 적합하지만 용량에 비하여 대형이 되므로 가변 용량형으로 할 수 없다.

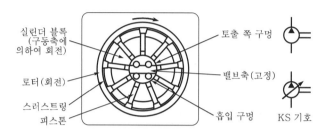

| 그림 2.15 | 레이디얼형 피스톤 펌프

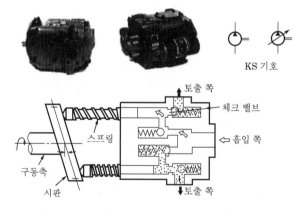

| 그림 2.16 | 액셜형 피스톤 펌프(사판식)

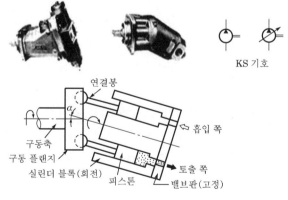

| 그림 2.17 | 액셜형 피스톤 펌프(사축식)

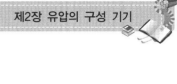

KS 기호

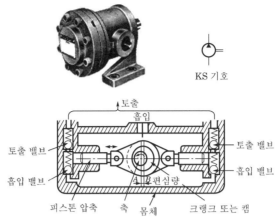

| 그림 2.18 | 리시프트형 피스톤 펌프

| 표 2.1 | 각종 유압 펌프의 특성 비교

명칭	분류	1회전당 토출 유량 [cc/rev]	최고 압력 [kgf/cm^2]	최고 회전 속도 [rpm]	최고 효율 [%]	이물질에 대한 민감도	흡입 성능
기어 펌프	외접형	1~500	10~250	900~4,000	70~85	이물질의 영향이 적어 작업 환경이 좋지 않은 것에도 사용 가능. 이의 마모와 더불어 효율 저하	허용 흡입 진공도가 높다 (1,800[rpm]에서 −20 ~−40[cmHg]까지 허용됨).
	내접형	1~500	5~300	1,200~4,000	65~90		
베인 펌프	축대칭 평형형	1~350	1,200~3,000	35~400	70~90	비교적 민감, 청정유 공급 필요. 베인이 마모되어도 효율은 저하되지 않음.	큰 진공도를 허용하지 않음(1,800[rpm]에서 −10~−20[cmHg]).
	축대칭 비평형형	10~230	35~140	1,200~1,800	60~70		
액셜 피스톤 펌프	사축식	10~1,000	210~400	750~3,600	88~95	작동유 이물질에 대하여 펌프 중 가장 민감. 특히 밸브 플레이트가 손상되어 효율 저하됨.	허용 흡입 가공도 작음 (1,800[rpm]에서 −3~0 [cmHg]).
	사판식	4~500	210~400	750~3,600	85~92	사축식보다 더욱 민감. 밸브 플레이트, 슈의 손상으로 효율 저하	사축식보다 허용 진공도가 작음.
	회전 사판식	5~300	140~560	1,000~5,000	85~90	이물질의 영향을 많이 받음.	사축식과 비슷한 정도
레이디얼 피스톤 펌프	회전 실린더형	6~500	140~250	1,000~1,800	85~90	액셜 피스톤 펌프와 비슷. 단, 분배축은 밸브 플레이트보다는 손상이 적음.	1,800[rpm]에서 −3~0 [cmHg] 정도
	고정 실린더형	10~200	140~250	1,000~1,800	80~92		

6 펌프 취급상 주의 사항

펌프의 고정 및 중심내기 작업	• 벨트 체인 기어에 의한 가로 구동은 피하여야 하며, 이는 소음 발생이나 베어링 손상의 원인이 된다. • 펌프를 전동기 또는 구동축과 연결할 때에는 양축의 중심선이 일직선상에 오도록 설치하여야 하며, 중심이 일치하지 않으면 베어링 및 오일 실(oil seal)의 파손 원인이 된다.
배관의 설치	• 배관은 규정대로 설치하여야 하며, 흡입 저항이 펌프의 허용 흡입 저항을 넘지 않도록 되도록 작아야 한다. • 흡입 쪽의 기밀성에 특히 주의하여야 하며, 공기의 흡입은 소음 발생의 원인이 된다. • 흡입 쪽 및 토출 쪽을 강관으로 배관할 때에는 배관에 의해 펌프가 강제적으로 편하중을 받지 않도록 주의하여야 하며, 이는 소음 발생 및 펌프 파손의 원인이 된다. • 드레인 배관의 환류구는 탱크의 유면보다 낮게 하되 흡입관에서 되도록 먼 위치에 설치하여야 하고, 드레인 압력은 0.7[kgf/cm^2] 이하로 하여야 하며, 드레인 압력이 높아지면 오일 실(oil seal)의 파손 원인이 된다.
펌프 시동 시의 주의 사항	• 시동 시에는 급격히 회전 속도를 올리지 말고 처음에는 전동기의 압력 스위치를 여러 번 ON-OFF시켜 배관 중의 공기를 빼낸 후 연속 운전하여 압력을 낮추거나 무부하 회로로 시동한다.
회전 방향의 변경	• 펌프의 회전 방향은 펌프의 앞쪽(축이 있는 쪽)에서 보아 오른쪽으로 회전하는 것이 표준이다. • 원형 펌프에서 회전 방향을 변경할 때에는 커버를 떼고 카트리지(캠링 1개, 로터 1개, 베인, 부싱 2매)를 세트한 채로 꺼내어 반대 방향으로 조립하며, 이때 핀의 위치를 주의한다.
흡입 저항	• 흡입 저항은 허용 흡입 저항이라고도 하며, 기기에 따라 100~200[mmHg]가 있다. • 흡입 저항이 높아지면 부품의 파손, 소음, 진동의 원인이 되며, 펌프의 수명이 짧아진다.
필터	• 흡입 쪽에는 150메시의 석션 필터를 사용한다. • 단일형 고압 펌프일 경우에는 토출 쪽에 25[μ] 이하의 라인 필터를 사용한다.
유압유	• 깨끗한 기름을 선택하여야 하며, 내마모성 유압유를 사용하면 수명이 길어진다.

02 제어 밸브

1 분류

압력 제어 밸브	• 릴리프 밸브 • 감압 밸브 • 시퀀스 밸브 • 언로드 밸브 • 카운터 밸런스 밸브	
유량 제어 밸브	• 교축 밸브	• 스톱 밸브(stop valve) • 스로틀 밸브(throttle valve) • 스로틀 체크 밸브(throttle check valve)
	• 유량 조절 밸브	• 압력 보상 붙이(low control valve) • 온도 보상 붙이(temperature compensated control valve)
	• 디셀러레이션 밸브 (deceleration valve)	
	• 분류(나눔) 밸브(flow dividing valve) • 집류(모음) 밸브(flow combiner valve)	
방향 제어 밸브	• 체크 밸브	• 흡입형 체크 밸브 • 스프링 부하형 체크 밸브(앵글형, 인라인형) • 유량 제한형 체크 밸브(throttle and check valve) • 파일럿 조작 체크 밸브(pilot operated check valve)
	• 감속 밸브(deceleration valve)	
	• 방향 전환 밸브	• 캠조작 밸브 • 수동 조작 밸브 • 전자 조작 밸브 • 파일럿 작동 전환 밸브 • 전자 유압 전환 밸브
복합 밸브	• 수동 전환 밸브	• 수동 비례 전환 밸브 • 선박용 윈치 조작 밸브 • 차량용 멀티플 컨트롤 밸브
	• 전자 전환 밸브	• 전자 비례 밸브 • 전자 파일럿 전환 밸브

2 압력 제어 밸브

압력 제어 밸브란 유압 회로 내의 압력을 설정치 이내로 유지하며, 유압 회로 내의 압력이 설정치에 도달하면 유압 회로를 전환하여 환류시키는 밸브이다.

(1) 릴리프 밸브(relief valve)

최초의 압력이 설정 압력 이상이 되면 회로 유량의 일부 또는 전부를 탱크로 보내어 회로 내의 최고 압력을 규제한다(같은 구조의 밸브로서 이상 고압 발생 시에만 작동시켜서 과부하 방지용으로 사용하는 것을 안전 밸브라고 한다).

구조면에서 분류하면 파일럿 작동형(밸런스 피스톤형)과 직동형의 2가지가 있다(유압 장치의 라인 압력 조정에는 파일럿 작동형이 많이 사용되고 있다).

| 표 2.2 | 릴리프 밸브의 분류

구분	파일럿 작동형	직동형
특징	• 주밸브의 움직임을 유압 밸런스로 하고 있으므로 채터링 현상이 일어나지 않고 압력 오버라이드가 작으며, 벤트 구멍을 이용하여 원격 제어를 할 수 있는 이점이 있다(압력의 설정에서 스프링을 이용하는 것은 직동형과 같으나 주밸브는 기름 압력에 의한다).	• 대체로 저압 또는 작은 유량일 때 쓰인다. • 릴리프 밸브의 성능 중 회로의 효율에 크게 영향을 미치는 것으로 오버라이드 특성이 있다(직동형은 높은 압력, 많은 유량일수록 오버라이드 특성이 저하한다). • 릴리프 밸브 작동 시 채터링이 발생될 때가 있는데 직동형에서는 채터링 발생 대책으로 댐핑실을 만든다.
구조	• 메인 스풀과 파일럿 스풀이 있으며, 메인 스풀을 유압으로 밸런스 시켜서 압력을 유지한다(압력 조정은 파일럿부로 한다).	• 메인 스풀밖에 없어 메인 스풀을 스프링으로 눌러 그 스프링의 힘으로 압력을 조정한다.
조작	• 파일럿 부분의 작은 스프링을 조작하기 때문에 핸들에 걸리는 힘이 작아서 쉽게 조정할 수 있다.	• 메인 스풀의 강력한 스프링을 조작하기 때문에 핸들에 걸리는 힘이 커서 압력 조절에는 큰 힘이 필요하다.
압력 조절 범위	• 하나의 스프링으로 광범위하게 조절할 수 있다.	• 스프링을 누르는 힘이 크기 때문에 작은 범위만 조절할 수 있다.
원방 조작	• 리모트 컨트롤 밸브로서 원격 압력 조정이 가능하며, 방향 전환 밸브로서 언로드도 가능하다.	• 원격 압력 조절이 불가능하다.
응답성	• 메인 스풀의 작동이 다소 지체되어 서지압이 발생한다.	• 메인 스풀의 움직임이 빨라서 서지압이 적어도 된다.
압력 오버라이드 (유량-압력 곡선)	• 압력 변화가 적고 효율이 좋다(곡선 변화).	• 압력 변화가 커서 효율이 나쁘다(직선 변화).

KS 기호

연결치로 접속구
초크
메인 스풀
인입구
탱크 쪽

이용 가능한 유량의 비교
직동형
파일럿 작동형
리시드 압력   유량   크래킹 압력

| 그림 2.19 | **파일럿 작동형**

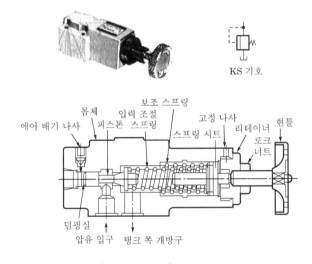

KS 기호

보조 스프링
몸체   입력 조절   고정 나사   현틀
에어 배기 나사   피스톤   스프링   스프링 시트   리테이너
로크 너트
덤핑실
압유 입구   탱크 쪽 개방구

| 그림 2.20 | **직동형**

(2) 감압 밸브(pressure reducing valve)

회로의 일부에 감압한 압력을 가하는 기능을 지니는 압력 제어 밸브이다(주회로의 압력은 릴리프 밸브로 제어한다). 설정된 2차 압력 이상의 1차 압력 변동에 대해서 2차 압력은 변화를 받지 않고 언제나 설정된 일정한 압력을 유지한다.

제어 밸브로서의 파일럿 압력은 밸브의 출구 쪽, 즉 2차 압력으로부터 유도되고, 항상 2차 쪽의 파일럿 유압으로 제어되며 1차 압력과는 관계가 없다. 역지 밸브의 내장형은 역류를 얻을 수 있다.

감압 밸브는 2차 쪽을 일정하게 하기 위하여 항상 파일럿 밸브로부터 압유를 드레인으로 탱크에 내보내 메인 스풀을 압력 밸런스시켜서 감압하는 기능을 가지고 있으므로 반드시 드레인을 탱크 라인에 배관하여야 한다.

① 릴리프 밸브와의 차이점

릴리프 밸브는 여분의 기름을 탱크에 돌려보내어 주회로의 압력을 설정치 이하로 억제하지만 감압 밸브는 주회로 압력(1차압)보다 낮게 2차 압력을 제어하기 위하여 여분의 기름을 2차 쪽으로 통과시키지 않는 밸브이다.

② 감압 밸브의 종류

정비례형		1차 압력을 일정한 비율로 감압하는 것이며, 고압 1단 베인 펌프에 쓰이고 있는 것과 같다.
정차등형		1차 압력과 2차 압력의 차를 일정하게 유지하는 밸브이며, 유량 조절 밸브의 압력 보상 기구로 쓰인다.
2차압 일정형		1차 압력이 설정 압력 이하일 때는 전부 열리고, 설정된 압력 이상이 되면 이에 작용하여 2차 압력을 설정값에서 멈추게 한다. 유압 회로 내의 일부 압력을 감압하는 데 쓰인다.

③ 2차압 일정형(직동형)의 구조

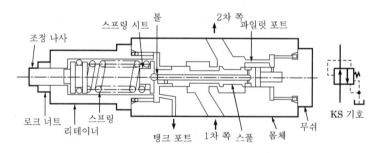

| 그림 2.21 | 2차압 일정형(직동형)의 구조

㉠ 2차 압력이 설정 압력 이하일 때 : 2차 압력은 상부 파일럿 포트를 통하여 주 밸브의 우측에 작용하고 스프링 힘으로 주 밸브는 열린다.

㉡ 2차 압력이 설정치를 넘을 때 : 2차 압력이 스프링의 힘을 이겨내어 주 밸브를 닫는 방향으로 작동하며, 2차 압력은 그 이상 상승하지 않는다.

㉢ 실린더가 정지하여 가압 상태일 때 : 1차에서 2차로의 누출은 주 밸브 안의 구멍에서 흘려보내 2차 압력이 설정치를 넘지 않도록 작용한다.

㉣ 2차 압력이 다시 떨어졌을 때 : 스프링의 힘이 주 밸브 우측에 작용하는 전압력을 이겨내어 주 밸브는 복귀한다.

(3) 시퀀스 밸브(sequence valve, 순차 동작 밸브)

주회로의 압력을 일정하게 유지하면서 조작의 순서를 제어할 때 사용하는 밸브이다.

(4) 카운터 밸런스 밸브(counter balance valve)

회로 일부에 배압을 발생시키고자 할 때 사용하며, 한 방향의 흐름에는 설정된 배압을 주고 반대 방향의 흐름을 자유 흐름으로 하는 밸브이다.

(5) 무부하 밸브(unloading valve, 언로딩 밸브)

회로 내 압력이 일정 압력에 이르렀을 때 압력을 떨어뜨리지 않고 송출량을 그대로 탱크에 되돌리기 위해 사용하는 밸브이다.

(6) 압력 스위치(pressure switch)

전자식 밸브를 개폐시키는 전기식 전환 스위치이다.

(7) 유체 퓨즈(fluid fuse)

유압 회로 내 압력이 설정압을 넘으면 유압에 의하여 막이 파열되어 유압유를 탱크로 귀환시키며 압력 상승을 막아 기기를 보호하는 역할을 수행한다.

3 유량 제어 밸브

(1) 교축 밸브(throttle valve, 스로틀 밸브)

작동유의 점성에 관계없이 유량을 조절할 수 있으며, 제어 유량은 선형적으로 제어가 가능하다.

(2) 집류 밸브

2개의 관로의 압력에 관계없이 소정의 출구 유량이 유지되도록 합류하는 밸브이다.

(3) 분류 밸브

두 가지 이상의 관로에 분류시킬 때 각 관로 압력에 관계없이 일정한 비율로 유량을 분할해서 흐르게 하는 밸브이다.

(4) 스톱 밸브(stop valve, 정지 밸브)

조정 핸들을 조작함으로서 교축(throttle) 부분의 단면적을 변경시켜 통과하는 유량을 조절하는 밸브이다.

(5) 유량 조절 밸브

압력 보상 기구를 내장하고 있고 압력 변동에 의하여 유량이 변동되지 않도록 회로에 흐르는 유량을 항상 일정하게 자동적으로 유지하는 밸브이다.

4 방향 제어 밸브

(1) 체크 밸브(check valve, 역지 밸브)

한 방향의 유동을 허용하나 역방향의 유동은 완전히 막는 역할을 하는 밸브이다.

(2) 감속 밸브(deceleration valve, 디셀러레이션 밸브)

속도를 감속하기 위한 밸브이다.

(3) 셔틀 밸브(shuttle valve)

고압측과 자동적으로 접속되고, 동시에 저압측 포트를 막아 항상 고압측의 유압유만 통과시키는 전환 밸브이다.

(4) 스풀 밸브(매뉴얼 밸브)

하나의 축상에 여러 개의 밸브면을 두어 직선 운동으로 유로를 구성하여 흐름방향을 제어하는 밸브이다.

(5) 전환 밸브

조작계통 간의 회로에서 기름의 흐름을 정하는 밸브이다.

(6) 포핏 밸브(poppet valve)

밸브의 몸체가 밸브 시트의 시트면에 직각방향으로 이동하는 형식의 소형 밸브이다.

(7) 기타 밸브

비례 제어 밸브, 서보 밸브(servo valve), 로직 밸브(logic valve) 등이 있다.

03 유압 액추에이터

유압 펌프에 의하여 공급된 작동유의 압력 에너지를 기계적인 일로 변환하는 장치를 액추에이터라 하며 유압 실린더(hydraulic cylinder)와 유압 모터(hydraulic motor)로 구분한다.

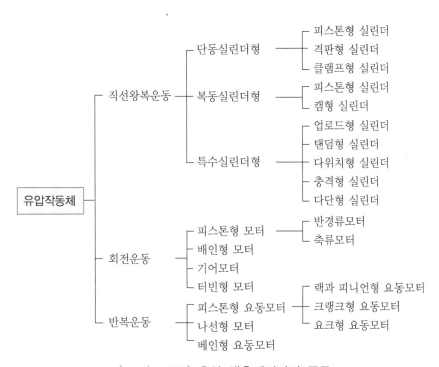

| 그림 2.22 | 유압 액추에이터의 종류

1 유압 실린더

(1) 실린더의 설치와 지지 방법에 따른 분류

① 나사형 실린더(screw type) : 실린더의 몸체 양단에 나사를 형성시켜 실린더 고정 시 볼트로 체결시키는 방법으로 주로 소형에 사용한다.

② 풋형 실린더(foot mounting type) : 장치하기 위한 발이 달려 있어 항상 실린더축과 수직방향으로 볼트 등에 의해 고정하며 가장 일반적인 형식이다.

③ 클레비스형 실린더(clevis mounting type) : U자형 키(key)를 활용하여 플런저 로드의 중심선에 대하여 직각 방향으로 핀 구멍이 있는 U자형 금속 물질에 의하여 지지되는 고정형 실린더로 건설 기계에 주로 사용한다.

④ **트러니언형 실린더** : 플런저 로드의 미끄럼 방향과 직각을 이루는 실린더의 양쪽으로 뻗은 한 쌍의 원통상의 pivot으로 지지되는 고정식 실린더로 덤프트럭의 리프트 실린더에 주로 사용한다.

⑤ **플랜지형 실린더** : 실린더 쪽에 대하여 수직 방향으로 붙임 플래지로 고정되는 붙임 형식의 실린더로 플랜지가 부착된 방향에 따라 로드 쪽 플랜지형과 헤드 쪽 플랜지형으로 나눈다.

(2) 유압 실린더의 분류

작동 형식, 최고 사용 압력, 조립 방식, 지지 방식에 따라 분류한다.

① **단동형 유압 실린더** : 플런저 또는 램의 한쪽에만 압유를 공급하며 귀한 행정은 중력이나 기계적 스프링으로 한다.

② **복동형 유압 실린더** : 플런저 양측에 압유를 교대로 공급하며 플런저와 로드의 연접 방식에 따라 단로드형(single end rod type), 양로드형(double end rod type), 이중 플런저형(double piston type)으로 구분하며 플런저의 두부에 쿠션 플런저를 장착한다.

③ **다단형 유압 실린더**

　㉠ **텔레스코프형(telescopic type) 실린더** : 1조의 유압 실린더 내부에 다시 별개의 실린더를 내장하여 압유가 유입하면 순차적으로 실린더가 이동한다.

　㉡ **멀티형(multi position type) 실린더** : 1개의 실린더 안에 몇 개의 플런저를 삽입하고, 이를 각 플런저 사이에 솔레노이드 3방향 밸브를 사용하여 압유를 송유 또는 배유를 할 수 있도록 되어 있다.

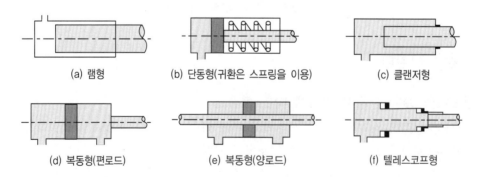

(a) 램형　　(b) 단동형(귀환은 스프링을 이용)　　(c) 클랜저형

(d) 복동형(편로드)　　(e) 복동형(양로드)　　(f) 텔레스코프형

| 그림 2.23 | 유압 실린더의 종류

| 표 2.3 | 유압 실린더의 종류

종류	형식	기호
단동 실린더	피스톤형	
	램형	
복동실린더	단로드형	
	양로드형	
	이중피스톤형	
다단 실린더	텔레스코프형	단동
		복동
	멀티형	

2 유압 회전 모터

작동유의 유체 에너지를 받아 축의 연속 회전 운동을 얻는 기기로 유압 펌프의 흡입 쪽에 압유를 공급하면 유압 모터가 되며 기어형, 베인형, 플런저형이 있다.

| 표 2.4 | 유압 모터의 성능

명칭	분류	압출 용적 [cm³/rev]	최대 압력 [kgf/cm²]	최대 회전수 [rpm]	최대 효율 [%]	기동 토크비 [%]
			대형 소형	대형 소형		
기어 모터	외접형	4~500	90~210	900~3,500	65~85	70~85
	내접형	7~500	70~210	1,800~7,500	60~80	65~85
평형형 베인 모터	보통 베인형	10~220	35~70	1,200~2,200	65~80	75~90
	특수 베인형	20~300	140~175	1,800~3,000	75~85	75~90
액셜 플런저 모터	경사축형	5~920	210~400	1,000~6,000	88~92	85~95
	경사판형	4~500	210~400	1,200~4,000	85~92	85~95
레이디얼 플런저 모터	편심형(회전 실린더형)	6~500	140~250	1,000~1,800	85~92	80~90

04 유압 회로 부속 기기

1 축압기(accumulator)

(1) 역할

유체 에너지를 축적시키기 위한 용기로서 내부에 질소 가스가 봉입되어 있으며, 다음의 역할을 한다.

① 유체 에너지를 축적시켜 충격 압력을 흡수한다.

② 온도 변화에 따르는 오일의 체적 변화를 보상한다.

③ 펌프의 맥동적인 압력을 보상한다.

④ 유체의 맥동을 감쇠시킨다.

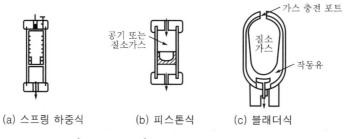

(a) 스프링 하중식   (b) 피스톤식   (c) 블래더식

| 그림 2.24 | 어큐뮬레이터의 종류

(2) 종류

① **비분리형 축압기** : 기체가 작동유와 직접 접함.

② **분리형 축압기** : 고무봉지나 다이어프램으로 기체를 분리시킨 축압기 피스톤식, 블래더식, 다이어프램식, 스프링식, 중량식

    ㉠ 피스톤식 축압기(piston accumulator) : 기체실과 작동유가 피스톤으로 분리되어 있는 형식(가격이 고가)

    ㉡ 블래더식 축압기(bladder accumulator) : 기체실과 작동유가 고무풍선(bladder)으로 분리되어 있는 형식

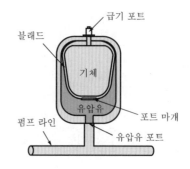

| 그림 2.25 | 블래더식 축압기

ⓒ 다이어프램식 축압기(diaphragm accumulator) : 기체실과 작동유가 다이어프램(일
종의 탄성막)으로 분리되어 있는 형식

ⓔ 스프링식 축압기(spring-loaded accumulator)

ⓜ 중량식 축압기(weight-loaded accumulator)

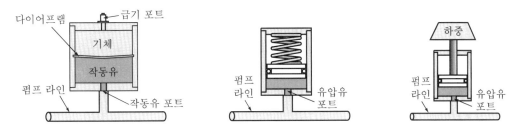

| 그림 2.26 | 다이어프램식 축압기 | 그림 2.27 | 스프링식 축압기 | 그림 2.28 | 중량식 축압기

2 증압기(pressure intensifier)

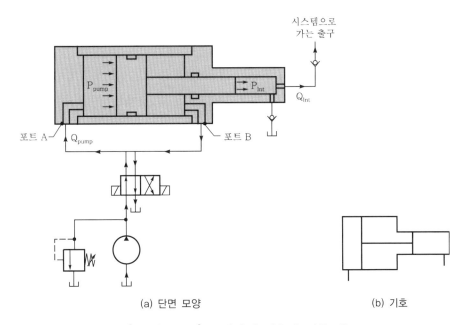

(a) 단면 모양   (b) 기호

| 그림 2.29 | 증압기의 기호와 적용 예

3 유압 탱크(reservoir)

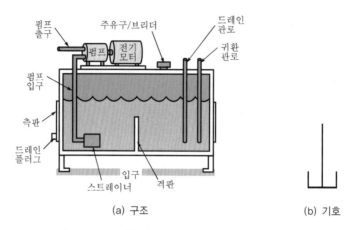

(a) 구조　　　　　　　(b) 기호

| 그림 2.30 | 유압 탱크의 기호와 적용 예

유압 탱크의 역할은 다음과 같다.

① 유압 회로 내의 필요한 유량을 확보한다.

② 오일의 기포 발생 방지와 기포를 소멸한다.

③ 작동유의 온도를 적정하게 유지한다.

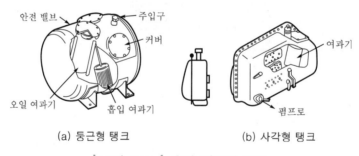

(a) 둥근형 탱크　　　　　　　(b) 사각형 탱크

| 그림 2.31 | 유압 탱크의 구조

4 열 교환기(heat exchanger)

(1) 기능

유압유는 온도에 따라 점도가 민감하게 변하므로 온도를 일정하게 유지시켜 주어야 한다.

(2) 역할

① 작동유의 온도를 40~60[℃] 정도로 유지시킨다.

② 작동유의 온도 상승에 의한 슬러지 형성을 방지한다.

③ 작동유의 온도 상승에 의한 열화를 방지한다.

④ 작동유의 온도 상승에 의한 유막의 파괴를 방지한다.

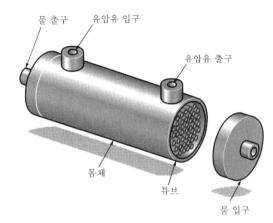

| 그림 2.32 | 수냉식 열 교환기

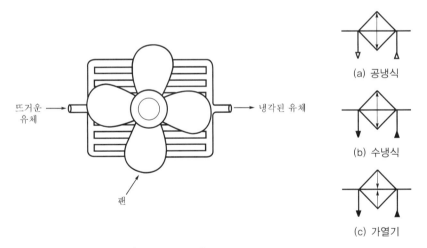

| 그림 2.33 | 공냉식 열 교환기

5 필터(filter)

유압유는 회로의 많은 불순물을 운반하는 반면, 유압 부품은 정밀 기기이므로 여과기가
필요하다.

| 그림 2.34 | 저압용 필터

| 그림 2.35 | 고압용 필터

| 그림 2.36 | 이동용 필터

| 그림 2.37 | 필터의 내부 모양

6 배관

(1) 엘보(elbow)

(a) Nipples

(b) Merchant

(c) 1/2 Merchant

(d) 90° Elbow

(e) 90° Street

(f) 45° Elbow

(g) 45° Street

(h) Tee

(i) Coupling

(j) Reducing

(k) Service

(l) Side Outlet

(m) Reducing

(n) Hex Bushing

(o) Union

(p) Square Head Plug

(q) Cross

(r) Cap

(s) Flange

(t) Hex Bushing

| 그림 2.38 | 엘보의 종류

(2) 퀵 커플링(quick disconnect socket and plug)

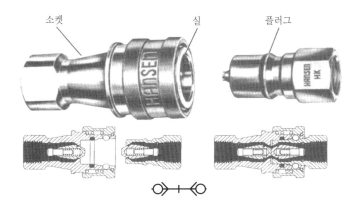

| 그림 2.39 | 퀵 커플링

(3) 유압 호스 연결 및 설치 방법

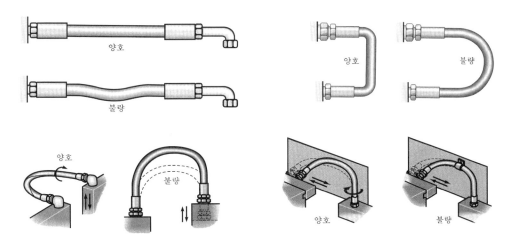

| 그림 2.40 | 유압 호스 연결 방법

7 유압 실

(1) 기능

유압은 고압으로 작동하므로 섭동부 틈새의 유압유 누설을 방지하는 기능이다.

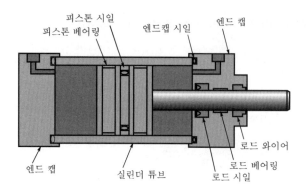

| 그림 2.41 | 유압 실의 적용 예

(2) 종류

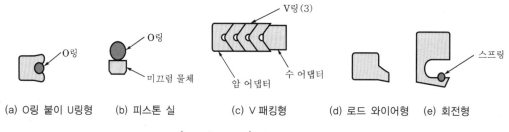

(a) O링 붙이 U링형　　(b) 피스톤 실　　(c) V 패킹형　　(d) 로드 와이어형　　(e) 회전형

| 그림 2.42 | 유압 실의 종류

배관의 도시 기호(KS B 0051-1990)

1 적용 범위

이 규격은 일반 광공업에서 사용하는 도면에 배관 및 관련 부품 등을 기호로 도시하는 경우에 공통으로 사용하는 기본적인 간략 도시 방법에 대하여 규정한다.

2 관의 표시 방법

관은 원칙적으로 1줄의 실선으로 도시하고, 동일 도면 내에서는 같은 굵기의 선을 사용한다. 다만, 관의 계통, 상태, 목적을 표시하기 위하여 선의 종류(실선, 파선, 쇄선, 2줄의 평행선 등 및 틀의 굵기)를 바꾸어서 도시하여도 좋다. 이 경우 각각의 선의 종류의 뜻을 도면상의 보기 쉬운 위치에 명기한다. 또한, 관을 파단하여 표시하는 경우는 [그림 2.43]과 같이 파단선으로 표시한다.

| 그림 2.43 | 관의 표시 방법

3 배관계의 시방 및 유체의 종류·상태의 표시 방법

이송 유체의 종류·상태 및 배관계의 종류 등의 표시 방법은 다음에 따른다.

(1) 표시

표시 항목은 원칙적으로 다음 순서에 따라 필요한 것을 글자·글자 기호를 사용하여 표시한다. 또한 추가할 필요가 있는 표시 항목은 그 뒤에 붙인다. 또, 글자 기호의 뜻은 도면상의 보기 쉬운 위치에 명기한다.
① 관의 호칭 지름
② 유체의 종류·상태, 배관계의 식별
③ 배관계의 시방(관의 종류·두께·배관계의 압력 구분 등)
④ 관의 외면에 실시하는 설비·재료

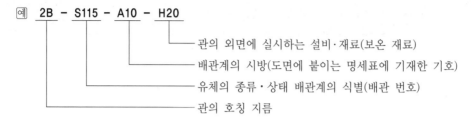

예 2B - S115 - A10 - H20
└─ 관의 호칭 지름
    └─ 유체의 종류·상태 배관계의 식별(배관 번호)
        └─ 배관계의 시방(도면에 붙이는 명세표에 기재한 기호)
            └─ 관의 외면에 실시하는 설비·재료(보온 재료)

❖ 관련 규격
  • KS A 3016 : 계장용 기호
  • KS A 0111 : 제도에 사용하는 투상법
  • KS A 0113 : 제도에 있어서 치수의 기입 방법
  • KS A 3015 : 진공 장치용 도시 기호
  • KS B 0054 : 유압·공기압 도면 기호
  • KS B 0063 : 냉동용 그림 기호
  • KS V 0060 : 선박 통풍 계통의 그림 기호
  • KS V 7016 : 선박용 배관 계통도 기호

(2) 도시 방법

(a)의 표시는 관을 표시하는 선의 위쪽에 선을 따라서 도면의 밑변 또는 우변으로부터 읽을 수 있도록 기입한다([그림 2.44] 참조). 다만, 복잡한 도면 등에서 오해를 일으킬 우려가 있을 때는 각각 인출선을 사용하여 기입하여도 좋다([그림 2.45] 참조).

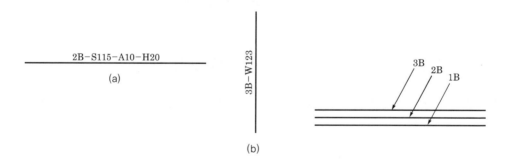

| 그림 2.44 | 도시 방법 | 그림 2.45 | 인출선을 사용한 도시 방법

▌4 유체 흐름의 방향 표시 방법

(1) 관 내 흐름의 방향

관 내 흐름의 방향은 관을 표시하는 선에 붙인 화살표의 방향으로 표시한다([그림 2.46] 참조).

(2) 배관계의 부속품 · 부품 · 구성품 및 기기 내의 흐름의 방향

배관계의 부속품·기기 내의 흐름의 방향을 특히 표시할 필요가 있는 경우는 그 그림 기호에 따르는 화살표로 표시한다([그림 2.47] 참조).

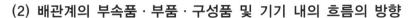

| 그림 2.46 | 관 내 흐름 방향 표시 방법

| 그림 2.47 | 배관계 부속품 등 기기 내의 흐름 방향 표시 방법

5 관 접속 상태의 표시 방법

관을 표시하는 선이 교차하고 있는 경우에는 [표 2.5]의 표시 방법에 따라 각각의 관이 접속하고 있는지, 접속하고 있지 않는지를 표시한다.

| 표 2.5 | 관의 접속 상태의 표시 방법

상태		그림 기호
접속하고 있지 않을 때		┼ ┼ 또는 ┤├
접속하고 있을 때	교차	╋
	분기	┬

[비고] 접속하고 있지 않은 것을 표시하는 선의 끊긴 자리, 접속하고 있는 것을 표시하는 검은 동그라미는 도면을 복사 또는 축소했을 때에도 명백하도록 그려야 한다.

6 관 결합 방식의 표시 방법

관의 결합 방식은 [표 2.6]의 그림 기호에 따라 표시한다.

| 표 2.6 | 관 결합 방식의 표시 방법

종류	그림 기호	종류	그림 기호
일반	─┼─	턱걸이식	──⊃──
용접식	──•──	유니언식	─┼╢─
플랜지식	─╫─		

7 관이음의 표시 방법

(1) 고정식 관이음쇠

엘보·벤드·티·크로스·리듀서·하프 커플링은 [표 2.7]의 그림 기호에 따라 표시한다.

| 표 2.7 | 고정식 관이음쇠의 표시 방법

종류		그림 기호	비고
엘보 및 벤드		또는	[표 2.6]의 그림 기호와 결합하여 사용한다. 지름이 다르다는 것을 표시할 필요가 있을 때는 인출선을 사용하여 그 호칭을 기입한다.
티			
크로스			
리듀서	동심		특히 필요한 경우에는 [표 2.6]의 그림 기호와 결합하여 사용한다.
	편심		
하프 커플링			

(2) 가동식 관이음쇠

팽창 이음쇠 및 플렉시블 이음쇠는 [표 2.8]의 그림 기호에 따라 표시한다.

| 표 2.8 | 가동식 관이음쇠의 표시 방법

종류	그림 기호	비고
팽창 이음쇠		특히 필요한 경우에는 [표 2.6]의 그림 기호와 결합하여 사용한다.
플렉시블 이음쇠		

8 관 끝부분의 표시 방법

관의 끝부분은 [표 2.9]의 그림 기호에 따라 표시한다.

| 표 2.9 | 관 끝부분의 표시 방법

종류	그림 기호
막힌 플랜지	
나사 박음식 캡 및 나사 박음식 플러그	
용접식 캡	

9 밸브 및 콕 몸체의 표시 방법

밸브 및 콕의 몸체는 [표 2.10]의 그림 기호를 사용하여 표시한다.

| 표 2.10 | 밸브 및 콕 몸체의 표시 방법

종류	그림 기호	종류	그림 기호
밸브 일반		앵글 밸브	
게이트 밸브		3방향 밸브	
글로브 밸브		안전 밸브	
체크 밸브	또는		
볼 밸브		콕 일반	
버터플라이 밸브	또는		

[비고] 1) 밸브 및 콕과 관의 결합 방법을 특히 표시하고자 하는 경우는 [표 2.6]의 그림 기호에 따라 표시한다.
　　　 2) 밸브 및 콕이 닫혀 있는 상태를 특히 표시할 필요가 있는 경우에는 그림 기호를 칠하여 표시하든가 또는 닫혀 있는 것을 표시하는 글자('폐', 'c' 등)를 첨가하여 표시한다.

10 밸브 및 콕 조작부의 표시 방법

밸브 개폐 조작부의 동력 조작 또는 수동 조작의 구별을 명시할 필요가 있는 경우에는 [표 2.11]의 그림 기호에 따라 표시한다.

| 표 2.11 | 밸브 및 콕 조작부의 표시 방법

개폐 조작	그림 기호	비고
동력 조작	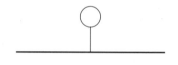	조작부, 부속 기기 등의 상세에 대하여 표시할 때에는 KS A 3016(계장용 기호)에 따른다.
수동 조작		특히 개폐를 수동으로 할 것을 지시할 필요가 없을 때에는 조작부의 표시를 생략한다.

11 계기의 표시 방법

계기를 표시하는 경우에는 관을 표시하는 선에서 분기시킨 가는 선의 끝에 원을 그려서 표시한다([그림 2.48] 참조).

| 그림 2.48 | 계기 표시 방법

[비고] 계기의 측정하는 변동량 및 기능 등을 표시하는 글자 기호는 KS A 3016에 따른다. 그 보기는 다음과 같다.

압력 지시계   온도 지시계   유량 지시계

| 그림 2.49 | 계기의 표시 방법 예시

12 지지 장치의 표시 방법

지지 장치를 표시하는 경우에는 [그림 2.50]의 그림 기호에 따라 표시한다.

| 그림 2.50 | 지지 장치 표시 방법

13 투명에 의한 배관 등의 표시 방법

(1) 관의 입체적 표시 방법

1방향에서 본 투영도로 배관계의 상태를 표시하는 방법은 [표 2.12] 및 [표 2.13]에 따른다.

| 표 2.12 | 화면에 직각 방향으로 배관되어 있는 경우

정투영도			각도
관 A가 화면에 직각으로 바로 앞쪽으로 올라가 있는 경우	A ⟶ ○	또는 A ⟶ ⊙	A
관 A가 화면에 직각으로 반대쪽으로 내려가 있는 경우	A ⟶ ◗	또는 A ⟶ ◯	A
관 A가 화면에 직각으로 바로 앞쪽으로 올라가 있고 관 B와 접속하고 있는 경우	A ⟶ ◖ ⟵ B	또는 A ⟶ ○ ⟵ B	A B
관 A로부터 분기된 관 B가 화면에 직각으로 바로 앞쪽으로 올라가 있으며 구부러져 있는 경우	A ⟶ ○ ⟵ B	또는 A ⟶ ○ ⟵ B	A B
관 A로부터 분기된 관 B가 화면에 직각으로 반대쪽으로 내려가 있고 구부러져 있는 경우	A ⟶ ○ ⟵ B	또는 A ⟶ ○ ⟵ B	A B

[비고] 정투영도에서 관이 화면에 수직일 때, 그 부분만을 도시하는 경우에는 다음 그림 기호에 따른다.

| 그림 2.51 | 관의 입체적 표시 방법

| 표 2.13 | 화면에 직각 이외의 각도로 배관되어 있는 경우

정투영도		등각도
관 A가 위쪽으로 비스듬히 일어서 있는 경우	A　　　　B	B A
관 A가 아래쪽으로 비스듬히 내려가 있는 경우	A　　　　B	A B
관 A가 수평 방향에서 바로 앞쪽으로 비스듬히 구부러져 있는 경우	A　　　　B	A B
관 A가 수평 방향으로 화면에 비스듬히 반대쪽 윗 방향으로 일어서 있는 경우	A　　　　B	B A
관 A가 수평 방향으로 화면에 비스듬히 바로 앞쪽 윗 방향으로 일어서 있는 경우	A　　　　B	B A

[비고] 등각도의 관의 방향을 표시하는 가는 실선의 평행선 군을 그리는 방법에 대하여는 KS A 0111(제도에 사용하는 투상법) 참조

(2) 밸브 · 플랜지 · 배관 부속품 등의 입체적 표시 방법

밸브 · 플랜지 · 배관 부속품 등의 등각도 표시 방법은 다음 그림에 따른다([그림 2.52] 참조).

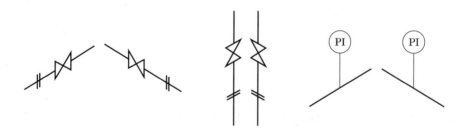

| 그림 2.52 | 밸브 · 플랜지 · 배관 부속품 등의 입체적 표시 방법

14 치수의 표시 방법

(1) 일반 원칙 치수

원칙적으로 KS A 0113(제도에 있어서 치수의 기입 방법)에 따라 기입한다.

(2) 관치수의 표시 방법

도시한 관에 관한 치수의 표시 방법은 다음에 따른다.

① 관과 관의 간격([그림 2.53] (a) 참조), 구부러진 관의 구부러진 점으로부터 구부러진 점까지의 길이([그림 2.53] (b) 참조) 및 구부러진 반지름 각도([그림 2.53] (c) 참조)는 특히 지시가 없는 한 관의 중심에서의 치수를 표시한다.

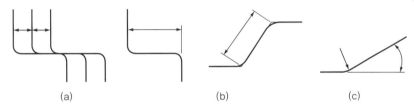

(a)   (b)   (c)

| 그림 2.53 | 관치수의 표시 방법 I

② 특히 관의 바깥 지름면으로부터의 치수를 표시할 필요가 있는 경우에는 관을 표시하는 선을 따라서 가늘고 짧은 실선을 그리고, 여기에 치수선의 말단 기호를 댄다. 이 경우 가는 실선을 붙인 쪽의 바깥 지름면까지의 치수를 뜻한다([그림 2.54] 참조).

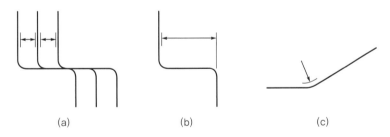

(a)   (b)   (c)

| 그림 2.54 | 관치수의 표시 방법 II

③ 관의 결합부 및 끝부분으로부터의 길이는 그 종류에 따라 [표 2.14]에 표시하는 위치로부터의 치수로 표시한다.

| 표 2.14 | 결합부 및 끝부분의 위치

종류	그림 기호	치수가 표시하는 위치
결합부 일반		결합부의 중심
용접식		용접부의 중심
플랜지식		플랜지면
관의 끝		관의 끝면
막힌 플랜지		관의 플랜지면
나사박음식 캡 및 나사박음식 플러그		관의 끝면
용접식 캡		관의 끝면

(3) 배관의 높이 표시 방법

배관의 기준으로 하는 면으로부터의 고저를 표시하는 치수는 관을 표시하는 선에 수직으로 댄 인출선을 사용하여 다음과 같이 표시한다.

① 관 중심의 높이를 표시할 때, 기준으로 하는 면으로부터 위인 경우에는 그 치수값 앞에 '+'를, 기준으로 하는 면으로부터 아래인 경우에는 그 치수값 앞에 '−'를 기입한다 ([그림 2.55] 참조).

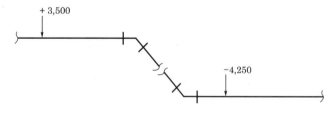

| 그림 2.55 | 관 중심의 높이로 표시할 경우

② 관 밑면의 높이를 표시할 필요가 있을 때는 ①의 방법에 따른 기준으로 하는 면으로부터의 고저를 표시하는 치수 앞에 글자 기호 'BOP'를 기입한다([그림 2.56] 참조).

[비고] "BOP"는 Bottom Of a Pipe의 약자이다(ISO/DP 6412/1).

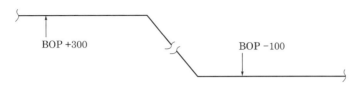

| 그림 2.56 | 관 밑면의 높이를 표시할 경우

(4) 관의 구배 표시 방법

관의 구배는 관을 표시하는 선의 위쪽을 따라 붙인 그림 기호 ◁ (가는 선으로 그린다)와 구배를 표시하는 수치로 표시한다([그림 2.57] 참조). 이 경우 그림 기호의 뾰족한 끝은 관의 높은 쪽으로부터 낮은 쪽으로 향하여 그린다.

| 그림 2.57 | 관 구배 표시 방법

유압 구동 장치의 기호

여기에서 표기하는 유압 구동 장치의 기호는 국제 규격을 국가의 표준 규격으로 정한 것이다. 기호에는 장치와 기능을 도시하며 구조를 나타내는 것은 아니다.

1 접속 형태

명칭	기호	비고
공기빼기		연속적인 공기빼기
		특정 시간 공기빼기
		체크 기구 이용 공기빼기
배기구		접속구 없음
		접속구 있음
급속 연결구		체크 밸브 없음
		체크 밸브 부착
회전 연결구		1관로 1방향 회전
		3관로 2방향 회전

2 조작 방식

명칭	기호	비고
입력 조작		특정하지 않는 경우의 일반 기호
푸시 버튼		1방향 조작
풀 버튼		1방향 조작
풀/푸시 버튼		2방향 조작
레버		2방향 조작
페달		1방향 조작
양기능 페달		2방향 조작
플랜저 기계 조작		1방향 조작
리밋 기계 조작		2방향 조작 (가변 스트로크)
스프링 조작		1방향 조작
롤러 조작		2방향 조작
		한쪽 방향 조작
단동 솔레노이드		1방향 조작
복동 솔레노이드		2방향 조작
액추에이터		단동 가변식
		복동 가변식
		회전형

명칭	기호	비고
파일럿 조작		직접 파일럿 조작 (필요 시 면적비 기입)
		내부 파일럿 조작
		외부 파일럿 조작

3 에너지

(1) 변환 기기

명칭	기호	비고
공유 변환기		단동형
		연속형
증압기		단동형
		연속형 (압력비 표기)

(2) 에너지 용기

명칭	기호	비고
어큐뮬레이터		일반 기호 (부하의 종류 무시)
		기체식 부하
		추식 부하
		스프링식 부하

명칭	기호	비고
보조 가스 용기		어큐뮬레이터와 조합 사용
공기 탱크		일반형

(3) 에너지원

명칭	기호	비고
유압원		
공기압원		
전동기		
원동기		전동기 제외

4 보조 기기

명칭	기호	비고
압력계		계측 불필요의 경우
차압계		
유면계		
온도계		
검류기		
유량계		
		적산계

명칭	기호	비고
회전 속도계		
토크계		
압력 스위치		
리밋 스위치		
아날로그 변환기		공압
소음기		공압
경음기		공압
마그넷 분리기		

5 펌프 및 모터

명칭	기호	비고
유압 펌프		1방향 흐름 회전/정용량형
유압 모터		1방향 흐름 회전/가변 용량형
공기압 모터		2방향 흐름 회전/정용량형
펌프, 모터		1방향 흐름 회전/정용량형
		2방향 흐름 회전/가변 용량형
액추에이터		2방향 요동형

▌6 실린더

명칭	기호	비고
단동 실린더		밀어내는 형
		스프링으로 밀어내는 형
		스프링으로 당기는 형
복동 실린더		편로드형
		양로드형
		양쿠션/편로드형

▌7 체크 · 셔틀 · 배기 밸브

명칭	기호	비고
체크 밸브		스프링 없음
		스프링 있음
		파일럿 작동/스프링 없음
		파일럿 작동/스프링 있음

명칭	기호	비고
셔틀 밸브		고압 우선형
		저압 우선형
급속 배기 밸브		

8 유량 제어 밸브

명칭	기호	비고
교축 밸브		가변 교축
스톱 밸브		NC형
감속 밸브		기계 조작 가변 교축
유량 조절 밸브		일련형
분류 밸브		
집류 밸브		

9 압력 제어 밸브

명칭	기호	비고
릴리프 밸브		일반 기호
		파일럿 작동형
		전자 밸브 부착
		비례 전자식(예)
감압 밸브		일반 기호
		파일럿 작동형
		릴리프 부착
		비례 전자식(예)
		정비례식
시퀀스 밸브		일반 기호
		보조 조작 부착 (면적비 표기)
		파일럿 작동형
언로드 밸브		일반 기호
카운터 밸런스 밸브		

명칭	기호	비고
언로드 릴리프 밸브		
양방향 릴리프 밸브		직동형
브레이크 밸브		(예시)

10 유체 조정 기구

명칭	기호	비고
필터		일반 기호
		드레인 부착
드레인 배출기		
기름 분리기		
공기 드라이어		
루브리케이터		
공기압 조정 유닛		
냉각기		관로 생략
		관로 표기
가열기		
온도 조절기		가열 또는 냉각

P/A/R/T

03

기계제도

기계제도의 일반 사항

01 개요

(1) 제도

우리 생활에 필요한 제품을 제작하고자 할 때 일정한 규약에 따라서 점, 선, 문자, 숫자, 기호 등으로 물체의 모양, 구조, 기능 등을 다른 사람이 알기 쉽고, 분명하게 이해할 수 있도록 하기 위해 제도 용지에 그리는 것이다.

(2) 도면

제도에 의해 제도 용지에 그려진 것이다.

02 도면의 분류

1 사용 목적에 따른 분류

(1) 계획도(scheme drawing)

만들고자 하는 제품의 계획을 나타내는 도면으로, 제작도 작성에 기초가 된다.

(2) 제작도(production drawing)

공장이나 작업장에서 일하는 작업자를 위해 그려진 도면으로, 설계자의 뜻을 작업자에게 정확히 전달할 수 있는 충분한 내용으로 가공을 용이하게 하고 제작비를 절감시킬 수 있다.

(3) 주문도(drawing for order)

주문하는 사람이 주문할 제품의 대체적인 크기나 모양, 기능의 개요, 정밀도 등을 주문서에 첨부하기 위해 작성된 도면이다.

(4) 승인도(approved drawing)

주문받은 사람이 주문한 사람과 검토를 거쳐서 승인을 받아 계획 및 제작을 하는 데 기초가 되는 도면이다. 승인도는 일부러 만들지 않고 주문받은 사람이 주문자의 승인을 얻기 위해 제출한 승인용 도면, 또는 이것에 정정을 한 것에 승인 도장을 받아 승인도로 사용하는 것이 보통이다.

(5) 견적도(estimated drawing)

주문할 사람에게 물품의 내용 및 가격 등을 설명하기 위해 견적서에 첨부되는 도면이다.

(6) 설명도(explanatory drawing)

제품의 구조, 기능, 작동 원리, 취급 방법 등을 설명하기 위한 도면으로, 주로 카탈로그(catalogue)에 사용한다.

2 내용에 따른 분류

(1) 조립도(assembly drawing)

제품의 전체적인 조립 순서와 상태를 나타내는 도면으로서, 특히 복잡한 구조를 알기 쉽게 하고, 각 단위 또는 부품의 관련이 나타나도록 그린다.

(2) 부분 조립도(partial assembly drawing)

복잡한 제품의 조립 상태를 몇 개의 부분으로 나누어서 표시한 것으로, 특히 복잡한 기구를 명확하게 하여 조립을 쉽게 하기 위한 도면이다.

(3) 부품도(part drawing)

제품을 구성하는 각 부품을 상세하게 그린 도면으로, 제작 때 직접 사용하므로 설계자의 뜻이 작업자에게 정확하고 충분하게 전달되도록 치수나 기타의 사항을 상세하게 기입한다.

(4) 공정도(process drawing)

제품의 제작 과정에서 거쳐야 할 각 공정마다의 처리 방법, 사용 용구 등을 상세히 나타낸 도면으로, 공작 공정도, 제조 공정도, 설비 공정도 등이 있다.

(5) 상세도(detail drawing)

제품의 필요한 부분을 더욱 상세하게 표시한 도면으로, 기계, 선박, 건축 등에 있어서 큰 축척으로 그려졌을 경우 그 일부분을 축척을 바꾸어 모양과 치수, 기구 등을 분명히 하기 위해 사용한다.

(6) 접속도(electrical schematic diagram)

전기 기기의 내부, 상호간의 회로 결선 상태를 나타내는 도면으로, 계획도나 설명도 또는 공작도에 사용된다.

(7) 배선도(wiring diagram)

전기 기계 기구의 크기나 설치 위치, 전선의 종별 및 굵기, 전선 수, 길이, 배선의 위치 등을 기호와 문자 등으로 표시한 도면이다.

(8) 배관도(piping diagram)

펌프나 밸브의 위치와 관의 굵기 및 길이, 배관의 위치와 설치 방법 등을 자세히 표시한 도면이다.

(9) 계통도(system diagram)

물이나 기름, 가스, 전력 등의 접속과 작동 계통을 표시한 도면으로, 계획도나 설명도에 사용된다.

(10) 기초도(foundation drawing)

기계나 구조물의 기초 공사를 하기 위해 표시한 도면으로, 콘크리트 기초의 높이, 치수 등을 나타낸다.

(11) 설치도(setting drawing)

기계나 보일러 등을 설치할 경우에 관계되는 사항을 표시한 도면이다.

(12) 배치도(layout drawing)

건물 위치, 공장 안에 많은 기계를 설치할 때 각 기계의 위치를 표시한 도면으로, 크레인이나 레일, 기타 운전 장치, 전원실 등의 관계를 명확히 표시한다.

(13) 장치도(plant layout drawing)

화학 공업 등에 있어서 각 장치의 배치와 제조 공정 등의 관계를 표시한 도면이다.

(14) 외형도(outside drawing)

구조물이나 기계 전체의 겉모양을 나타낸 도면으로, 설치 및 기초 공사에 필요한 사항 등을 표시한 도면이다.

(15) 구조 선도(skeleton drawing)

기계나 건물 등의 철골 구조물의 골조를 선로로 표시한 도면이다.

(16) 곡면 선도(lines drawing)

자동차의 차체, 항공기의 동체, 배의 선체 등의 복잡한 곡면을 단면 곡선으로 표시한 도면이다.

3 작성 방법에 따른 분류

(1) 연필 제도(pencil drawing)

제도 용지에 연필로 그린 도면으로, 완성도로 사용하기도 하나 대개는 먹물 제도의 원도로 사용한다.

(2) 먹물 제도(inked drawing)

연필로 그린 도면을 바탕으로 하여 먹물로 다시 그린 도면이다.

(3) 착색도(colored drawing)

제품의 구조나 재료 등의 상태를 쉽게 구별할 수 있도록 여러 가지의 색으로 엷게 칠한 도면이다.

03 도면 규격과 제도 용구

1 도면의 분류

(1) 원도(original drawing)

제도 용지에 직접 연필로 작성한 도면이나 컴퓨터로 작성한 최초의 도면으로, 트레이스도의 원본이 된다.

(2) 트레이스도(traced drawing)

연필로 그린 원도 위에 트레이싱지(tracing paper)를 놓고 연필 또는 먹물로 그린 도면으로, 청사진도 또는 백사진도의 원본이 된다.

(3) 복사도(copy drawing)

같은 도면을 여러 장 필요로 하는 경우에 트레이스도를 원본으로 하여 복사한 도면으로, 청사진, 백사진 및 전자 복사도 등이 있다.

(4) 스케치도(sketch drawing)

제품이나 장치 등을 그리거나 도안할 때 필요한 사항을 제도 기구를 사용하지 않고 프리핸드(freedhand)로 그린 도면이다.

2 도면의 크기

제도 용지의 크기로 나타내며 가장 큰 용지는 A0로서 가로×세로는 1,189[mm]×841[mm]이며 용지의 규격은 A0, A1, A2, A3, A4가 있으며 처음 용지의 긴 변을 반으로 접으면 다음 용지가 된다.

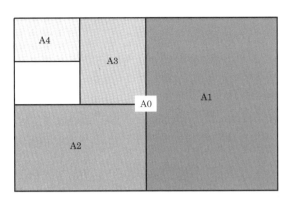

| 그림 3.1 | 제도 용지의 규격

▣3 제도 용구와 재료

　도면을 그릴 때 필요한 용구를 제도 용구라 하는데, 제도판, 제도기, 삼각자, T자, 운형 자, 분도기, 형판, 문자판, 연필, 지우개, 지우개판, 펜, 먹물 등이 있다.
　제도를 능률적으로 하기 위해서는 제도 용구의 사용법을 잘 알고 사용해야 한다.

(1) 제도 용구

① 디바이더
　치수를 옮기거나 선과 원주 등의 간격을 나눌 때 사용한다.
② 컴퍼스
　원이나 원호를 그릴 때 사용한다.
③ 스프링 컴퍼스
　작은 원이나 원호를 그릴 때 쓰이는데, 제도할 수 있는 반지름의 범위는 35mm 이하 이다.
④ 먹줄 펜
　먹물로 제도할 때 먹물을 넣어 사용하는 기구이며, 직선과 곡선을 그릴 때 쓰인다.

| 그림 3.2 | 디바이더　　　　　　| 그림 3.3 | 스프링 컴퍼스

(2) 자의 종류

① T자

평행선을 긋거나 삼각자와 같이 사용하여 수직선, 수평선 및 사선을 그을 때 사용한다. T자는 몸체 길이가 450[mm], 750[mm], 900[mm], 1,200[mm], 1,800[mm] 등의 것이 있으나 제도판의 크기에 알맞은 것을 골라 사용하면 된다.

② 삼각자

T자와 함께 수직선과 사선을 긋는 데 사용한다. 삼각자는 밑각이 45°인 직각 이등변 삼각형과 두 각이 각각 30°와 60°인 직각 삼각형을 1쌍으로 한다.

| 그림 3.4 | T자

| 그림 3.5 | 삼각자

③ 운형자

컴퍼스로 그리기 어려운 원호나 불규칙한 곡선을 그릴 때 사용하는 여러 가지의 곡선으로 된 제도 용구이다. 모양은 일정하지 않으나 크고 작은 곡률을 필요로 하기 때문에 6개, 12개, 20개 등을 1세트로 하여 대·중·소의 세 종류가 있다.

④ 자유 곡선자

여러 가지 곡선을 자유롭게 그릴 때 사용하는 제도 용구이다. 납이나 고무로 만들어 자유롭게 구부릴 수 있으므로, 원하는 모양을 쉽게 만들어 사용할 수 있다.

| 그림 3.6 | 운형자

| 그림 3.7 | 자유 곡선자

⑤ 형판

셀룰로이드나 아크릴로 만든 얇은 판에 여러 가지 크기의 원, 타원 등과 같은 도형이나 문자, 숫자, 전기·전자 등의 기호를 정교하게 뚫어 놓아서 원하는 모양을 신속하고 정확하게 그릴 수 있도록 만든 것이다.

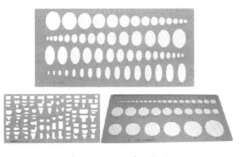

| 그림 3.8 | 형판

⑥ 축척 자

길이를 재거나 줄여서 선을 그을 때 사용하는 제도 용구로서, 용도에 따라 여러 가지 종류가 있다. 가장 많이 사용되는 것은 삼각 스케일이다. 삼각 스케일로 3면에 1 : 100, 1 : 200, 1 : 300, 1 : 400, 1 : 500, 1 : 600의 여섯 가지 축척 눈금이 새겨져 있다. 길이가 300[mm]이고, 최소 눈금이 0.5[mm]까지 표시되어 있어서 사용하기가 편리하다.

⑦ 분도기

각도와 방향을 측정하는 데 사용하는 제도 용구이다.

| 그림 3.9 | 축척 자 | 그림 3.10 | 분도기

(3) 연필

① 제도용 연필

연필은 용도에 따라 글씨를 쓸 때 사용하는 연필과 선을 그을 때 사용하는 연필로 구분할 수 있다. 또 연필심의 단단한 정도에 따라서 여러 가지로 구분할 수가 있다. 즉 무른 연필심은 6B, 5B, 4B, 3B, 2B, 중간 연필심은 B, HB, F, H, 2H, 3H, 단단한 연필심은 4H, 5H, 6H, 7H, 8H, 9H의 17종이 있다. 6B가 가장 무르고, F나 HB가 중간 정도이며, 9H가 가장 단단하다.

보통 제도할 때 윤곽선이나 굵은 선은 4B 연필을 사용하고, 글씨는 HB 연필, 보조선이나 수치선은 3H 연필을 사용하면 알맞다.

② 제도용 샤프 연필

제도용 샤프 연필은 선의 굵기를 일정하게 할 수 있으므로 사용하기가 편리하다. 연필심의 굵기는 0.3[mm], 0.5[mm] 및 0.7[mm]인 샤프 연필심을 많이 사용한다.

③ 제도용 펜

먹물 제도를 할 때 문자나 숫자를 쓰거나 곡선을 그리기 위해서 펜촉을 사용한다. 펜촉의 모양에 따라 스케치 서체와 디자인 서체, 작은 글씨를 쓸 때와 큰 글씨를 쓸 때 등 용도에 맞게 펜촉을 골라서 사용한다.

| 그림 3.11 | 마카 펜 | 그림 3.12 | 제도용 샤프 연필 | 그림 3.13 | 제도용 펜

④ 제도용 만년필

제도용 펜촉 대용으로 제도용 만년필을 많이 사용한다. 굵기에 따라서 0.13[mm]부터 2.0[mm]까지 9종류가 있다.

(4) 제도판

제도할 때 용지를 붙이는 직사각형의 밑판으로, 표면이 평평하고 T자의 안내면이 바르게 다듬질되어 있다.

| 그림 3.14 | 제도판

(5) 제도 용지

제도 용지는 원도 용지와 트레이싱지가 있다. 보통 원도 용지로는 두껍고 불투명한 켄트지와 와트만지를 사용한다. 켄트지는 주로 연필 제도나 먹물 제도를 할 때 사용하며, 와트만지는 채색 제도 용지로 쓴다.

트레이싱지에는 얇고 반투명한 종이, 미농지, 기름종이 및 고운 옥양목에 납 가루를 칠한 트레이싱 천, 합성 수지계 필름 등이 있다.

4 제도 기계

T자, 삼각자, 스케일, 각도기 등의 기능을 고루 갖춘 제도 용구를 제도 기계라 한다. 제도 기계는 수평과 수직의 눈금자가 제도판 위에서 마음대로 어느 위치든지 이동할 수 있고, 각도판의 눈금자가 필요한 각도에 고정시킬 수 있도록 만들어져 있어 사용하기가 매우 편리하다.

문자와 척도 및 선의 종류

01 문자

제도에 사용하는 문자는 KS A 0107-1988의 규정에 따르는데, 읽기 쉽고 균일한 크기로 쓰며, 도면을 표시한 선의 농도에 맞추어 써야 한다.

(1) 한글과 한자

① 한글 : 글자체는 활자체에 준한다. 보통은 고딕체를 사용하지만 명조체나 그래픽체도 사용한다.

② 한자 : 상용한자를 사용하며 16획 이상의 한자는 되도록 한글로 쓰도록 한다. 글자체는 기계 조각용 표준 글자체(KS A 0202-11981)를 쓴다.

(2) 로마자와 아라비아 숫자

① 로마자

㉠ 영자는 주로 로마자의 대문자를 사용하지만 기호나 기타 특별한 경우에는 소문자를 사용해도 좋다.

㉡ 숫자와 영자의 서체는 J형·B형 경사체, B형 직립체가 있으며, 특별한 경우가 아니면 혼용하지 않도록 한다.

㉢ 경사체는 수직에 대하여 오른쪽으로 약 15° 기울여 쓴다.

② 아라비아 숫자

㉠ 숫자는 아라비아 숫자를 사용한다.

㉡ 높이 5[mm] 이상의 숫자는 2 : 3의 비율로 나누어 상·중·하 3줄의 안내선을 긋고, 4[mm] 이하의 숫자는 2줄의 안내선을 긋는다.

㉢ 너비는 높이의 약 1/2로 하고 75°의 경사진 안내선을 긋는다.

㉣ 분수는 분자 분모의 높이를 2/3로 한다.

02 문자의 크기와 호칭

(1) 문자의 크기

문자의 크기는 문자의 높이로 나타낸다. 제도 통칙(KS A 0202)에서 크기와 모양을 규정하고, 도면의 크기나 축척에 따라 다르다.
  ① 한자 : 3.15[mm], 4.5[mm], 6.3[mm], 9[mm], 12.5[mm], 18[mm]
  ② 한글·숫자·영자 : 2.24[mm], 3.15[mm], 4.5[mm], 6.3[mm], 9[mm], 12.5[mm], 18[mm]

(2) 문자의 선 굵기

문자의 선 굵기는 한자의 경우에는 문자 크기의 호칭에 대하여 1/12.5로 하고, 한글·숫자·영자의 경우에는 1/9로 하는 것이 바람직하다.

03 척도

척도는 도면에 나타낸 크기와 실물 크기와의 비율을 의미한다.

(1) 축척

실제 크기보다 작은 비율로 나타내는 척도이다(1 : 2, 1 : 5, 1 : 10 등).

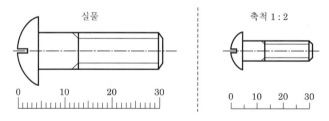

| 그림 3.15 | 축척

(2) 현척

실제 크기대로 나타내는 척도이다(1 : 1).

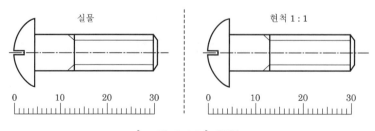

| 그림 3.16 | 현척

(3) 배척

실제 크기보다 큰 비율로 나타내는 척도이다(2:1, 5:1, 10:1 등).

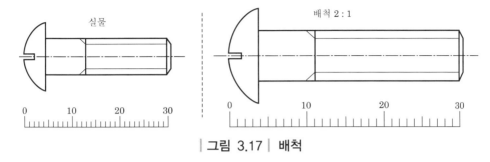

| 그림 3.17 | 배척

04 선의 종류

1 선의 종류와 용도 및 표시법

도면을 작성할 때 사용되는 선은 모양과 굵기에 따라서 서로 다른 기능을 가지게 된다. [표 3.1]에 KS A 3007-1988에 규정된 선의 모양과 굵기에 따른 용도와 사용법을 나타낸다.

| 표 3.1 | 선의 종류와 용도

선의 종류	용도에 의한 명칭	선의 용도
굵은 실선	외형선	• 대상물이 보이는 부분의 겉모양을 표시한 선
가는 실선	치수선	• 치수를 기입하기 위한 선
	치수 보조선	• 치수를 기입하기 위하여 도형에서 인출한 선
	지시선	• 지시, 기호 등을 나타내기 위하여 인출한 선
	회전 단면선	• 도형 안에 그 부분의 절단면을 90° 회전시켜서 나타내는 선
	중심선	• 도형의 중심을 나타내는 선
	수준면선	• 수면, 액면 등의 위치를 나타내는 선
가는 파선 또는 굵은 파선	숨은선	대상물의 보이지 않는 부분의 모양을 표시하는 선
가는 1점 쇄선	중심선	• 도형의 중심을 나타내는 선
	기준선	• 중심이 이동한 중심 궤적을 나타내는 선. 특히, 위치 결정의 근거임을 명시하기 위할 때 쓰는 선
	피치선	• 반복 도형의 피치를 잡는 기준이 되는 선
굵은 1점 쇄선	기준선	• 기준선 중 특히 강조하는 데 쓰는 선
	특수 지정선	• 특수한 가공을 하는 부분 등 특별한 요구 사항을 적용할 범위를 나타내는 선

선의 종류	용도에 의한 명칭	선의 용도
가는 2점 쇄선	가상선	• 인접하는 부분 또는 공구, 지그 등을 참고로 표시하는 선 • 가공 부분에서 이동 중의 특정 위치 또는 이동 한계의 위치를 나타내는 선
	무게 중심선	• 단면의 무게 중심을 연결하는 선
파형의 가는 실선, 지그재그의 가는 실선	파단선	• 대상물의 일부를 파단한 경계 또는 일부를 떼어낸 경계를 표시하는 선
가는 1점 쇄선과 선의 끝과 방향이 변화되는 부분을 굵게 한 선이 조합된 선	절단선	• 단면도를 그리는 경우에 그 절단 위치를 대응하는 그림을 나타내는 선
가는 실선으로 규칙적으로 빗금을 그은 선	해칭선	• 단면도의 절단면을 나타내는 선

2 모양에 의한 선의 종류

(1) 실선

① 연속적으로 그어진 선을 실선(continuous line)이라 한다. 굵은 실선과 가는 실선이 있는데 굵은 실선은 물체가 보이는 부분의 외형선에 쓰고, 굵기를 가는 실선의 2배 정도(0.3~0.8[mm])로 한다.

② 파단선은 물체의 일부를 파단한 경계 또는 절단 부분을 나타내는 데 쓰며, 자를 사용하지 않고 자유 실선으로 그린다.

③ 가는 실선(0.2[mm] 이하)은 치수선이나 치수 보조선, 지시선, 해칭선 등에 쓴다.

(2) 파선

① 일정한 길이로 반복되게 그어진 선을 파선(dashed line)이라 한다.

② 보이지 않는 부분을 나타내는 숨은선으로 쓰는데, 굵기는 굵은 실선의 절반에 해당되게 사용한다.

③ 선의 길이는 3~5[mm], 간격은 0.5~1[mm] 정도로 한다.

(3) 1점 쇄선

① 긴 선과 짧은 선이 반복되게 그어진 선을 1점 쇄선(chain line)이라 한다.

② 재료의 중심축, 대칭의 중심, 구멍의 중심 등을 나타내는 중심선과 재료의 절단 장소를 나타내는 절단선과 기준선, 경계선, 참고선 등에 쓴다.

③ 긴 선의 길이는 10~30[mm], 짧은 선의 길이는 1~3[mm], 선 간격은 0.5~1[mm] 정도로 한다.

(4) 2점 쇄선

① 길고 짧은 2종류의 선이 긴 선과 짧은 선, 짧은 선과 긴 선으로 반복되게 그어진 선을 2점 쇄선(chain double-dashed line)이라 하며, 가상선으로 쓰고 가는 선으로 그린다.

② 긴 선의 길이는 10~30[mm], 짧은 선의 길이는 1~3[mm]이고, 선과 선의 간격은 0.5~1[mm] 정도로 한다.

3 굵기에 의한 선의 종류

(1) 가는 선(thin line)

① 도형 도면을 구성하고 있는 선 중에서 상대적으로 가는 선을 말한다.

② 굵기는 0.3[mm] 이하 정도로 한다.

(2) 굵은 선(thick line)

① 도면을 구성하고 있는 선 중에서 상대적으로 중간선을 말한다.

② 가는 선의 2배 굵기 정도로 한다.

③ 굵기를 0.3~0.8[mm] 정도로 그린다.

(3) 아주 굵은 선(thicker line, extra thick line)

① 도면을 구성하고 있는 선 중에서 상대적으로 특히 굵은 선을 말한다.

② 굵은 선의 2배 이상의 굵기로 한다.

③ 이외에도 선의 용도에 따라 [표 3.2]와 같이 모양과 굵기를 달리하여 사용한다.

| 표 3.2 | 선의 모양과 용도

선의 모양	이름(용도)	선의 용도
——————	외형선	물체의 보이는 부분을 나타내는 선
——————	치수선, 보조선	치수, 각도 등을 기입하기 위하여 사용되는 선
╱————	지시선	설명할 때 사용되는 선
- - - - - - - - - - -	숨은선	물체의 보이지 않는 부분을 나타내는 선
—·—·—·—	중심선	도형의 중심을 나타내는 선
//////	해칭선	물체의 절단한 면에 빗금으로 단면을 표시하는 선
～～～	파단선	물체를 생략할 때 나타내는 선

1 개요

(1) 평면도법의 의미

평면상에 존재하는 점, 직선, 곡선, 원 등으로 구성된 도형을 그리는 방법을 의미한다.

(2) 평면도법의 종류

주어진 선분 등분하기, 각 2등분하기, 정다각형 등과 같은 평면도형 그리기

2 선분 등분하기(선분 5등분 하기)

(1) 필요한 제도 용구

T자 또는 삼각자, 눈금자, 디바이더, 연필, 지우개 등

(2) 주어진 선분 5등분 하는 방법

① 선분 AB의 한 끝점 A에서 적당한 각도로 보조 직선 AC 긋기
② 보조 직선 AC 위에 5등분 하기
③ 점 B와 점 5를 연결하고, 여기에 대한 평행선을 각 등분점에서 긋기
④ 선분 AB의 5등분점 표기

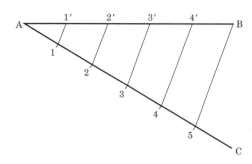

| 그림 3.18 | 선분 5등분 하기

3 각 2등분 하기

(1) 필요한 제도 용구

T자, 삼각자, 컴퍼스, 연필, 지우개 등

(2) 주어진 각 2등분 하는 방법

① ∠AOB의 꼭짓점 O를 중심으로 임의의 반지름을 가진 호 그리기

② 직선과 호의 교차점에서 각각 같은 반지름의 호를 그려 2등분점 찾기

③ 꼭짓점 O와 2등분점 P를 이어 2등분선 긋기

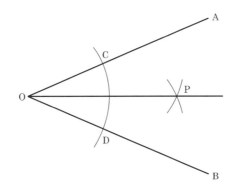

| 그림 3.19 | 각 2등분 하기

02   정투상법

(1) 입체를 나타내는 방법

물체를 보는 시점, 물체를 나타내는 화면 등의 위치에 따라 여러 가지가 있다.

(2) 정투상법의 의미

물체의 각 면에 화면을 평행하게 놓고 직각인 방향에서 바라본 물체의 모양을 나타내는 방법을 말한다.

(3) 정투상법의 특징

① 입체적인 물체를 평면적으로 표현한다.

② 물체의 모양을 정확히 나타낼 수 있다.

③ 치수를 쉽게 표시할 수 있다.

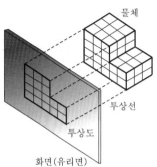

▶ 투상도 : 화면상에 그려지는 도형
▶ 투상선 : 물체를 바라보는 시선에 해당하는 선

| 그림 3.20 | 물체의 모양 나타내기

03 투상면

(1) 투상면의 의의

정투상법에서 물체의 각 면을 나타내는 화면을 말한다.

(2) 투상면의 종류

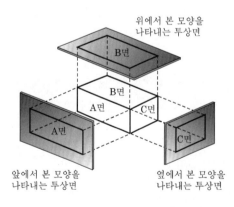

▶ 입화면 : 물체의 앞면과 뒷면에 나란한 투상면(A면)
▶ 평화면 : 물체의 윗면과 아랫면에 나란한 투상면(B면)
▶ 측화면 : 물체의 우측면과 좌측면에 나란한 투상면(C면)

| 그림 3.21 | 투상면

04 투상 공간

(1) 투상 공간

입화면, 평화면, 측화면을 서로 직각이 되게 결합한 공간을 말한다.

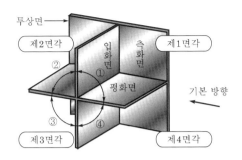

| 그림 3.22 | 투상 공간

(2) 투상 공간의 종류

제1면각 공간, 제2면각 공간, 제3면각 공간, 제4면각 공간이 있다(오른쪽 위로부터 시계 반대 방향으로).

(3) 기본 방향

제1면각 공간 쪽에서 수평인 방향이 된다.

(4) 정투상법과 투상 공간과의 관계

① 제1각법 : 제1면각 공간에 물체를 놓고 정투상도를 그리는 방법이다.
② 제3각법 : 제3면각 공간에 물체를 놓고 정투상도를 그리는 방법이다.

05 제3각법

(1) 제3각법에 대한 규정

정투상법에 의하여 물체를 나타낼 때에는 제3각법을 쓰도록 한국 산업 규격에 정하여 놓고 있다.

(2) 제3각법의 의미

물체를 제3면각 공간에 놓고 그 모양을 각 투상면에 그린 후 투상면을 펼쳐서 정투상도를 배치하는 방법을 말한다.

(3) 투상도 그리기

① 투상도 그리는 순서 : 우선 물체의 정면을 선택한 다음 입화면에 물체의 정면을 그리고, 평화면과 측화면에 각각 물체의 평면과 측면의 모양을 그린다.
② 정면의 선택 방법 : 물체의 외형적 특징이나 가공 공정상의 특징이 가장 잘 나타나 있는 면을 선택한다.

(4) 물체와 투상면의 관계

눈→투상면→물체

(5) 투상면 펼치기

입화면을 기준으로 한다.

(6) 투상도의 명칭

투상도가 나타난 화면	투상도의 명칭	투상도의 뜻
입화면	정면도	물체의 앞에서 본 모양을 그린 것으로, 기준이 된다.
평화면	평면도	물체를 위에서 본 모양을 그린 것이다.
측화면	측면도	물체의 옆면 모양을 그린 것으로, 우측면도와 좌측면도가 있다.

(7) 투상도의 배치

정면도를 중심으로 위쪽에 평면도, 오른쪽에 우측면도, 왼쪽에 좌측면도가 배치된다.

(8) 측면도의 선택

파선이 적게 나타나는 쪽을 선택한다.

(9) 투상도의 생략

물체를 이해하는 데에 부족함이 없으면 평면도나 측면도를 생략할 수 있다.

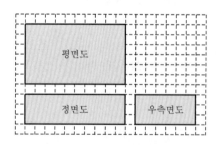

| 그림 3.23 | 투상도의 배치

06 등각 투상법

(1) 등각 투상법의 의미

물체의 각 면을 같은 각도로 볼 수 있도록 한 입체 투상법을 말한다.

(2) 등각 투상도 그리는 방법

① 서로 120°의 각을 이루는 세 개의 기본 축을 긋는다.

② 기본 축에 물체의 길이, 높이, 너비를 옮겨 겉모양을 나타낸다.

③ 물체의 모양을 자세히 나타낸다.

④ 선의 종류를 구분하여 긋는다.

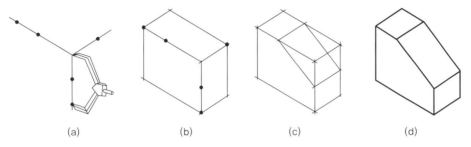

(a)　　　　(b)　　　　(c)　　　　(d)

| 그림 3.24 | 등각 투상도 그리는 순서

(3) 등각 투상도의 특징

① 물체의 정면, 평면, 측면이 하나의 투상도에 같은 각도로 보인다.

② 2개의 옆면 모서리가 수평선과 30°를 이룬다.

③ 정투상법을 잘 모르는 사람도 물체의 모양을 쉽게 알아볼 수 있다.

④ 등각 투상도용 모눈종이를 사용하면 편리하게 투상도를 그릴 수 있다.

(4) 등각 투상법의 용도

물체의 구상도나 설명도로 쓰인다.

07　전개도법

(1) 전개도의 의미

물체의 표면을 평면 위에 펼친 모양으로 나타낸 그림을 말한다.

(2) 전개도 그리는 방법

① 물체의 정투상도를 그린다(물체의 실제 치수를 얻을 수 있기 때문에).

② 펼치고자 하는 전개도의 기준선을 정한다.

③ 각 모서리의 치수를 정투상도로부터 그대로 옮겨 전개도를 그린다.

(3) 전개도의 용도

판금 제품의 제작도에 쓰인다.

01　단면

1　단면도의 의미

　물체의 보이지 않는 부분을 도시하는 데는 주로 숨은선으로 표시하지만, 물체의 내부 모양이나 구조가 복잡한 경우에는 숨은선이 많으므로 혼동을 일으켜 단면을 정확하게 읽기가 어렵게 된다.

　이러한 경우에 물체를 좀 더 명확하게 표시할 필요가 있는 곳에서 절단 또는 파단하였다고 가상하여 물체 내부가 보이는 것 같이 표시하면 대부분의 숨은선이 생략되고, 필요한 부분이 외형선으로 분명히 도시된다. 이러한 화법을 투상법이라 하며 이 방법으로 그린 투상도를 단면도라 한다.

2　단면 표시법

① 단면은 원칙적으로 기본 중심선에서 절단한 면으로 표시한다. 이때 절단선은 기입하지 않는다.

② 단면은 필요한 경우에는 기본 중심선이 아닌 곳에서 절단한 면으로 표시해도 좋다. 단, 이때에는 절단 위치를 표시해 놓아야 한다.

③ 단면을 표시할 때는 해칭을 한다.

④ 숨은선은 단면에 되도록 기입하지 않는다.

⑤ 관련도는 단면을 그리기 위하여 제거했다고 가정한 부분도 그린다.

3　단면도의 종류

　단면은 기본 중심선에서 절단한 면으로 표시하는 것을 원칙으로 한다. 그러나 물체의 모양에 따라 여러 가지로 단면을 그릴 때가 있다. 일반적으로 사용되는 절단법에는 다음과 같은 것들이 있다.

(1) 온단면

　물체를 두 개로 절단하여 투상도 전체를 단면으로 표시한 것을 온단면이라 한다. 이때 절단면은 투상도에 평행하고 기본 중심선을 지나는 것이 원칙이지만, 모양에 따라 반드시 기본 중심선을 지나지 않아도 좋다. 온단면에서는 다음 내용들을 따른다.

　① 단면이 기본 중심선을 지나는 경우에는 절단선을 생략한다.

　② 숨은선은 필요한 것만을 기입한다.

　③ 절단면 앞쪽으로 보이는 선은 이해에 도움이 되지 않을 경우는 생략한다.

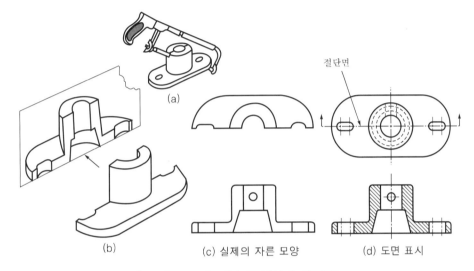

| 그림 3.25 | 기본 중심선의 온단면도

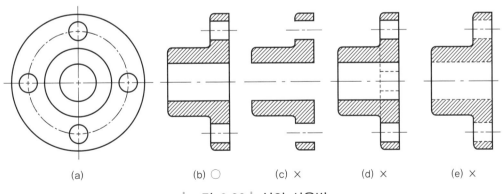

| 그림 3.26 | 선의 사용법

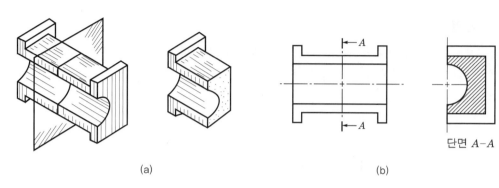

(a)   (b)

| 그림 3.27 | 기본 중심선 이외의 온단면

(2) 한쪽 단면

상·하 또는 좌·우가 대칭인 물체의 1/4을 제거하여 외형도의 절반과 온단면도의 절반을 조합해 동시에 표시한 것을 한쪽 단면도, 또는 반단면도라 한다. 한쪽 단면도는 다음을 따른다.

① 대칭축의 상·하 또는 좌·우의 어느 쪽의 면을 절단하여도 좋다.

② 외형도, 단면도의 숨은선은 가능한 대로 생략한다.

③ 절단면은 기입하지 않는다.

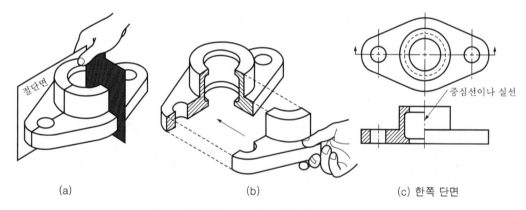

(a)   (b)   (c) 한쪽 단면

| 그림 3.28 | 한쪽 단면도

(3) 계단 단면

절단면이 투상도에 평행 또는 수직하게 계단 형태로 절단된 것을 계단 단면도라 한다. 계단 단면도는 다음에 따른다.

① 수직 절단면의 선은 표시하지 않는다.

② 해칭은 한 절단면으로 절단한 것과 같이 온단면에 대하여 구별 없이 같게 기입한다.

③ 절단한 위치는 절단선으로 표시하고 처음과 끝 그리고 굴곡 부분에 기호를 붙여 단면
　도 쪽에 기입한다.

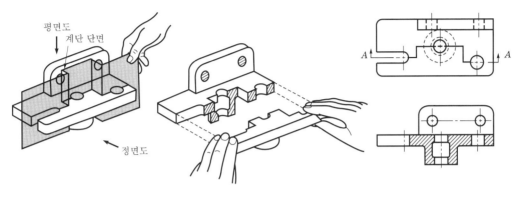

| 그림 3.29 | 계단 단면

(4) 부분 단면

　물체에서 단면을 필요로 하는 임의의 부분에서 일부분만 떼어내어 나타낼 수가 있다. 이
것을 부분 단면도라 한다. 이때 파단한 곳은 자유 실선의 파단선으로 표시하고 프리핸드로
외형선의 1/2 굵기로 그린다. 이 단면도는 다음과 같은 경우에 적용된다.

① 단면으로 표시할 범위가 작은 경우([그림 3.31] (a) 참조)

② 키, 핀, 나사 등과 같이 원칙적으로 길이 방향으로 절단하지 않는 것을 특별히 표시하
　는 경우([그림 3.31] (b), (d) 참조)

③ 단면의 경계가 혼동되기 쉬운 경우([그림 3.31] (e), (f)] 참조)

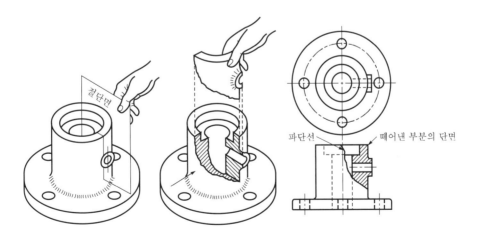

| 그림 3.30 | 부분 단면

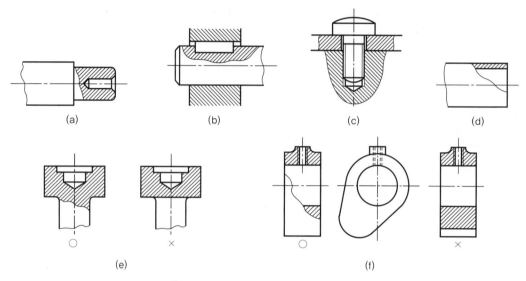

(a)   (b)   (c)   (d)

(e)   (f)

| 그림 3.31 | 부분 단면 사용 예

(5) 회전 단면

핸들이나 바퀴의 암, 리브, 후크 축 등의 단면은 일반 투상법으로는 표시하기 어렵다([그림 3.32] (a) 참조). 이러한 경우는 축에 수직한 단면으로 절단하여 이 면에 그려진 그림을 90° 회전하여 그린다. 이것을 회전 단면도라 한다.

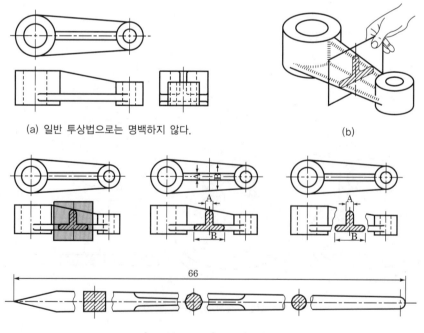

(a) 일반 투상법으로는 명백하지 않다.

(b)

| 그림 3.32 | 회전 단면

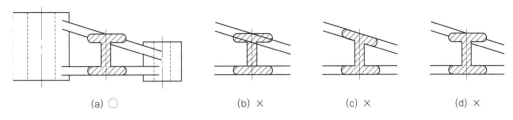

| 그림 3.33 | 회전 단면의 올바른 표시

(6) 인출 회전 단면

도면 내에 회전 단면을 그릴 여유가 없거나 또는 그려 넣으면 단면이 보기 어려운 경우에는 절단선과 연장선의 임의의 위치에 단면 모양을 인출하여 그린다. 이것을 인출 회전 단면도라 한다. 임의의 위치에 도시하는 경우에는 절단 위치를 절단선으로 표시하고 기호를 '단면 $A-A'$와 같이 기입한다([그림 3.35] 참조).

이 도면은 주도면과 다른 척도로 도시할 수가 있다.

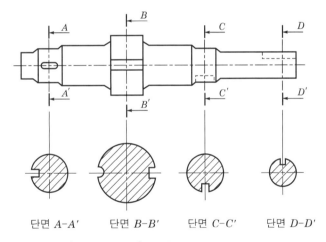

| 그림 3.34 | 인출 회전 단면도 I

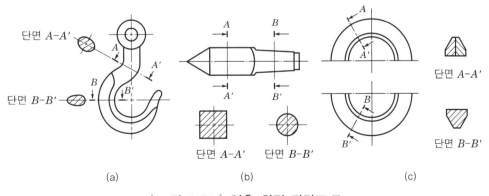

| 그림 3.35 | 인출 회전 단면도 II

(7) 얇은 단면

패킹, 얇은 판, 형강 등과 같이 단면이 얇은 경우에는 굵게 그린 한 개의 실선 정도의 두께가 되는 얇은 선도 있다. 이런 단면이 인접하는 경우에는 단면을 표시하는 선 사이를 실제보다 좀 더 띄어 그린다([그림 3.36] (a) 참조).

또한 한 선으로 표시하여 오독의 염려가 있을 경우에는 지시선으로 표시한다([그림 3.36] (b) 참조).

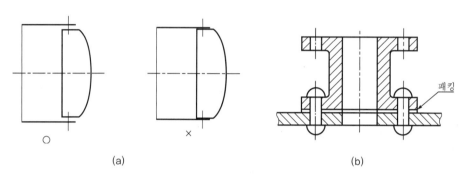

(a)   (b)

| 그림 3.36 | 얇은 단면

(8) 절단하지 않는 부품

조립도를 단면으로 표시하는 경우에 다음 부품은 원칙적으로 길이 방향으로 절단하지 않는다. 축, 핀, 볼트, 와셔, 작은 나사, 리벳, 키, 볼베어링의 볼, 리브, 웨브, 바퀴의 암, 기어 등이 그 예이다.

[그림 3.37], [그림 3.38]에 이들 대부분이 표시되었다.

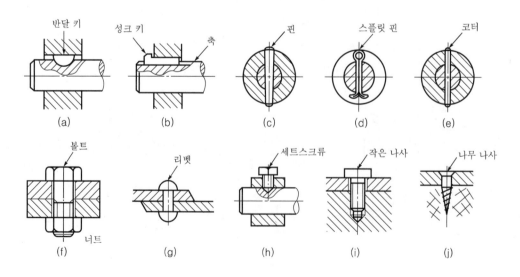

(a)   (b)   (c)   (d)   (e)

(f)   (g)   (h)   (i)   (j)

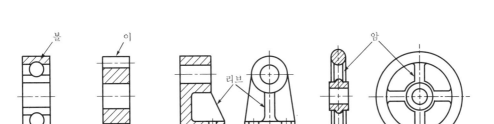

| 그림 3.37 | 절단하지 않는 부품

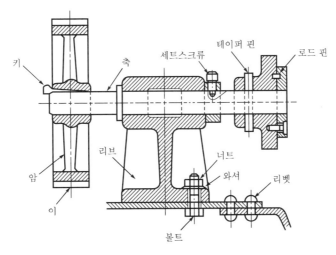

| 그림 3.38 | 절단하지 않는 부품의 예

(9) 특수한 경우의 단면 표시법

리브, 웨브, 스포크 등의 부품은 절단하게 되면 형상이 불명확하게 되거나 오독할 염려가 있다. [그림 3.39] (e)와 같이 절단하여 그리면 본체의 두께가 분명하게 나타나지 않으므로 리브는 절단하지 않는다.

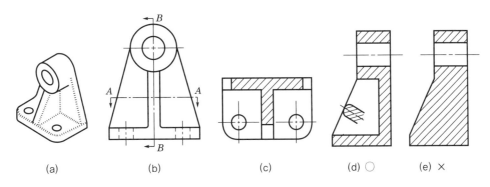

| 그림 3.39 | 리브의 단면

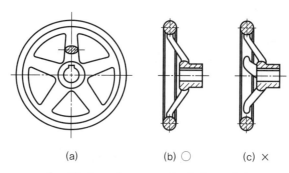

| 그림 3.40 | 스포크의 단면 표시법

다음 [그림 3.41]과 같이 플랜지에 슬롯, 리브, 키홈 등 여러 가지가 복합적으로 표시된 도면은 한 방향으로 절단하면 그 형상을 다 나타낼 수가 없다. 이 경우에는 부분적으로 회전 절단법을 이용하면 명확히 표시할 수 있다.

(c)는 플랜지에 세 개의 리브와 세 개의 볼트 구멍, 키홈 등을 포함하고 있다. 이것을 단면 $A-A$로 절단하면 리브와 볼트 구멍은 하나씩 표시되나 키홈은 표시할 수가 없으므로 (d)와 같이 표시하면 된다.

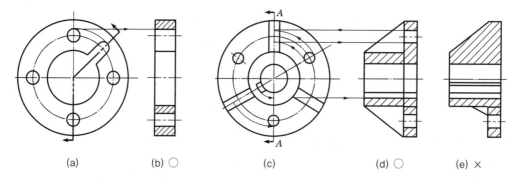

| 그림 3.41 | 회전 단면법을 이용한 특수한 형상의 단면도

02 해칭

단면을 분명히 표시하기 위한 해칭은 다음 법칙을 따른다.
① 기본 중심선 또는 기선에 45°(또는 30°, 60°)의 가는 실선을 눈짐작으로 같은 간격(2~3[mm])으로 그린다. ISO에서는 단면이 클 때에는 주변만 해칭한다([그림 3.42] (A)-(a) 참조).
② 서로 인접하는 단면의 해칭은 각도를 바꾸거나 해칭선의 간격을 바꾸어 구별한다.
③ 동일한 부품의 단면은 떨어져 있어도 해칭의 각도나 간격을 일정하게 한다.

④ 필요에 따라 해칭을 하지 않고 전체면 또는 해칭할 면의 가장자리만을 종이 뒷면에서
채색할 수 있다. 이것을 스머징이라 한다([그림 3.44] 참조).

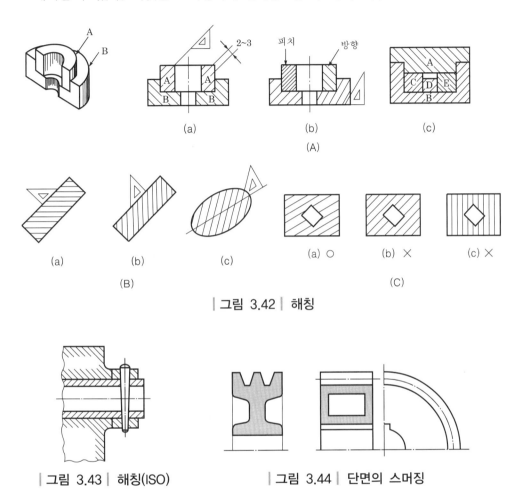

| 그림 3.42 | 해칭

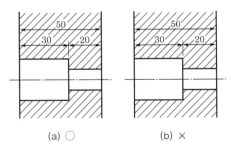

| 그림 3.43 | 해칭(ISO)　　　| 그림 3.44 | 단면의 스머징

⑤ 해칭한 곳에 치수를 기입할 필요가 있는 경우에는 그 부분은 해칭을 하지 않는다(ISO는
중단하도록 규정)([그림 3.45] 참조).

| 그림 3.45 | 해칭 단면의 치수 기입

⑥ 비금속 재료의 단면으로 특별히 재질을 명시할 필요가 있을 경우에는 원칙적으로 [표 3.3]과 같이 재료별 표시 방법으로 표시한다. 이 경우 부품도에는 재질을 따로 문자를 써서 기입한다.

| 표 3.3 | 비금속 재료의 재질 표시

유리	목재	콘크리트	액체

치수 기입법

01 치수 기입의 종류

치수는 도면에 표시된 것 가운데 가장 중요한 것이다. 도형이 올바르게 그려져도 치수 기입이 잘못되면 완전한 제품을 만들 수 없다. 즉 치수 기입은 단순히 물체의 치수만을 표시하는 것이 아니고 가공법, 재료 등에도 관계되기 때문에 올바르지 못한 치수 기입은 작업 능률에 큰 영향을 주고 또 제품을 잘못 만드는 원인이 된다.

도면에 기입되는 부품의 치수에는 재료 치수, 소재 치수, 마무리 치수의 세 가지가 있다.

(1) 재료 치수

탱크, 압력 용기, 철골 구조물 등을 만들 때 필요한 재료가 되는 강판, 형관, 배관 등의 치수로서, 가공을 위한 여유 치수 또는 절단을 위한 부분이 모두 포함된 치수이다.

(2) 소재 치수

반제품, 즉 주물 공장에서 주조한 그대로의 치수로서 기계로 가공하기 전의 미완성품의 치수이며 가공 치수가 포함된 치수이다.

소재 치수는 가상선을 이용하여 치수를 기입한다.

(3) 마무리 치수

마지막 다듬질을 한 완성품의 최종 치수로, 재료 치수나 소재 치수가 포함되지 않는다.
※ 치수는 특별히 명시하지 않는 한 마무리 치수를 기입하도록 한다.

02 치수 기입의 구성

치수를 기입하기 위해서는 치수선, 치수 보조선, 화살표, 지시선, 치수 숫자 등을 사용하여 치수 수치와 함께 나타낸다.

(1) 치수선(KS B 0001 10.3)

① 치수 기입에 사용되는 선은 치수선과 치수 보조선이 같이 쓰이고, 모두 가는 실선으로 하여 외형선과는 선명하게 구별되도록 한다.

② 치수선의 양끝에는 [그림 3.46]과 같이 끝부분 기호를 붙이며, 한 장의 도면상에는 특별한 경우를 제외하고는 (a), (b), (c)를 같이 사용하지 않는다.

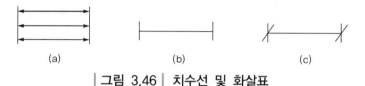

(a)　　　　　　　　(b)　　　　　　　　(c)

| 그림 3.46 | 치수선 및 화살표

(2) 치수 보조선(KS B 0001 10.3.4)

① 치수 보조선은 치수선에 직각으로 치수선을 약간(2~3[mm]) 넘을 때까지는 연장하여 그린다.

② 치수선이 외형선과 접근하여 구별하기 어려운 경우(테이퍼 부분 등) 또는 치수 기입의 관계로 필요한 경우에는 치수선에 대하여 적당한 각도(가능한 치수와 60° 방향)로 그릴 수 있다([그림 3.47] (e) 참조).

③ 치수 보조선은 중심선까지의 거리를 표시하는 경우([그림 3.47] (i), (j) 참조)에나 치수를 도면 내에 기입 할 때([그림 3.47] (k) 참조)에는 중심선이나 외형선을 가지고 대체할 수 있다.

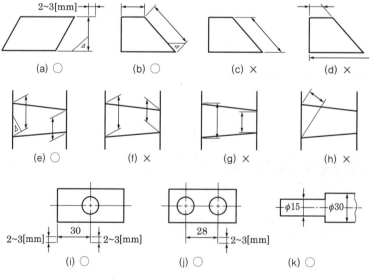

| 그림 3.47 | 치수 보조선

(3) 화살표

① 화살표는 치수선의 양쪽 끝에 붙여 그 한계를 명시하는 것이다.

② 화살표의 각도는 약 30°의 직선으로, 길이는 치수 숫자의 높이 정도(2.5~4[mm])로 칠하는 것과 칠하지 않는 것의 두 가지 방식이 있다.

③ 치수 보조선의 사이가 좁아서 화살표로 표시할 여유가 없을 때에는 화살표를 안쪽으로 향하도록 하든가 화살표 대신 작은 흑점을 사용하여도 좋다.

④ 도면의 크기에 따라 화살표의 크기는 약간씩 다르게 그릴 수 있으나 같은 도면 내에서는 동일한 크기로 그리는 것을 원칙으로 한다.

(4) 지시선(KS B 0001 10.73)

① 치수, 가공법, 주기, 부품 번호 등을 기입하기 위하여 사용하는 지시선은 수평선에 대하여 60°나 45° 등의 직선으로 인출하여 수평선을 붙여 그리고, 이 수평선의 위쪽에 나타내며 치수, 가공법 등 기타 필요한 사항을 기입한다.

② 형상선 내부에서 끌어내는 경우에는 흑점을 끌어내는 쪽에 기입한다.

③ 원으로부터 나오는 지시선은 중심을 향하게 그리며 화살표는 원주에 붙인다.

(5) 치수 숫자(KS B 0001 10.3.6)

① 치수 숫자는 정자로 명확하게 치수선의 중앙 위쪽에 치수선과 약간 띄워서 평행하게 표시한다. 즉 수평 치수선에 대해서는 숫자의 머리가 위쪽으로 하고 연직 치수선에 대해서는 숫자의 머리가 왼쪽으로 향하도록 표시해야 한다.

② 치수를 기울여 표시할 필요가 있을 때에는 [그림 3.48]과 같이 표시한다. 단, 치수선이 수직선에 대하여 좌측 위로부터 우측 아래로 향하여 30° 이하의 각도를 이루는 방향([그림 3.48] (c)의 해칭부)에 대해서는 될 수 있는 대로 치수의 기입을 피해야 하지만 부득이 기입을 해야 할 경우에는 그 장소에 따라 혼동하지 않게 한다.

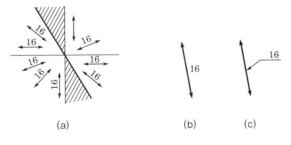

| 그림 3.48 | 치수 숫자의 방향

③ 각도를 나타내는 숫자는 [그림 3.49]와 같이 기입한다. 또 치수 보조선의 사이가 좁아
서 위에 적은 방법으로는 치수 숫자의 기입이 불가능할 때에는 그림과 같이 화살표를
안쪽으로 그리고, 그 바깥쪽 치수선 위 또는 인출선을 그어 치수 숫자를 기입한다. 이
때 중간의 화살표는 흑점 또는 [그림 3.50] (c)와 같이 경사선으로 대용해도 좋다. 또
좁은 부분이 연속될 때에는 (b), (c)와 같이 치수선의 위와 아래에 치수를 교대로 기입
한다. [그림 3.50] (c)의 A 부분과 같이 사이가 아주 좁을 때에는 그 부분을 (d)와 같
이 별도로 확대한 상세도를 그려 표시해도 좋다.

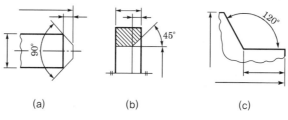

| 그림 3.49 | 각도의 표시법

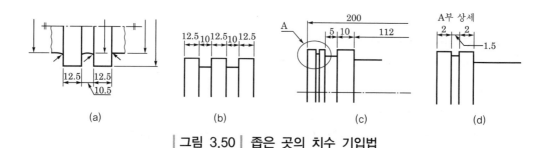

| 그림 3.50 | 좁은 곳의 치수 기입법

03 치수 기입에 같이 쓰이는 기호

치수 숫자에 ϕ, □, t, R, C, S와 같은 기호를 같이 기입하여 어떤 성질의 치수인가를 표
시한다.

(1) 지름 기호(ϕ)와 정사각형 기호(□)

① 둥근 것의 지름은 ϕ, 정사각형은 □(사각이라 부름)의 기호를 치수 숫자 앞에 기입하며
ϕ120은 지름이 120[mm]임을 표시하고, □12는 정사각형의 한 변이 12[mm]임을 의미
한다.

② ϕ나 □을 붙이지 않아도 도형이 명백할 때에는 이것을 생략해도 좋다.

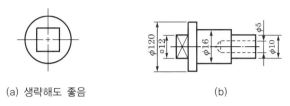

(a) 생략해도 좋음   (b)

| 그림 3.51 | 정다각형 단면의 치수 기입

(2) 반지름 기호(R)

① radius의 약자로서 반지름을 나타낼 때에는 R의 기호를 치수 숫자 앞에 기입한다.

② 반지름을 표시하는 치수선이 그 원호의 중심까지 그어졌을 때에는 기호를 생략할 수 있다.

(a)   (b)

| 그림 3.52 | 반지름의 치수 기입

(3) 구면 기호(S)

표면이 구면으로 되어 있음을 표시할 때에는 그 구의 지름 또는 반지름의 치수를 기입하고 ϕ 또는 R의 앞에 S라고 기입한다.

[그림 3.53]에서 'Sϕ450'이란 지름이 450[mm]인 구면임을 의미한다.

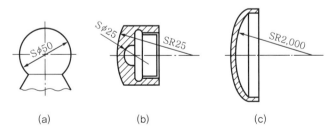

(a)   (b)   (c)

| 그림 3.53 | 구의 지름, 반지름 치수 기입

(4) 얇은 판의 두께 기호(t)

thickness의 약자로서, 얇은 판의 두께를 도시하지 않고 기호로 표시하려면 [그림 3.54] (b)와 같이 치수 숫자 앞에 t의 기호를 명시한다.

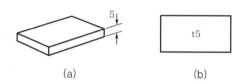

| 그림 3.54 | 얇은 판의 두께 기입

(5) 모따기 기호(C)

① 부품을 각이 있게 깎아내는 것을 모따기(chamfering)라 한다.

② 모따기의 표시법은 원칙적으로 모따기의 길이와 각도로 표시한다. 다만, 45°의 모따기에 한하여 C의 기호를 치수 숫자 앞에 같이 쓴다. 예를 들면 C2란 각의 꼭짓점에서 가로와 세로 2[mm]의 길이를 잡아 빗면으로 깎아 가공한다는 뜻이다.

※ ISO에는 등기호 규정이 있어 치수가 몇 개로 똑같게 분할되어 있을 때에는 등기호 '='를 사용하는 경우가 있다.

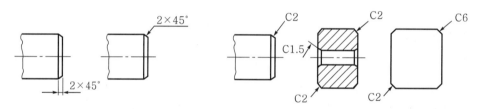

| 그림 3.55 | 모따기 기호의 기입

04 치수 기입에 사용되는 단위

(1) 길이 치수의 단위

① 길이 치수는 모두 [mm] 단위로 기입하고 단위 기호는 별도로 쓰지 않는다. 그러나 단위가 [mm]가 아닌 때에는 이것을 명시하여야 한다.

② 소수점은 아래쪽 숫자를 적당하게 분리하여 그 중간에 약간 크게 아래쪽에 찍는다. 또 치수 숫자의 자릿수가 많은 경우에는 3자리마다 콤마(comma)를 찍지 않는다.

 예 12.125, 12.00, 123570

(2) 각도의 단위

① 각도는 보통 도(°)로 표시하고 필요할 때에는 분(′) 및 초(″)를 병용할 수가 있다.

② 도(°), 분(′), 초(″)를 표시할 때에는 숫자의 오른쪽 위에 °, ′, ″를 기입한다.

　예 90°, 22.5°, 5°20′15″

05 치수 기입법

치수는 가공 방법에 따라 기입하는 방식이 달라진다. 가공, 조립, 검사 등을 잘 고려하여 현장의 작업과 제품의 기능에 적합한 치수를 선택하여야 하며, 치수를 기입하는 곳의 선택은 도면의 해석과 작업의 능률에 큰 영향을 주는 만큼 치수를 찾아내기 쉽고 읽기 쉬우며 혼란이 없는 곳을 택하여 기입한다.

(1) 일반적인 부분의 치수 기입

① 치수선은 부품의 모양을 표시하는 외형선과 평행으로 긋는다.

② 치수선은 외형선으로부터 10~15[mm] 떨어진 곳에 그으며, 이것에 나란하게 여러 개의 치수선을 나타낼 때에는 될 수 있는 대로 같은 간격(8~10[mm])으로 한다.

③ 외형선, 숨은선, 중심선, 치수 보조선은 치수선으로 사용하지 않는다.

④ 치수선은 될 수 있는 대로 다른 치수선, 치수 보조선, 외형선과 교차하지 않도록 한다.

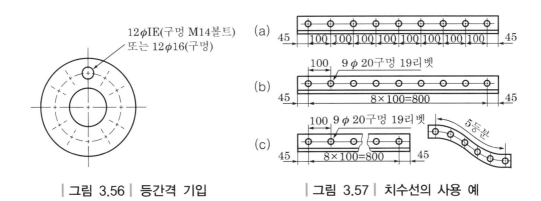

| 그림 3.56 | 등간격 기입　　　　　　| 그림 3.57 | 치수선의 사용 예

(2) 지름의 치수 기입

① 원기둥과 둥근 구멍의 크기는 지름의 치수로 표시한다. 이때 지름의 기호 ϕ는 치수 숫자 앞에 같은 크기로 쓴다. 다만, 형태로 보아 원이 분명할 때에는 ϕ를 생략한다.

② 지름의 치수선은 될 수 있는 대로 원형 원에 방사선 기입을 피한다.

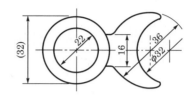

| 그림 3.58 | 지름의 치수

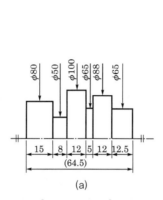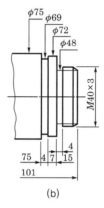

(a) (b)

| 그림 3.59 | 키웨이를 지나는 지름의 표시

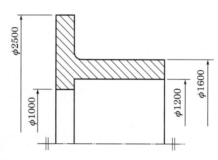

| 그림 3.60 | 대칭 중심선의 한쪽만 표시한 도형의 치수선

Chapter 06 기계요소제도

01 나사

1 개요

(1) 나사의 의의

나사는 기계요소 중에서 가장 많이 사용되는 요소 부품으로, 부품과 부품을 결합시키거나 동력 전달용으로 사용되며 관을 연결하는 데도 사용된다.

(2) 나사의 분류

나사는 원통 면에 골을 판 것을 수나사, 원통 내면에 골을 판 것을 암나사라고 하고 오른쪽 방향으로 골을 판 것을 오른 나사, 왼쪽 방향으로 골을 판 것을 왼나사라 하며 한 줄로 골을 판 것을 한 줄 나사, 여러 줄로 골을 판 것을 여러 줄 나사라 한다.

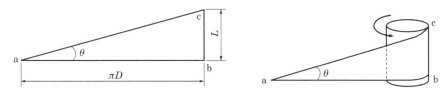

| 그림 3.61 | 나사의 원리

(3) 나사 관련 용어

① 오른 나사 : 나사를 오른쪽 방향으로 돌릴 때 조여지는 나사이다.
② 왼나사 : 나사를 왼쪽 방향으로 돌릴 때 조여지는 나사이다.

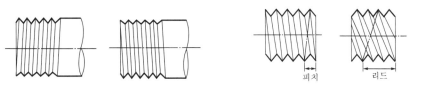

| 그림 3.62 | 오른 나사와 왼나사 | 그림 3.63 | 1줄 나사와 3줄 나사

③ **피치**(pitch) : 나사산 끝에서 인접한 나사산 끝까지의 거리이다.

④ **리드**(lead) : 나사를 1회전시켰을 때 이동한 거리로, 1줄 나사의 경우 피치만큼 이동하며 2줄 나사의 경우 피치의 2배, 3줄 나사의 경우 피치의 3배만큼 이동된다. 여러 줄 나사는 빨리 풀 수 있고 빨리 조일 수 있는 목적으로 사용된다.

$$리드(lead) = 피치 \times 줄 수$$

⑤ **유효 지름** : 나사산의 폭과 골의 폭이 같아지는 가상원의 지름을 유효 지름이라 한다.

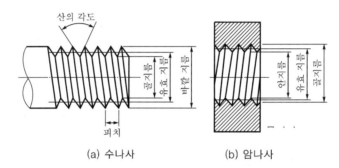

(a) 수나사   (b) 암나사

| 그림 3.64 | **수나사와 암나사의 각부 명칭**

2 나사의 종류

나사의 종류는 인치 계열 나사와 미터 계열 나사로 나누고 용도에 따라 보통 나사와 가는 눈나사로 나눈다. 보통 나사는 지름과 피치가 규격으로 정해져 있어서 볼트나 작은 나사에 널리 사용되며 가는 눈나사는 보통 나사보다 지름에 비해 피치의 비율이 작다.

나사의 종류는 미터 나사, 유니파이 나사, 사다리꼴 나사, 파이프 나사, 둥근 나사, 각나사, 톱니 나사 등이 있으며 많이 사용되는 나사는 다음과 같다.

(1) 미터 나사

① 미터 계열 나사로 지름과 피치를 [mm]로 표시하고 나사의 크기는 피치로 나타내며 나사 산의 각도는 60°이다.

② 나사의 생긴 형상은 산 끝은 평평하게 깎여 있고 골밑은 둥글게 되어 있으며 체결용으로 사용된다.

(2) 유니파이 나사

① 인치 계열 나사로 나사의 지름을 inch로 표시하고 나사산의 크기는 1인치(25.4[mm]) 안에 들어 있는 나사산의 수로 나타낸다.

② 나사산의 각도는 60°이며, 나사의 생긴 형상은 미터 나사와 같으며 체결용으로 사용된다.

(3) 사다리꼴 나사

① 나사산이 사다리꼴로 되어 있고 마찰이 작으며 정확하게 물리므로 동력 전달용으로 사용된다.

② 나사산 각도가 30°는 미터 계열 나사이고, 29°는 인치 계열 나사이다. 주로 30°인 미터 계열 나사를 사용한다.

(4) 관용 나사

① 주로 파이프에 나사를 낸 배관용으로 사용되는 나사로, 인치 계열 나사이다.

② 나사산 각도는 55°이며 산 끝과 골이 둥글다.

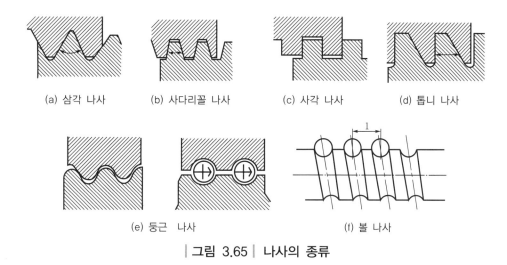

(a) 삼각 나사　(b) 사다리꼴 나사　(c) 사각 나사　(d) 톱니 나사

(e) 둥근 나사　(f) 볼 나사

| 그림 3.65 | 나사의 종류

◼ 3 나사의 호칭법

나사를 도면에 나타낼 때는 나사의 도시 방법과 나사의 호칭법에 의해 나사를 표시한다. 나사는 나사산의 감긴 방향, 나사산의 줄 수, 나사의 호칭, 나사의 등급으로 표시한다.

(1) 피치를 [mm]로 표시하는 나사의 호칭법

미터 보통 나사와 같이 동일한 지름에 피치가 하나만 규정되어 있는 나사는 원칙적으로 피치를 생략한다.

나사의 종류를 표시하는 기호 – 나사의 지름을 표시하는 숫자×피치 – 나사의 호칭 길이

(2) 피치를 산의 수로 표시하는 나사의 호칭법(유니파이 나사 제외)

관용 나사와 같이 동일한 지름에 대하여 나사산 수가 하나만 규정되어 있는 나사는 원칙적으로 나사산 수를 생략한다.

> 나사의 종류를 표시하는 기호 – 나사의 지름을 표시하는 숫자 – 나사산 수

(3) 유니파이 나사의 호칭법

① 나사를 호칭법에 의해 표시할 때 일반적으로 나사의 종류를 나타내는 기호와 나사의 지름, 나사의 크기(피치, 산 수), 나사의 길이로 표시하지만 감긴 방향이 왼쪽 방향, 감긴 줄 수가 2줄 이상인 경우에는 좌 또는 2줄 등을 나타내야 한다.

② 나사산의 감긴 방향이 왼나사의 경우에는 '좌'의 글자를 표시하고 오른 나사의 경우에는 표시하지 않는다. 또한 '좌' 대신에 'L'을 사용할 수 있다.

③ 나사산의 줄 수가 여러 줄 나사일 경우 '2줄', '3줄'과 같이 표시하고 한 줄 나사의 경우는 표시하지 않는다. 또한 '줄' 대신에 'N'을 사용할 수 있다.

> 나사의 지름을 표시하는 숫자 또는 번호 – 나사산 수 – 나사의 종류를 표시하는 기호

예 나사의 호칭법

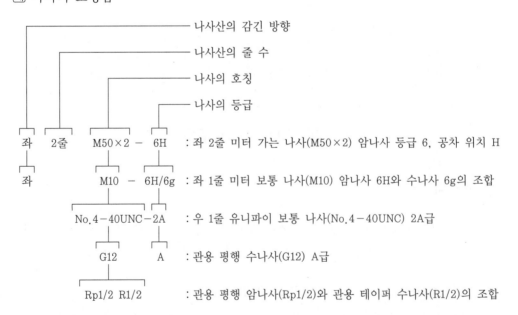

| 표 3.4 | 나사의 종류를 표시하는 기호 및 나사의 호칭에 대한 표시 방법

구분		나사의 종류		나사의 종류를 표시하는 기호	나사의 호칭에 대한 표시 방법 보기
일반용	ISO 규격에 있는 것	미터 보통 나사[1]		M	M8
		미터 가는 나사[2]			M8×1
		미니어처 나사		S	S0.5
		유니파이 보통 나사		UNC	3/8−16UNC
		유니파이 가는 나사		UNF	No.8−36UNF
		미터 사다리꼴 나사		Tr	Tr10×2
		관용 테이퍼 나사	테이퍼 수나사	R	R3/4
			테이퍼 암나사	Rc	Rc3/4
			평행 암나사[3]	Rp	Rp3/4
	ISO 규격에 없는 것	관용 평행 나사(인치계)		G	G1/2
		30° 사다리꼴 나사		TM	TM18
		29° 사다리꼴 나사		TW	TW20
		관용 테이퍼 나사	테이퍼 나사	PT	PT7
			평행 암나사[4]	PS	PS7
		관용 평행 나사(미터계)		PF	PF7
특수용		후강 전선관 나사		CTG	CTG16
		박강 전선관 나사		CTC	CTC19
		자전거 나사	일반용	BC	BC3/4
			스포크용		BC2.6
		미싱 나사		SM	SM1/4 산40
		전구 나사		E	E10
		자동차용 타이어 밸브 나사		TV	TV8
		자전거용 타이어 밸브 나사		CTV	CTV8 산30

[주] 1) 미터 보통 나사 중 M1.7, M2.3 및 M2.6은 ISO 규격에 규정되어 있지 않다.
　　 2) 가는 나사임을 특별히 명확하게 나타낼 필요가 있을 때에는 피치 다음에 '가는 눈'의 글자를
　　　 ( ) 안에 넣어서 기입할 수 있다(예 M8×1(가는 눈)).
　　 3) 이 평행 암나사 Rp는 테이퍼 수나사 R에 대해서만 사용한다.
　　 4) 이 평행 암나사 PS는 테이퍼 수나사 PT에 대해서만 사용한다.

4 나사의 등급

　나사는 정밀도에 따라 다음 [표 3.5]와 같이 등급이 정해져 있다. 필요에 따라 나사의 등급을 나타내는 숫자 또는 암나사와 수나사를 나타내는 기호(수나사 : A, 암나사 : B)의 조합으로 나타낼 수 있다.

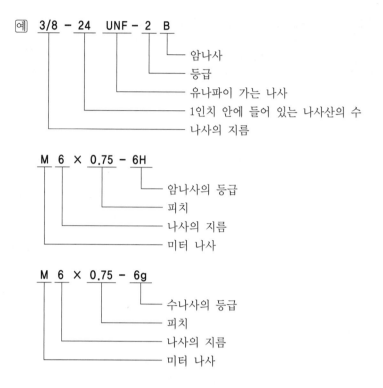

| 예 | 3/8 | - | 24 | UNF | - | 2 | B |

- B ─ 암나사
- 2 ─ 등급
- UNF ─ 유나파이 가는 나사
- 24 ─ 1인치 안에 들어 있는 나사산의 수
- 3/8 ─ 나사의 지름

M 6 × 0.75 - 6H

- 6H ─ 암나사의 등급
- 0.75 ─ 피치
- 6 ─ 나사의 지름
- M ─ 미터 나사

M 6 × 0.75 - 6g

- 6g ─ 수나사의 등급
- 0.75 ─ 피치
- 6 ─ 나사의 지름
- M ─ 미터 나사

| 표 3.5 | 나사의 등급 표시 방법

구분	나사의 종류	암·수나사의 구별		나사의 등급을 표시하는 보기
ISO 규격에 있는 등급	미터 나사	암나사	유효 지름과 안지름의 등급이 같은 경우	6H
		수나사	유효 지름과 바깥 지름의 등급이 같은 경우	6g
			유효 지름과 바깥 지름의 등급이 다른 경우	5g 6g
		암나사와 수나사를 조합한 것		6H/6g, 5H/5g 6g
	미니어처 나사	암나사		3G6
		수나사		5h3
		암나사와 수나사를 조합한 것		3G6/5h3
	미터 사다리꼴 나사	암나사		7H
		수나사		7e
		암나사와 수나사를 조합한 것		7H/7e
	관용 평행 나사	수나사		A

구분	나사의 종류	암·수나사의 구별		나사의 등급을 표시하는 보기
ISO 규격에 없는 등급	미터 나사	암나사, 수나사	암나사와 수나사의 등급 표시가 같은 것	2등급, 혼동될 우려가 없을 경우에는 '급'의 문자를 생략해도 좋다.
		암나사와 수나사를 조합한 것		3급/2급, 혼동될 우려가 없을 경우에는 3/2로 해도 좋다.
	유니파이 나사	암나사		1B　2B　3B
		수나사		1A　2A　3A
	관용 평행 나사	암나사		B
		수나사		A

| 표 3.6 | 미터 나사의 등급

끼워 맞춤 구분(적용 보기)	암·수나사의 구별	등급
정밀급 [적용 예] 특히 놀음이 적은 정밀 나사	암나사	4H(M1.8×0.2 이하) 5H(M2×0.25 이상)
	수나사	4h
보통급 [적용 예] 기계, 기구, 구조체 등에 사용되는 일반용 나사	암나사	6H
	수나사	6h(M1.4×0.2 이하) 6g(M1.6×0.2 이상)
거친급 [적용 예] 건설 공사, 설치 등 더러워지거나 흠이 생기기 쉬운 장소에서 사용되는 나사 또는 열간 압연봉의 나사 절삭, 긴 막힌 구멍 나사 깎기 등과 같이 나사 가공상의 난점이 있는 나사	암나사	7H
	수나사	8g

5 나사의 제도

나사를 도면에 나타낼 때는 나사의 형상 그대로를 그려주지 않고 간략한 약도로 그리고 호칭법에 의해 표시한다.

① 수나사의 바깥 지름과 암나사의 골지름은 굵은 실선으로 그린다([그림 3.66] (a), [그림 3.67] (a) 참조).

② 완전 나사부와 불완전 나사부의 경계와 모따기부의 경계는 굵은 실선으로 그린다([그림 3.66] (a) 참조).

③ 나사의 골을 나타내는 선과 불완전 나사부를 나타내는 선은 30° 각도의 가는 실선으로 그린다([그림 3.66] (a) 참조).

④ 수나사와 암나사의 골을 원으로 그릴 때는 가는 실선으로 원을 3/4만 그린다([그림 3.66] (a), (b), (c) 참조).

⑤ 보이지 않는 부분의 나사를 나타낼 때는 선의 굵기를 구분하여 숨은선으로 그린다([그림 3.67] (b) 참조).

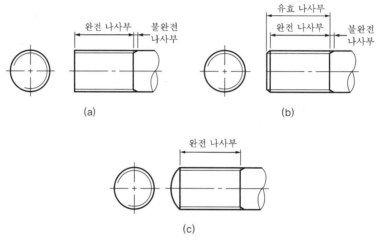

| 그림 3.66 | 수나사의 제도

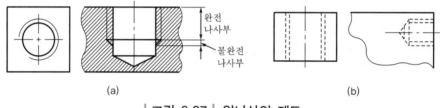

| 그림 3.67 | 암나사의 제도

⑥ 암나사와 수나사의 결합된 상태를 나타낼 때는 수나사를 기준으로 그린다([그림 3.68] (b) 참조).

⑦ 나사를 단면으로 나타낼 때는 수나사는 나사산 끝까지, 암나사는 내경까지 해칭하여 나사를 나타낸다([그림 3.67] (a), [그림 3.68] (b), (c) 참조).

⑧ 나사산 끝과 골밑까지는 나사 지름의 1/8~1/10의 간격으로 그린다([그림 3.67], [그림 3.68] 참조).

⑨ 작은 나사는 모따기 부분과 불완전 나사 부분을 생략한다([그림 3.69] 참조).

⑩ 작은 나사 머리 부분의 홈은 −자 홈일 경우는 45°의 굵은 하나의 선으로, +홈일 경우는 굵은 선으로 대각선을 그린다([그림 3.69] 참조).

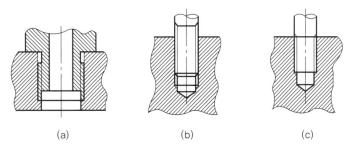

(a) (b) (c)

| 그림 3.68 | 수나사와 암나사의 결합부 제도

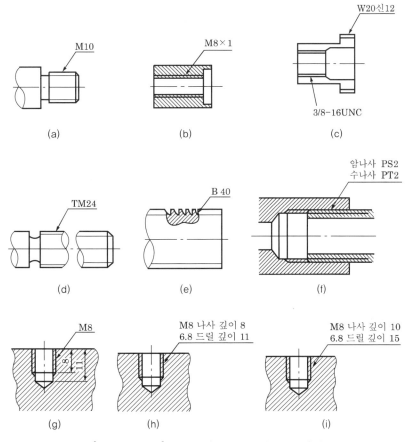

| 그림 3.69 | 나사의 종류에 따른 표시법

02 볼트

1 볼트 구멍 지름과 자리파기 지름 치수

볼트나 작은 나사가 들어가는 구멍의 지름, 나사의 바깥 지름, 구멍 지름, 틈새에 의한 등급, 자리파기의 지름 및 모따기의 치수는 다음 [표 3.7]에 따른다.

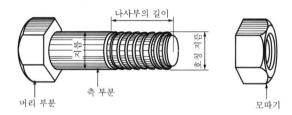

| 그림 3.70 | 볼트와 너트의 각부 명칭

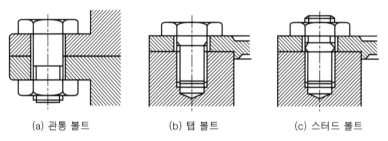

(a) 관통 볼트   (b) 탭 볼트   (c) 스터드 볼트

| 그림 3.71 | 일반 볼트의 종류

| 표 3.7 | 호칭 지름 6각 볼트(부품 등급 A, B 및 C)의 형상 및 치수(KS B 1002)

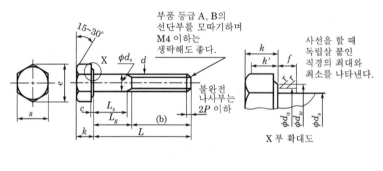

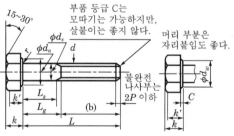

(단위 : mm)

나사 호칭(d)			M3	M4	M5	M6	M8	M10	M12	M16	M20	M24	M30	M36
피치(P)			0.5	0.7	0.8	1	1.25	1.5	1.75	2	2.5	3	3.5	4
b (참고)	(¹)		12	14	16	18	22	26	30	38	46	54	66	78
	(²)		–	–	–	–	(28)	(32)	(36)	44	52	60	72	84
	(³)				–	–	–	–	–	57	65	73	85	97
c	최소		0.15	0.15	0.15	0.15	0.15	0.15	0.15	0.2	0.2	0.2	0.2	0.2
	최대		0.4	0.4	0.5	0.5	0.6	0.6	0.6	0.8	0.8	0.8	0.8	0.8
d_a	최대	부품 등급 A, B	3.6	4.7	5.7	6.8	9.2	11.2	13.7	17.7	22.4	26.4	33.4	39.4
		부품 등급 C			6	7.2	10.2	12.2	14.7	18.7	24.4	28.4	35.4	42.4
d_s	최대 기준 치수	부품 등급 A, B	3	4	5	6	8	10	12	16	20	24	30	36
	최소		2.86	3.82	4.82	5.82	7.78	9.78	11.73	15.73	19.67	23.87	29.67	35.61
	최대 기준 치수	부품 등급 C			5.48	6.48	8.58	10.58	12.7	16.7	20.84	24.84	30.84	37
	최대				4.52	5.52	7.42	9.42	11.3	15.3	19.16	28.16	29.16	35
d_w	최소	부품 등급 A	4.6	5.9	6.9	8.9	11.6	14.6	16.6	22.5	28.2	33.6		
		부품 등급 B, C			6.7	8.7	11.4	14.4	16.4	22	27.7	33.2	42.7	51.1
l	계산값(약)		6.4	8.1	9.2	11.5	15	18.5	20.8	27.7	34.6	41.6	53.1	63.5
	최소	부품 등급 A	6.01	7.66	8.79	11.05	14.38	17.77	20.03	26.75	33.63	39.98		
		부품 등급 B, C			8.63	10.89	14.2	17.59	19.85	26.17	32.95	39.55	50.85	60.79
f	최대		1	1.2	1.2	1.4	2	2	3	3	4	4	6	6
k	호칭(기준 치수)		2	2.8	3.5	4	5.3	6.4	7.5	10	12.5	15	18.7	22.5
	최소	부품 등급 A	1.88	2.68	3.35	3.85	5.15	6.22	7.32	9.82	12.28	14.78		
	최대		2.12	2.92	3.65	4.15	5.45	6.58	7.68	10.18	12.72	15.22		
	최소	부품 등급 B			3.26	3.76	5.06	6.11	7.21	9.71	12.15	14.65	18.28	22.06
	최대				3.74	4.24	5.54	6.69	7.79	10.29	12.85	15.35	19.12	22.92
	최소	부품 등급 C			3.12	3.62	4.92	5.95	7.05	9.25	11.6	14.1	17.65	21.45
	최대				3.88	4.38	5.68	6.85	7.95	10.75	13.4	15.9	19.75	23.55
k'	최소	부품 등급 A	1.3	1.9	2.28	2.63	3.54	4.28	5.05	6.8	8.5	10.3	12.8	15.5
		부품 등급 C			2.2	2.5	3.45	4.2	4.95	6.5	8.1	9.9	12.4	15.0
r	최소		0.1	0.2	0.2	0.25	0.4	0.4	0.6	0.6	0.8	0.8	1	1
s	최대(기준 치수)		5.5	7	8	10	13	16	18	24	30	36	46	55
	최소	부품 등급 A	5.32	6.78	7.78	9.78	12.73	15.73	17.73	23.67	29.67	35.38		
		부품 등급 B, C			7.64	9.64	12.57	15.57	17.57	23.16	29.16	35	45	53.8

2 6각 구멍붙이 볼트에 대한 깊은 자리파기 및 볼트 구멍의 치수

6각 구멍붙이 볼트를 구멍에 결합시킬 때는 볼트의 머리 부분이 깊은 자리파기 구멍에 들어갈 수 있도록 구멍을 뚫어 주어야 한다. 나사의 호칭 지름에 따른 깊은 자리파기의 지름 치수와 깊이, 볼트의 지름과 구멍 지름 차를 다음 [표 3.8]에 나타냈다. 아래 표의 치수는 참고하기 위한 표이며 규격으로 정해진 것은 아니다.

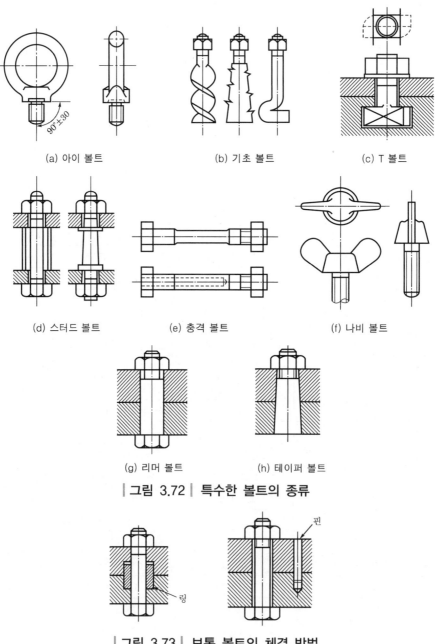

(a) 아이 볼트   (b) 기초 볼트   (c) T 볼트

(d) 스터드 볼트   (e) 충격 볼트   (f) 나비 볼트

(g) 리머 볼트   (h) 테이퍼 볼트

| 그림 3.72 | 특수한 볼트의 종류

핀

링

| 그림 3.73 | 보통 볼트의 체결 방법

| 표 3.8 | 나사의 호칭 치수에 따른 깊은 자리파기 치수 (단위 : mm)

나사의 호칭 (d)	M3	M4	M5	M6	M8	M10	M12	M14	M16	M18	M20	M22	M24	M27	M30	M33	M36	M39	M42	M45	M48	M52
d_1	3	4	5	1	8	10	12	14	16	18	20	22	24	27	30	33	36	39	42	45	48	52
d'	3.4	4.5	5.5	6.6	9	11	14	16	18	20	22	24	26	30	33	36	39	42	45	48	52	56
D	5.5	7	8.5	10	13	16	18	21	24	27	30	33	36	40	45	50	54	58	63	68	72	78
D'	6.5	8	9.5	11	14	17.5	20	23	26	29	32	35	39	43	48	54	58	62	67	72	76	82
H	3	4	5	6	8	10	12	14	16	18	20	22	24	27	30	33	36	39	42	45	48	52
H'	2.7	3.6	4.6	5.5	7.4	9.2	11	12.8	14.5	16.5	18.5	20.5	22.5	25	28	31	34	37	39	42	45	49
H''	3.3	4.4	5.4	6.5	8.6	10.8	13	15.2	17.5	19.5	21.5	23.5	25.5	29	32	35	38	41	44	47	50	54

[비고] 위 표의 볼트 구멍 지름(d')은 KS B 1007(볼트 구멍 및 카운터 보어 지름)의 볼트 구멍 지름 2급에 따른다.

3 깊은 자리파기 치수 결정 예

[표 3.9]와 같이 6각 홈붙이 M10 나사로 결합시킬 때 깊은 자리파기의 치수와 탭드릴 구멍 지름은 표에 의해 다음 그림과 같이 결정한다.

| 표 3.9 | 6각 구멍붙이 볼트의 형상 및 치수

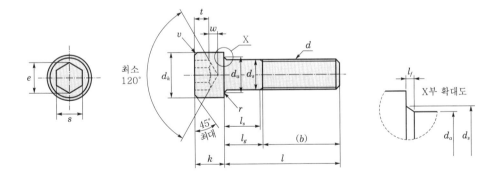

(단위 : mm)

d	P	b	d_k			d_a	d_s		e	l_f	k		r	s				t	v	d_w	w	l
나사의 호칭	나사의 피치	참고	기본	최대	최소	최대	최대	최소	최소	최대	최대	최소	최소	호칭	최소	최대 강도 구분 12.9	최대 기타 강도 구분	최소	최대	최소	최소	상용적인 호칭 길이의 범위
M1.6	0.35	15	3.00	3.14	2.86	2	1.6	1.46	1.73	0.34	1.6	1.46	0.1	1.5	1.52	1.560	1.545	0.7	0.16	2.72	0.55	2.5~16
M2	0.4	16	3.80	3.98	3.62	2.6	2	1.86	1.73	0.51	2	1.83	0.1	1.5	1.52	1.560	1.545	1	0.2	3.4	0.55	3~20
M2.5	0.45	17	4.50	4.68	4.32	3.1	2.5	2.36	2.3	0.51	2.5	2.36	0.1	2	2.02	2.080	2.045	1.1	0.25	4.18	0.85	4~25
M3	0.5	18	5.50	5.68	5.32	3.6	3	2.86	2.87	0.51	3	2.86	0.1	2.5	2.52	2.580	2.560	1.3	0.3	5.07	1.15	5~30
M4	0.7	20	7.00	7.22	6.78	4.7	4	3.82	3.44	0.6	4	3.82	0.2	3	3.02	3.080	3.080	2	0.4	6.53	1.4	6~40
M5	0.8	22	8.50	8.72	8.28	5.7	5	4.82	4.58	0.6	5	4.82	0.2	4	4.02	4.095	4.095	2.5	0.5	8.03	1.9	8~50
M6	1	24	10.00	10.22	9.78	6.8	6	5.82	5.72	0.68	6	5.70	0.25	5	5.02	5.140	5.095	3	0.6	9.38	2.3	10~60
M8	1.25	28	13.00	13.27	12.73	9.2	8	7.78	6.86	1.02	8	7.64	0.4	6	6.02	6.140	6.095	4	0.8	12.3	3.3	12~80
M10	1.5	32	16.00	16.27	15.73	11.2	10	9.78	9.15	1.02	10	9.64	0.4	8	8.025	8.115	8.175	5	1	15.3	4	16~100
M12	1.75	36	18.00	18.27	17.73	13.7	12	11.7	11.4	1.45	12	11.57	0.6	10	10.025	10.115	10.175	6	1.2	17.2	4.8	20~120
(M14)	2	40	21.00	21.33	20.67	15.7	14	13.7	13.7	1.45	14	13.57	0.6	12	12.032	12.142	12.212	7	1.4	20.2	5.8	25~140
M16	2	44	24.00	24.33	23.67	17.7	16	15.7	16	1.45	16	15.57	0.6	14	14.032	14.142	14.212	8	1.6	23.2	6.8	25~160
M20	2.5	52	30.00	30.33	29.67	22.4	20	19.7	19.4	2.04	20	19.48	0.8	17	17.05	17.230	17.230	10	2	28.9	8.6	30~200
M24	3	60	36.00	36.39	35.61	26.4	24	23.7	21.7	2.04	24	23.48	0.8	19	19.065	19.275	19.275	12	2.4	34.8	10.4	40~200
M30	3.5	72	45.00	45.39	44.61	33.4	30	29.67	25.2	2.89	30	29.48	1	22	22.065	22.275	22.275	15.5	3	43.6	13.1	45~200
M36	4	84	54.00	54.46	53.54	39.4	36	35.6	30.9	2.89	36	35.38	1	27	27.065	27.275	27.275	19	3.6	52.5	15.3	55~200
M42	4.5	96	63.00	63.46	62.54	45.6	42	41.6	36.6	3.06	42	41.38	1.2	32	32.08	32.330	0.000	24	4.2	61.3	16.3	60~300
M48	5	108	72.00	72.46	71.54	52.6	48	47.6	41.1	3.91	48	47.38	1.6	36	36.08	36.330	0.000	58	4.8	70.3	17.5	70~300
M56	5.5	124	84.00	84.54	83.46	63	56	55.5	46.8	5.95	56	55.26	2	41	41.33	41.080	0.000	34	5.6	82.3	19	80~300
M64	6	140	96.00	96.54	95.46	71	64	63.5	52.5	5.95	64	63.26	2	46	46.33	46.080	0.000	38	6.4	94.3	22	90~300

03 기어

1 개요

(1) 기어(gear) 각부의 명칭

① **피치원**(pitch circle) : 축에 수직인 평면과 피치면과 교차하여 이루는 면

② **원주 피치**(circular pitch) : 피치원상의 하나의 이면에서 여기에 대응하는 상대 이면의 원호의 길이

③ **이 두께**(tooth thickness) : 피치원상의 이의 폭

④ **이 끝 원**(addendum circle) : 이의 끝을 통과하는 원. 즉 기어의 바깥 지름

⑤ **이뿌리 원**(root circle) : 이뿌리를 통과하는 원

⑥ **이 끝 높이**(addendum) : 피치원에서 이 끝까지의 수직 거리

⑦ **이뿌리 높이**(dedendum) : 피치원에서 이뿌리 원까지의 수직 거리

⑧ **유효 이 높이**(working depth) : 서로 물려 있는 한 쌍의 기어에서 물리고 있는 이 높이 부분의 길이. 즉 한 쌍의 기어의 어덴덤을 합한 길이

⑨ **총 이 높이**(hole depth) : 이의 전체 높이

⑩ **클리어런스**(clearance) : 이뿌리 원에서 상대 기어의 이 끝 원까지의 거리

⑪ **뒤 틈**(back lash) : 한 쌍의 기어가 물렸을 때 이면 간의 간격

⑫ **이 폭**(face width) : 이의 축 단면의 길이

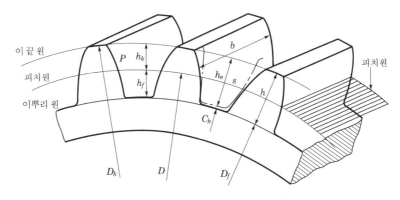

| 그림 3.74 | 기어의 각부 명칭

(2) 기어의 종류

① 두 축이 평행할 때 사용되는 기어 : 스퍼 기어, 헬리컬 기어, 더블 헬리컬 기어, 내접 기어, 랙기어

② 두 축이 교차하는 경우에 사용되는 기어 : 베벨 기어, 직선 베벨 기어, 스파이럴 베벨 기어

③ 두 축이 평행하지도 교차하지도 않을 경우 사용되는 기어 : 하이포이드 기어, 스크루 기어, 웜기어

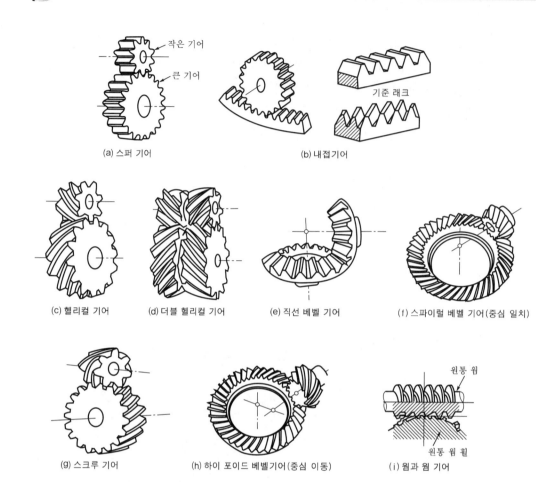

(a) 스퍼 기어 (b) 내접기어 기준 래크

(c) 헬리컬 기어 (d) 더블 헬리컬 기어 (e) 직선 베벨 기어 (f) 스파이럴 베벨 기어(중심 일치)

작은 기어 큰 기어

(g) 스크루 기어 (h) 하이 포이드 베벨기어(중심 이동) (i) 웜과 웜 기어 원통 웜 원통 웜 휠

| 그림 3.75 | 기어의 종류

2 치형 곡선의 분류

(1) 인벌류트 곡선

원통에 실을 감았다가 풀어나가는 궤적으로, 호환성이 좋고 값이 저렴하다.

(2) 사이클로이드 곡선

원통의 안팎에 작은 원을 접촉하면서 롤링할 때 생기는 궤적을 말한다.

참고

압력각

잇면의 수직선과 피치원의 접선이 이루는 각으로, 20°가 가장 많이 사용된다. 그 외 15°, 17.5°, 22.5°의 각도가 사용된다.

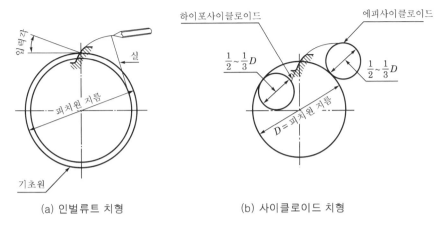

|그림 3.76 | 치형 곡선의 분류

3 기어의 크기

(1) 모듈(module, m)

$$m = \frac{d}{z}$$

여기서, d : 피치원 지름, z : 잇수

(2) 원주 피치(circular pitch, CP)

피치원의 둘레를 잇수로 나눈 값으로 서로 물리고 있는 두 개 이의 중심 간 거리를 피치원의 원호에 따라 잰 길이이다.

$$CP = \frac{\pi d}{z}$$

(3) 지름 피치(diametral pitch, DP)

잇수를 피치원의 지름으로 나눈 값이다.

$$DP = \frac{z}{d[\text{inch}]}$$

(4) 모듈, 원주 피치, 지름 피치와의 관계

$$m = \frac{CP}{\pi} = \frac{25.4}{DP}$$

4 기어의 제도

(1) 기어의 작성

기어는 도형을 간략도법으로 작성하고 항목표를 만들어 치형, 모듈, 압력각, 이 두께, 다듬질 방법, 정밀도 등을 기입한다.

(2) 기어 작성 시 표시 방법

기어를 도형으로 그릴 때는 다음에 따른다.

① 이 끝 원은 굵은 실선으로 표시한다.

② 피치원의 선은 1점 쇄선으로 표시한다.

③ 이뿌리 원은 가는 실선으로 표시한다. 다만, 축과 직각 방향에서 본 그림을 단면으로 나타낼 때는 이 끝 원의 선은 굵은 실선으로 나타낸다. 또한 이 끝 원은 생략해도 좋고 특히 베벨 기어 및 웜휠의 축 방향에서 본 그림은 원칙적으로 생략한다.

④ 잇줄 방향은 통상 3개의 가는 실선으로 표시한다.

⑤ 주 투상도를 단면으로 도시할 때는 외접 헬리컬 기어의 잇줄 방향은 지면에서 앞 이의 잇줄 방향을 3개의 가는 2점 쇄선으로 표시한다.

⑥ 맞물리는 한 쌍의 기어의 맞물림 부의 이 끝 원은 양쪽 굵은 실선으로 표시하고 주 투상도를 단면으로 나타낼 때는 맞물리는 한쪽의 이 끝 원은 가는 숨은선이나 굵은 숨은선으로 표시한다.

⑦ 기어는 축과 직각 방향에서 본 그림을 정면도로 하고 축 방향에서 본 그림을 측면도로 그린다.

⑧ 맞물린 한 쌍의 기어의 정면도는 이뿌리 원을 나타내는 선은 생략하고 측면도에서 피치원만 나타낼 수 있다.

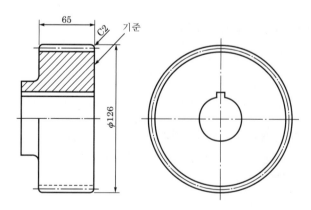

| 그림 3.77 | 기어의 제도

| 표 3.10 | 기어 제작도의 요목표 예 (단위 : mm)

스퍼 기어				
기어 치형		전위	다듬질 방법	호브 절삭
기준 래크	치형	보통 이	정밀도	KS B 1405 5급
	모듈	6	상대 기어 전위량	0
	압력각	20°	상대 기어 잇수	50
잇수		18	중심 거리	207
기준 피치원 지름		108	백래시	$0.20 \sim 0.89$
전위량		+3.16	*재료	
전체 이 높이		13.34	*열처리	
이 두께	벌림 이 두께	$47.96 ^{-0.08}_{-0.38}$	*경도 $47.96 ^{-0.08}_{-0.38}$	
		(벌림 잇수=3)		

비고 (위 표의 '비고' 열 병합)

헬리컬 기어				
기어 치형		표준	걸치기(잇줄 직각)	$30.99 ^{-0.18}_{-0.16}$
				(걸치기 잇수=3)
이 모양 기준 단면		잇줄 직각	치형 캘리퍼(잇줄 직각)	(캘리퍼 어덴덤=)
공구	치형	보통 이	오버핀 지름	(핀 지름=볼 지름=)
	모듈	4	완성 방법	호빙 가공
	압력각	20°	정밀도	4급
잇수		19		
비틀림각 및 방향		26° 42′ 왼		
리드		531.385		
기준 피치원 지름		85.071		

(이 두께 열은 걸치기·치형 캘리퍼·오버핀 지름 행에 걸쳐 병합)

04 키

1 개요

키(key)는 축에 벨트 풀리(belt pully), 커플링(coupling), 기어(gear) 등의 회전체를 고정시킬 때 축과 보스(boss) 쪽에 키홈을 파서 키를 박아 고정시켜 축과 회전체가 미끄럼 없이 회전을 전달시키는 데 사용되는 기계요소이다.

2 키의 종류

종류		형상	특성
묻힘 키	경사 키		• 축과 보스 양쪽에 키홈을 파서 키를 고정시 킨다. • 머리가 있는 것과 없는 것의 2종류가 있다. • 키는 1/100의 구배로 되어 있어 햄머로 타 격을 가해 고정한다.
	평행 키		• 축의 키홈에 키를 고정시킨다. • 키는 축심에 평행하게 되어 있으면 키의 양 측면에서 체결하도록 만든다.
평 키			• 축을 평평하게 깎아내고 보스 쪽에 키홈을 파서 1/100 구배로 된 키를 고정한다. • 축지름이 작은 경하중용으로 사용한다.
안장 키			• 축에는 키홈을 파지 않고 보스 쪽에만 키홈 을 파서 고정하는 것이다. • 키의 위쪽에 기울기를 주어 만든 키로 고정 하며 극히 경하중용으로 사용한다.
반달 키			• 축에 반달형상의 키홈을 파서 반달 키를 넣 고 보스 쪽을 밀어 넣어 고정하는 것이다. • 테이퍼 축에 적당하며 경하중용으로 사용 한다.
미끄럼 키			• 축방향으로 보스 쪽이 이동 가능한 경우에 사용된다. • 키형상은 평행하며 키를 작은 나사 등으로 고정한다.
접선 키			• 축과 보스 양쪽에 키홈을 파고 기울기가 진 두 개의 키를 양쪽에서 밀어 넣어 고정 시킨다. • 중하중용으로 사용한다.

3 키홈의 치수 기입법

키홈의 치수를 기입할 때에는 다음 그림과 같이 키홈의 아래 쪽에서 축 지름까지의 치수를 기입하고 [그림 3.78] (a) 보스 쪽의 키홈의 치수는 키홈의 위쪽에서 안지름까지의 치수를 기입한다[그림 3.78] (b) 참조). 키홈의 치수를 지시선에 의해 나타낼 때는 키홈의 폭×높이로 표시한다.

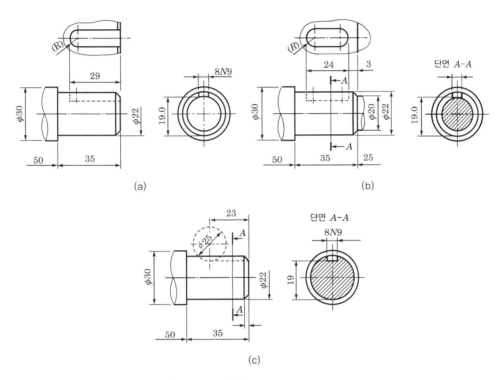

(a)

(b)

(c)

| 그림 3.78 | 축의 키홈 표시법

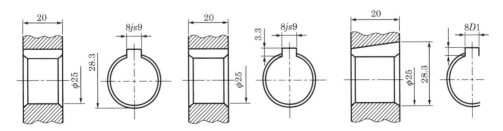

| 그림 3.79 | 구멍의 키홈 표시법

🔳4 키의 호칭 방법

키의 호칭 방법은 키의 종류, 호칭 치수×길이, 끝 모양의 지정 및 재료 순으로 기입한다.
① **평행 키** : 10×8×35 SM45C
② **경사 키** : 6×6×50 양끝 둥근 SM45C
③ **머리붙이 경사 키** : 20×12×70 SF55
④ **반달 키** : 5×22 SM45C

05 핀

🔳1 개요

핀(pin)은 기계 부품을 축에 연결하여 고정하는 데 사용되는 기계요소로, 핸들을 축에 고정하거나 부품이 축에서 빠져 나오는 것을 방지하거나 나사의 풀어짐을 방지하기 위하여 사용된다.

🔳2 핀의 종류 및 용도

종류		형상	용도
평행 핀	A형		• 지름이 같은 둥근 막대로 주로 부품의 위치를 정확하게 고정시킬 때 사용한다. • 끝 쪽이 모따기로 된 A형과 둥글게 된 B형이 있다.
	B형		
테이퍼 핀	테이퍼 핀		• 핀 지름이 다른 테이퍼가 1/50로 되어 있으며 테이퍼를 이용하여 축에 고정시킨다. • 경하중의 기어, 핸들 등을 축에 고정시킬 때 사용한다. • 테이퍼 핀과 분할 테이퍼 핀이 있으며 호칭 지름은 작은 쪽의 지름으로 표시한다.
	분할 테이퍼 핀		
분할 핀			• 너트의 풀림 방지용이나 축에서 부품이 빠져 나오는 것을 방지하기 위하여 사용된다. • 재료는 강이나 황동으로 만든다. • 호칭법은 분할 핀이 들어가는 핀 구멍과 길이가 짧은 쪽에서 둥근 부분의 교점까지의 길이로 나타낸다.

3 핀의 호칭 방법

(1) 평행 핀의 호칭 방법

규격 번호 또는 규격 명칭, 종류, 형식, 호칭 지름×길이 및 재료로 나타낸다.

예 KS B 1320 m6 A 6×40 SM45C

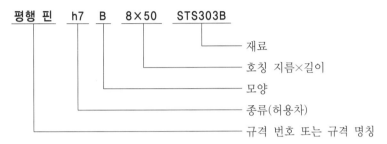

| 평행 핀 | h7 | B | 8×50 | STS303B |

- 재료
- 호칭 지름×길이
- 모양
- 종류(허용차)
- 규격 번호 또는 규격 명칭

(2) 테이퍼 핀의 호칭 방법

규격 번호 또는 규격 명칭, 등급, 호칭 지름×길이 및 재료로 나타낸다.

예 KS B 1322 1급 6×70 SM45C

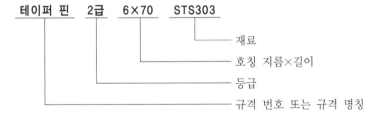

| 테이퍼 핀 | 2급 | 6×70 | STS303 |

- 재료
- 호칭 지름×길이
- 등급
- 규격 번호 또는 규격 명칭

(3) 분할 핀의 호칭 방법

분할 핀의 호칭 방법은 분할 핀이 들어가는 핀 구멍의 지름이 호칭 지름이며, 호칭 길이는 짧은 쪽에서 둥근 부분의 교점까지로 나타낸다.

예 KS B 1321 5×80 MSWR10

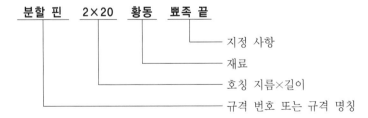

| 분할 핀 | 2×20 | 황동 | 뾰족 끝 |

- 지정 사항
- 재료
- 호칭 지름×길이
- 규격 번호 또는 규격 명칭

06 리벳

1 개요

리벳 이음(rivet joint)은 보일러, 탱크, 철골 구조물, 교량 등을 만들 때에 영구적으로 결합시키는 데 널리 사용된다.

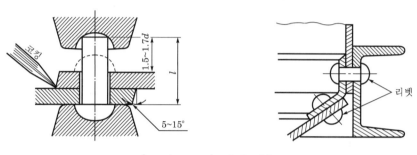

| 그림 3.80 | 리벳 이음

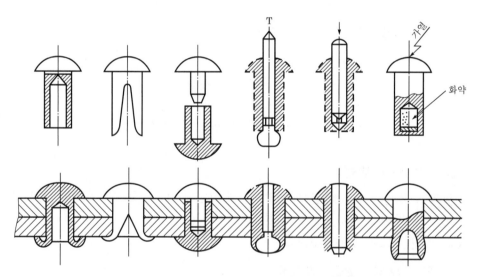

(a) 관 리벳 (b) 스플릿 리벳 (c) 압축 리벳 (d) 하크 리벳 (e) 박음 리벳 (f) 폭발 리벳

| 그림 3.81 | 리벳의 작업 방법에 따른 분류

■2 리벳의 종류

리벳의 종류는 머리부의 모양에 따라 둥근 머리, 소형 둥근 머리, 접시 머리, 얇은 납작 머리, 냄비 머리, 납작 머리, 둥근 접시 머리 리벳이 있으며 냉간에서 성형한 냉간 성형 리벳과 열간에서 성형한 열간 성형 리벳이 있다.

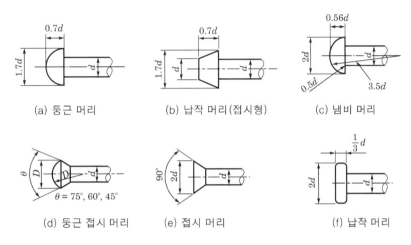

(a) 둥근 머리　　　　(b) 납작 머리(접시형)　　　(c) 냄비 머리

(d) 둥근 접시 머리　　(e) 접시 머리　　　　　(f) 납작 머리

│그림 3.82│ 리벳의 종류

■3 리벳의 호칭 방법

리벳의 호칭 방법은 규격 번호, 리벳의 종류, 호칭 지름(d)×호칭 길이(l) 및 재료를 표시하고 특별히 지정할 사항이 있으면 그 뒤에 붙인다.

규격 번호는 특별히 명시하지 않으면 생략해도 좋으며, 호칭 번호에 규격 번호를 사용하지 않을 때에는 종류의 명칭에 '열간' 또는 '냉간'이란 말을 앞에 붙인다.

예	KS B 1101	둥근 머리 리벳	6×18	SWRM10	끝붙이
		냉간 둥근 머리 리벳	3×8	동	
	KS B 1102	열간 접시 머리 리벳	20×50	SV34	
		둥근 머리 리벳	16×40	SV34	
	↓	↓	↓	↓	↓
	규격 번호	리벳 종류	호칭 지름×호칭 길이	재료	지정 사항

4 리벳 이음의 도시 방법

① 여러 개의 리벳 구멍이 등간격일 때 간략하게 약도로 다음 [그림 3.83] (a)와 같이 중심선만을 나타낸다.

② 리벳 구멍의 치수는 피치의 수×피치의 간격＝합계 치수로 나타낸다(피치 : 리벳 구멍과 인접한 리벳 구멍의 중심 거리).

③ 여러 개의 판이 겹쳐 있을 때는 각 판의 단면 표시는 해칭선을 서로 어긋나게 그린다.

④ 리벳은 단면으로 잘렸어도 길이 방향으로 단면하지 않는다.

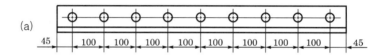

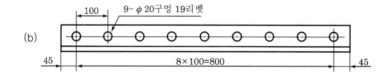

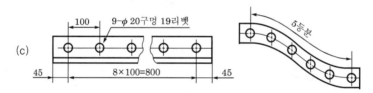

| 그림 3.83 | 리벳의 치수 기입과 도시법

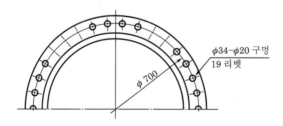

| 그림 3.84 | 리벳의 위치 표시법

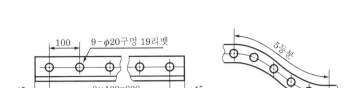

| 그림 3.85 | 같은 간격이 있는 구멍의 위치 표시법

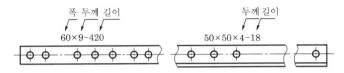

| 그림 3.86 | 평판의 치수 기입법

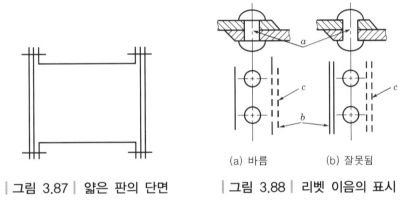

| 그림 3.87 | 얇은 판의 단면　　　| 그림 3.88 | 리벳 이음의 표시

---

07 스프링

1 개요

스프링(spring)은 탄력을 이용하여 진동과 충격 완화, 힘의 축적, 측정 등에 사용되는 기계요소로 많이 사용되고 있다. 재료는 스프링 강, 피아노선, 인청동 등이 사용된다.

2 스프링의 종류

스프링의 종류에는 다음 그림과 같은 여러 종류가 있다.

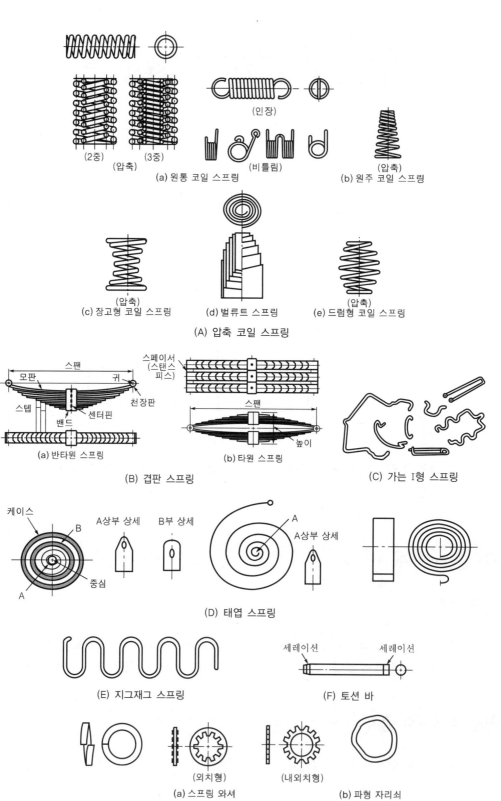

(2중) (3중)
(압축)
(a) 원통 코일 스프링

(인장)

(비틀림)

(b) 원주 코일 스프링
(압축)

(c) 장고형 코일 스프링

(d) 벌류트 스프링

(e) 드럼형 코일 스프링
(압축)

(A) 압축 코일 스프링

스팬
모판 귀
스페이서
(스탠스
피스)

스텝
천장판
밴드 센터핀

스팬
높이

(a) 반타원 스프링

(b) 타원 스프링

(B) 겹판 스프링

(C) 가는 I형 스프링

케이스
B
A상부 상세
B부 상세
A
A상부 상세

중심
A

(D) 태엽 스프링

(E) 지그재그 스프링

세레이션 세레이션

(F) 토션 바

(외치형) (내외치형)

(a) 스프링 와셔

(b) 파형 자리쇠

(G) 차외 자리쇠

(H) 정지 스프링　　　(I) 바퀴형 스프링

| 그림 3.89 | 스프링의 종류

3 스프링의 관련 용어

스프링의 요목표와 같고 스프링에서 피치는 코일과 인접해 있는 코일의 중심 거리를 말한다.

4 스프링의 제도

① 스프링은 도형을 그리고 도형에 나타내지 않은 치수, 하중, 감긴 방향, 총 감김 수, 재료 지름, 코일 안지름 등을 요목표를 별도로 작성하여 나타낸다. 요목표에 기입할 사항과 그림에 기입할 사항은 중복되어도 좋다.

② 코일 스프링, 벌류트 스프링, 스파이럴 스프링은 무하중 상태에서, 그리고 겹판 스프링은 일반적으로 스프링 판이 수평인 상태에서 그린다.

③ 요목표에 설명이 없는 코일 스프링 및 벌류트 스프링은 모두 오른쪽으로 감은 것을 나타낸다. 또한 왼쪽으로 감긴 경우에는 '감긴 방향 왼쪽'이라 표시한다.

④ 코일 스프링의 정면도는 나선 모양이 되나 이를 직선으로 나타낸다.

⑤ 코일 스프링에서 양끝을 제외한 동일한 모양의 일부를 생략하여 그릴 때 생략하는 부분의 선지름 중심선을 가는 일점 쇄선으로 나타낸다.

⑥ 스프링의 종류 및 모양만을 간략도로 나타내는 경우에는 스프링 재료의 중심선만을 굵은 실선으로 그린다.

5 스프링 요목표

(1) 인장 코일 스프링

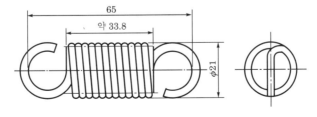

| 그림 3.90 | 인장 코일 스프링

| 표 3.11 | 인장 코일 스프링의 요목표

재료		HSW-3
재료의 지름[mm]		2.6
코일 평균 지름[mm]		18.4
코일 바깥 지름[mm]		21±0.3
총 감김 수		11.5
감김 방향		오른쪽
자유 길이[mm]		(64)
스프링 상수[N/mm]		6.28
초장력(N)		(26.8)
지정	하중[N]	—
	하중 시의 길이[mm]	—
	길이[*)][mm]	86
	길이 시의 하중[N]	165±10%
	응력[N/mm²]	532
최대 허용 인장 길이[mm]		92
고리의 모양		둥근 고리
표면 처리	성형 후의 표면 가공	—
	방청 처리	방청유 도포

*) 수치 보기는 길이를 기준으로 하였다.
[비고] 1) 기타 항목 : 세팅한다.
2) 용도 또는 사용 조건 : 상온, 반복 하중
3) 1[N/mm²]=1[MPa]

(2) 냉간 성형 압축 코일 스프링

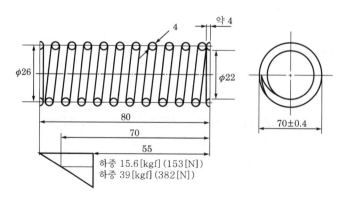

| 그림 3.91 | 냉간 성형 압축 코일 스프링

| 표 3.12 | 냉간 성형 압축 코일 스프링 요목표

재료			SWOSC-V
재료의 지름[mm]			24
코일 평균 지름[mm]			26
코일 바깥 지름[mm]			30±0.4
총 감김 수			11.5
자리 감김 수			각 1
유효 감김 수			9.5
감김 방향			오른쪽
자유 길이[mm]			(8.0)
스프링 상수[N/mm]			15.3
지정		하중[N]	—
		하중 시의 높이[mm]	—
		높이[*][mm]	70
		높이 시의 하중[N]	153±10%
		응력[N/mm²]	190
최대 압축		하중[N]	—
		하중 시의 높이[mm]	—
		높이[*][mm]	55
		높이 시의 하중[N]	382
		응력[N/mm²]	476
		밀착 높이[mm]	(44)
		코일 바깥쪽 면의 경사[mm]	4 이하
		코일 끝 부분의 모양	클로즈드엔드(연삭)
표면 처리		성형 후의 표면 가공	쇼트피닝
		방청 처리	방청유 도포

*) 수치 보기는 길이를 기준으로 하였다.

[비고] 1) 기타 항목 : 세팅한다.

2) 용도 또는 사용 조건 : 상온, 반복 하중

3) 1[N/mm²]=1[MPa]

(3) 겹판 스프링

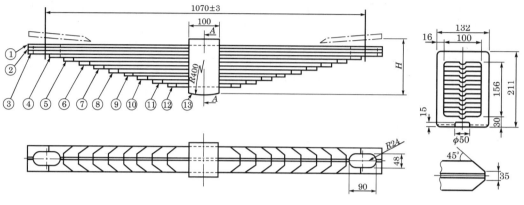

| 그림 3.92 | 겹판 스프링

| 표 3.13 | 겹판 스프링 요목표

스프링 판(KS D 3701의 B종)						
번호	전개 길이[mm]			판 두께 [mm]	판 너비 [mm]	재료
	A쪽	B쪽	계			
1				6	60	SPS6
2	676	748	1,424			
3	430	550	980			
4	310	390	700			
5	160	205	365			

번호	부품 번호	명칭	개수
5		센터 볼트	1
6		너트, 센터 볼트	1
7		클립	2
8		클립	1
9		라이너	4
10		디스턴스 피스	1
11		리벳	3

스프링 상수[N/mm]			21.7	
구분	하중[N]	뒤말림[C·mm]	스팬[mm]	응력[N/mm²]
무하중 시	0	112	–	0
지정 하중 시	2,300	6±5	1,152	451
시험 하중 시	5,100	–	–	1,000

[비고] 1) 경도 : 388~461[HBW]   2) 쇼트피닝 : No.1~4리프
       3) 완성 도장 : 흑색 도장   4) 1[N/mm²]=1[MPa]

(a) 압축 코일 스프링의 중간부를 생략한 제도법

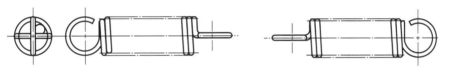

(b) 인장 코일 스프링의 중간부를 생략한 제도법

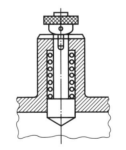

(c) 단면으로 표시된 코일 스프링

| 그림 3.93 | 스프링 제도

(a) 인장 코일 스프링(반 둥근 고리)

(b) 인장 코일 스프링(둥근 고리)

(c) 압축 코일 스프링(반 둥근 고리)

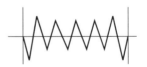

(d) 압축 코일 스프링(둥근 고리)

| 그림 3.94 | 인장 · 압축 코일 스프링의 둥근 고리, 반 둥근 고리

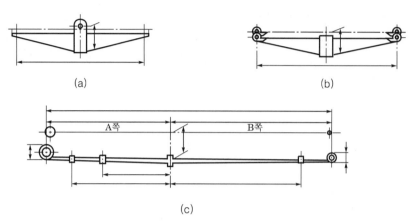

| 그림 3.95 | 겹판 스프링의 간략도

08 베어링

1 개요

베어링(bearing)은 회전하는 축을 지지하여 회전을 원활하게 하거나 왕복 운동을 원활하게 지지하는 기계 부품으로, 베어링에 끼워 받쳐지는 축의 부분을 저널이라 한다.

2 베어링의 종류

베어링은 축과 접촉하는 상태에 따라 미끄럼 베어링(sliding bearing)과 롤링 베어링(rolling bearing)으로 나누고, 하중의 작용 방향에 따라 축과 직각 방향으로 하중을 받는 레이디얼 베어링(radial bearing), 축 방향으로 하중을 받는 스러스트 베어링(thrust bearing)으로 나눈다.

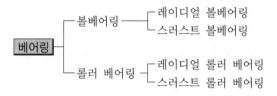

| 그림 3.96 | 베어링의 분류

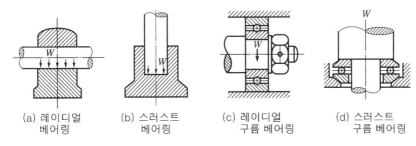

(a) 레이디얼 베어링　　(b) 스러스트 베어링　　(c) 레이디얼 구름 베어링　　(d) 스러스트 구름 베어링

| 그림 3.97 | 베어링의 종류

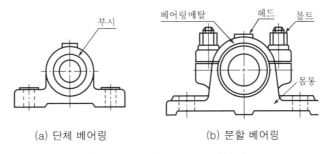

(a) 단체 베어링　　　　　　(b) 분할 베어링

| 그림 3.98 | 미끄럼 베어링

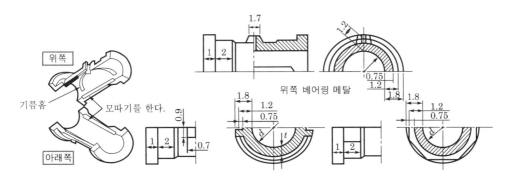

| 그림 3.99 | 베어링 메탈의 종류

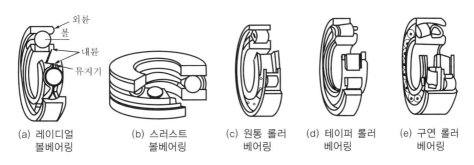

(a) 레이디얼 볼베어링　　(b) 스러스트 볼베어링　　(c) 원통 롤러 베어링　　(d) 테이퍼 롤러 베어링　　(e) 구연 롤러 베어링

| 그림 3.100 | 구름 베어링의 종류

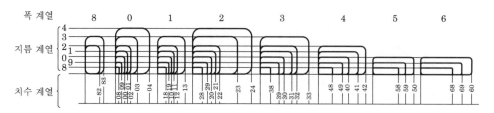

| 그림 3.101 | 레이디얼 베어링의 주요 치수

3 베어링의 호칭 번호와 기호

베어링은 기계요소의 표준 부품으로 시판되고 있는 표준 품을 사용하면 되므로 별도로 가공할 필요는 없다. 베어링을 도면에 나타낼 때는 베어링의 형상, 치수, 정밀도 등을 호칭 번호로 나타낸다.

호칭 번호는 기본 번호(베어링의 계열 번호, 안지름 번호, 접촉각 번호)와 보조 기호(보조 지지기 기호, 실드 기호, 형상 기호, 조합 기호, 틈 기호, 등급 기호)를 사용하여 나타낸다.

예 1.6026 P6

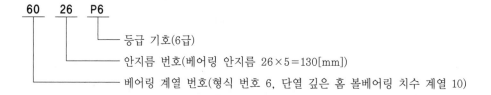

- 등급 기호(6급)
- 안지름 번호(베어링 안지름 26×5=130[mm])
- 베어링 계열 번호(형식 번호 6, 단열 깊은 홈 볼베어링 치수 계열 10)

2.6312 ZNR

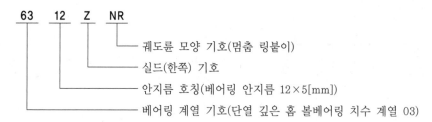

- 궤도륜 모양 기호(멈춤 링붙이)
- 실드(한쪽) 기호
- 안지름 호칭(베어링 안지름 12×5[mm])
- 베어링 계열 기호(단열 깊은 홈 볼베어링 치수 계열 03)

3.7206 CDBP5

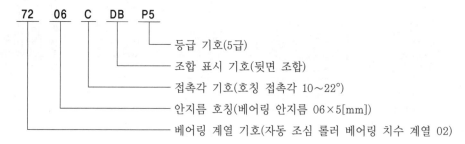

- 등급 기호(5급)
- 조합 표시 기호(뒷면 조합)
- 접촉각 기호(호칭 접촉각 10~22°)
- 안지름 호칭(베어링 안지름 06×5[mm])
- 베어링 계열 기호(자동 조심 롤러 베어링 치수 계열 02)

4 베어링의 제도

① 베어링은 지장이 없는 한 간략도로 나타낸다.

② 베어링은 간략도로 그리고 호칭 번호로 나타낸다.

③ 베어링은 계획도나 설명도 등에서 나타낼 때는 다음 그림과 같은 계통도로 나타낸다.

④ 베어링의 안지름 번호는 1~9까지는 그 숫자가 베어링의 안지름이고 00은 10[mm], 01은 12[mm], 02는 15[mm], 03은 17[mm]가 베어링 안지름이며 04에서부터는 5를 곱하여 나온 숫자가 베어링의 안지름이다.

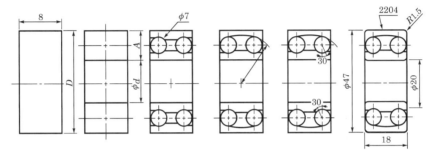

| 그림 3.102 | 자동 조심형 레이디얼 볼베어링 간략도를 그리는 방법

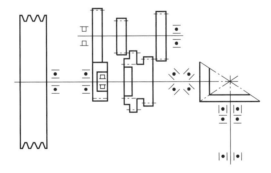

| 그림 3.103 | 베어링의 계통도

| 표 3.14 | 베어링의 약도와 간략도

베어링	단열 깊은 홈형	단열 앵귤러 컨덕터형	복렬 자동 조심형	원통 롤러 베어링					니들 베어링
				NJ	NU	NF	N	NN	NA
표시	1.25	1.3	1.4	1.5	1.6	1.7	1.8	1.9	1.10
2.1	2.2	2.3	2.4	2.5	2.6	2.7	2.8	2.9	2.10
3.1	3.2	3.3	3.4	3.5	3.6	3.7	3.8	3.9	3.10

니들 베어링	원추 롤러 베어링	자동 조심형 롤러 베어링	평면 좌 스러스트 베어링		스러스트 자동 조심형 롤러 베어링	깊은 홈형 볼베어링
RNA			단식	복식		
1.11	1.12	1.13	1.14	1.15	1.16	1.21
2.11	2.12	2.13	2.14	2.15	2.16	2.21
3.11	3.12	3.13	3.14	3.15	3.16	

P/A/R/T

04

재료역학

기초 이론

하중(荷重, load)은 기계의 각 부품에 작용하는 외력을 말한다.

01 작용 방향에 따른 분류

(1) 인장 하중과 압축 하중

인장 하중(tensile load)은 외부에서 힘이 작용할 때 잡아당기는 하중으로 탄성 범위에서 작용해야 하며, 압축 하중(compressible load)은 재료에 압축이 가해지는 하중으로 탄성 범위에서 발생하도록 해야 한다.

(2) 전단 하중

전단 하중(shearing load)은 방향이 서로 다른 하중이 서로 반대 방향에서 작용하는 하중으로 프레스 작업에서 많이 적용한다.

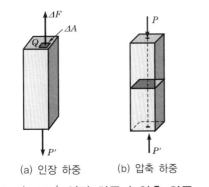

(a) 인장 하중   (b) 압축 하중

| 그림 4.1 | 인장 하중과 압축 하중

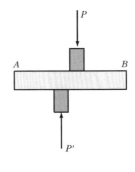

| 그림 4.2 | 전단 하중

(3) 굽힘 하중

굽힘 하중(bending load)은 하중이 가해지는 부분과 대항하는 힘이 존재할 때 발생하며 기계 장치에서 축과 베어링의 관계, 자동차의 차축에서 굽힘 하중의 적용을 고려해야 한다.

(4) 비틀림 하중

비틀림 하중(twisting load)은 축에서 토크가 존재할 때 주로 발생하며 탄성 범위에서 존재해야 한다. 구동축과 종동축의 부하 정도에 따라 비틀림 하중은 달라지므로 효율적인 축경을 선택하는 것이 바람직하다.

02 응력-변형률 선도

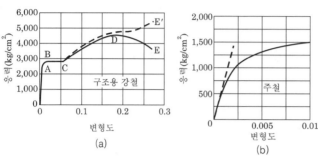

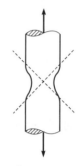

| 그림 4.3 | 응력-변형률 선도(연강)

| 그림 4.4 | 넥킹(necking) 현상

(1) 비례 한도(proportional limit, σ_P(점 O-A))

응력과 변형률이 비례 관계를 가지는 최대 응력을 말한다. 응력(stress)은 변형률(strain)에 비례한다.

(2) 항복점(yield point, σ_{yp}(점 B, C))

응력이 탄성 한도를 지나면 곡선으로 되면서 σ가 커지다가 점 B에 도달하면 응력을 증가시키지 않아도 변형(소성 변형)이 갑자기 커지는데 이 점을 항복점이라 한다.

B를 상항복점, C를 하항복점이라 하고 보통은 하항복점을 항복점이라 한다.

(3) 최후 강도 또는 인장 강도(σ_u(점 D))

① 항복점을 지나면 재료는 경화(hardening) 현상이 일어나면서 다시 곡선을 그리다가 점 D에 이르러 응력의 최댓값이 되며 이후는 그냥 늘어나다가 점 E에서 파단된다.

② 재료가 소성 변형을 받아도 큰 응력에 견딜 수 있는 성질을 가공경화(work-hard-ening)라 한다.

03 허용 응력과 안전율

1 허용 응력

(1) 허용 응력의 의미

기계 혹은 구조물의 각 부재에 실제로 생기는 응력은 그 기계나 구조물의 안전을 위해서는 탄성 한도 이하의 값이어야 한다.

이러한 제한 내에서 각 부재에 실제로 생겨도 무방한, 또는 의도적으로 고려해 주는 응력은 허용 응력(allowable stress) 또는 사용 응력(working stress)이라고 한다. 이런 응력은 부재에 생겨도, 안전할 수 있는 최대 응력인 것이다.

(2) 재료에 따른 허용 응력

① 연성 재료의 허용 응력

$$\sigma_w = \frac{\sigma_{yp}}{S}$$

② 취성 재료의 허용 응력

$$\sigma_w = \frac{\sigma_u}{S}$$

여기서, S : 안전계수, σ_{yp} : 항복 응력, σ_u : 극한 응력

2 안전율

(1) 안전율의 의미

허용 응력을 정하는 기본 사항은 재료의 인장 강도, 항복점, 피로 강도, 크리프 강도 등인데, 이런 재료의 강도들을 기준 강도(응력)라 하고, 이 기준 강도와 허용 응력과의 비를 안전율(n)이라 한다.

$$안전율 = \frac{기준\ 강도(응력)}{허용(사용)\ 응력} > 1$$

(2) 안전율 고려 시 제반 사항

① 하중의 크기
② 하중의 종류(정하중, 반복 하중, 교번 하중)
③ 온도(열팽창)
④ 부식 분위기(주위 환경)
⑤ 재료 강도의 불균일
⑥ 치수 효과(조립 시 압축과 팽창에 기인)
⑦ 노치 효과(응력 집중)
⑧ 열처리 및 표면 다듬질(경도 불균일, 거칠기에 따른 미소한 응력 집중)
⑨ 마모(편마모에 따른 강도 약화)

04 재료역학의 여러 법칙

(1) 후크의 법칙

재료의 인장 시험

$$\sigma \propto \varepsilon, \quad \sigma = E\varepsilon$$

여기서, E : 세로 탄성계수 또는 영률(Young's modulus)[GPa]

(2) 공칭 응력과 공칭 변형률

① 공칭 응력

$$\sigma_0 = \frac{P}{A_0}$$

여기서, P : 하중, A_0 : 원래의 단면적

② 공칭 변형률

$$\varepsilon = \int_{l_0}^{l} \frac{dl}{l_0} = \frac{l - l_0}{l_0} = \frac{\delta}{l_0}$$

여기서, l_0 : 변형 전의 원래 길이, l : 변형 후 길이, δ : 변형 길이

(3) 신장률과 단면 수축률

신장률과 단면 감소율은 연성 재료의 특성을 파악하는 중요한 값이다.

① 신장률(percentage elongation)

$$\delta = \frac{L - L_0}{L_0} \times 100[\%]$$

여기서, L_0 : 변형 전의 표점 거리

L : 파단 후의 표점 거리

② 단면 감소율(percentage reduction in area)

$$\psi = \frac{A_0 - A}{A_0} \times 100[\%]$$

(4) 재료의 비틀림 시험

$$\tau = G\gamma$$

여기서, τ : 전단 응력[MPa]

G : 전단 탄성계수 또는 가로 탄성계수[MPa]

γ : 전단 변형률[rad]

(5) 등방성 재료의 세로 탄성계수(E)와 전단 탄성계수(G)의 관계

$$G = \frac{E}{2(1+\nu)}$$

여기서, ν : 푸아송의 비(Poisson's ratio)(＝가로 변형률/세로 변형률)

(6) 연성 및 경도

① 연성(延性, ductility) : 재료가 변형되어 파괴될 때까지의 소성 변형의 정도(程度)를 나타낸다.

② 경도(硬度, hardness) : 국부적인 소성 변형에 대한 재료의 저항성을 표시한다.

③ 인성(toughness) : 재료가 파괴될 때까지의 에너지 흡수 능력을 말한다.

④ 파괴 인성(fracture toughness) : 균열이 존재하는 재료에 대한 파괴의 저항성을 말한다.

재료 강도의 영향

01 피로 강도

(1) 개요

피로로 파괴될 때에는 연성 재료라도 반복 응력의 진폭이 비례한도보다 작아도 파괴된다.

[그림 4.5]는 $S-N$ 곡선으로, 어떤 재료에 일정한 응력 진폭 σ_a로 반복 횟수(피로 수명) N번 반복시켰을 때 파괴되는 것을 나타낸다. 탄소강의 경우 약 10^7회에서 (a)와 같이 곡선의 수평 부분이 뚜렷이 나타난다. 이때의 응력을 피로 한도(fatigue limit)라 한다.

이와 같이 $S-N$ 곡선의 경사부의 응력 진폭을 시간 강도라 하고 시간 강도에는 그 반복수 N을 기록할 필요가 있다.

피로 한도와 시간 강도를 총칭해서 피로 강도(fatigue strength)라 한다.

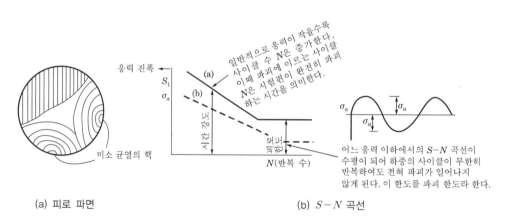

(a) 피로 파면   (b) $S-N$ 곡선

| 그림 4.5 | 피로 파면과 $S-N$ 곡선

(2) 재료의 피로 강도에 영향을 미치는 요인

① **치수 효과** : 재료의 치수가 클수록 피로 한도는 낮다.
② **표면 효과** : 재료 표면의 거칠기 값이 클수록 피로 한도가 커진다.
③ **노치 효과** : 표면 효과와 관계되며 표면의 거칠기 값의 산과 골의 편차가 크면 피로 한도가 커진다.
④ **압입 효과** : 조립부의 허용 공차를 최대한 이용한다.

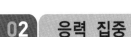

02 응력 집중

(1) 개요

① 인장 혹은 압축을 받는 부재가 그 단면이 갑자기 변하는 부분이 있으면 그곳에 상당히 큰 응력이 발생한다. 이 현상을 응력 집중(concentration of stress)이라 한다. 즉 기계 및 구조물에서는 구조상 부득이하게 홈, 구멍, 나사, 돌기 자국 등 단면의 치수와 형상이 급격히 변화하는 부분이 있게 마련이다. 이것들은 모두 노치(notch)라고 한다.

② 일반적으로 노치 근방에 생기는 응력은 노치를 고려하지 않은 공칭 응력보다 매우 큰 응력이 분포되고 [그림 4.6]처럼 이것과 공칭 응력 $\dfrac{P}{A}$와의 비를 응력 집중계수 σ_k라고 한다.

$$\sigma_k = \frac{\sigma_{\max}}{\sigma_{av}}\left(= \frac{\tau_{\max}}{\tau_{av}}\right)$$

③ 내부에 구멍이 있어도 응력 집중이 일어나며 노치의 모양, 크기에 따라 σ_k값이 달라진다. 이 응력 집중은 정하중일 때 연성 재료에서는 별 문제가 되지 않으나 취성 재료에서는 그 영향이 크다. 또한, 반복 하중을 받는 경우에는 노치에 의해 발생하며 의외로 많은 피로 파괴의 사고가 발생한다.

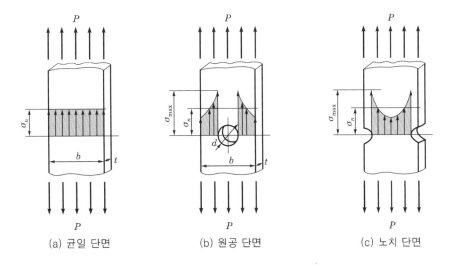

(a) 균일 단면   (b) 원공 단면   (c) 노치 단면

| 그림 4.6 | 판재의 응력 집중

(2) 응력 집중의 완화 대책

① 반원 홈을 부착하거나 라운딩을 주어 곡률 반지름을 증가시킨다.
② 몇 개의 단면 변화에 의해서 응력이 완만하게 흐르게 한다.

③ 단면 변화 부분에는 보강재를 부착한다.

④ 쇼트 피닝(shot peening), 압연 처리, 열처리를 하여 표면에 인성을 부여한다.

⑤ 강도를 증가시키고 표면 거칠기를 향상시킨다.

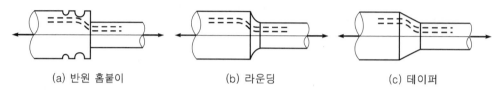

(a) 반원 홈붙이   (b) 라운딩   (c) 테이퍼

| 그림 4.7 | 응력 집중의 완화 대책

03 크리프 현상

(1) 개요

① 재료(예 : 원동기 장치, 화학 공장, 유도탄, 증기 원동기, 정유 공장)가 어느 온도 이내 서 일정 하중을 받고 장시간에 걸쳐서 방치해 두면 재료의 응력은 일정함에도 불구하 고 그 변형률은 시간의 경과에 따라 증가한다. 이러한 현상을 크리프 현상이라 하고, 이의 변형률을 크리프 변형률(creep strain)이라 한다.

② 크리프 현상은 온도의 영향에 민감한데 강은 약 350℃ 이상에서 현저히 나타나고 동 이나 플라스틱은 상온에서도 많은 크리프가 발생한다.

(2) 크리프 곡선

응력이 클수록 크리프 속도(변형률의 증가 속도)는 크게 나타나고 크리프 곡선은 파괴될 때까지 보통 [그림 4.8]과 같이 3단계로 나누어진다.

① OA : 하중을 가한 순간 늘어난 초기 변형률(탄성 신장)이다.

② AB(Ⅰ기) : 천이 크리프(transient creep)라 하고 가공 경화 때문에 변형률 속도가 감 소하면서 늘어나는 영역이다.

③ BC(Ⅱ기) : 정상(steady) 크리프라 하고 곡선의 경사가 거의 일정하다. 이것은 가공 경화와 그 온도에서의 풀림 효과가 비슷해서 변형률 속도가 일정한 것이다.

④ CD(Ⅲ기) : 가속 크리프의 영역이고 재료 내의 미소 균열의 성장 소성 변형에 의한 단 면적 감소에 따른 응력 증가 등의 원인으로 크리프 속도는 시간과 함께 가속된다.

(3) 크리프 강도

위의 [그림 4.9]는 온도 영역 내에서 몇 가지 합금강의 사용 응력, 즉 크리프 강도를 나타낸다. 이 값은 입자의 크기, 열처리, 변형 경화에 따라 변화하므로 주의하면서 사용해야 한다.

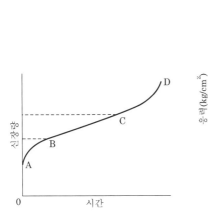

| 그림 4.8 | 크리프 곡선

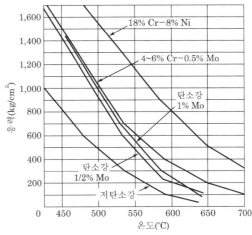

| 그림 4.9 | 각종 재료의 온도와 응력 관계

04   잔류 응력

(1) 개요

① 잔류 응력은 재료가 외력 또는 열에 의하여 소성 변형을 일으키는 경우 재료에 가해진 요인을 제거하더라도 불균일한 영구 변형에 의해 재료 내에 응력이 남아 있는 현상을 의미한다.

② 인장 응력이 발생하는 부분에 압축 잔류 응력이 발생하고 큰 하중에 견딜 수 있는 이점이 있다.

③ 잔류 응력은 반복 하중에 의해서 감소하는데 표면의 잔류 응력은 반복 하중에 의해 제거를 할 수가 있다.

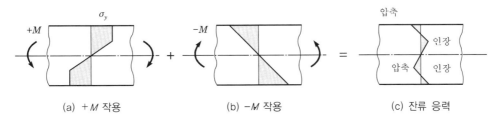

| 그림 4.10 | 굽힘 모멘트에 의한 잔류 응력

(2) 잔류 응력의 발생

① 소성 가공(단조, 압연, 인발, 압출, 프레스 가공)
② 소성 변형(절삭 가공, 연삭 가공)
③ 열처리 및 용접 등의 온도 차이에 의한 열응력
④ 침탄 및 질화 등의 표면 경화, 쇼트 피닝 강도 향상

05 금속 재료의 피로

(1) 개요

① 기계의 부분들 중에는 변동하는 피로를 받는 것들도 많으므로, 그런 피로 상태에서의 재료 강도를 알 필요가 있다. 잘 알려져 있는 사실로서, 피로 상태가 반복되는 경우 또는 응력의 부호가 바뀌는 경우에는 정적 하중하에서의 최후 강도보다 낮은 응력에서 그 재료의 파괴가 일어난다. 이런 경우의 파괴 응력은 그 응력의 반복 횟수 증가에 따라 감소한다.

② 반복 응력의 작용하에서 재료의 저항력이 감소하는 현상을 피로(fatigue)라고 하며, 그런 응력을 작용시키는 재료 시험을 피로 시험(endurance test)이라고 한다.

(2) 피로와 응력 관계

① 반복 응력 상태에서 최대 응력 σ_{max}와 최소 응력 σ_{min}의 대수적 차를 응력의 변역 (range of stress)이라고 한다.

이 기계와 최대 응력을 지정하면 한 주기 내에서의 응력 상태는 완전히 결정된다. 한편, 이 경우의 평균 응력은 다음과 같다.

$$R = \sigma_{max} - \sigma_{min}$$

$$\sigma_m = \frac{1}{2}(\sigma_{max} + \sigma_{min})$$

② 교번 응력(reversed stress)이라고 불리우는 특별한 응력 상태에서는 $\sigma_{min} = -\sigma_{max}$ 이므로, $R = 2\sigma_{max}$, $\sigma_m = 0$으로 된다. 주기적으로 변동하는 모든 응력 상태는 교번 응력과 일정한 평균 응력을 중첩하여 얻을 수 있다. 그러므로 변동하는 응력 상태에서의 최대 응력과 최소 응력은 다음과 같이 표시된다.

$$\sigma_{max} = \sigma_m + \frac{R}{2}, \quad \sigma_{min} = \sigma_m - \frac{R}{2}$$

③ 피로 시험에서 하중을 작용시키는 방법은 여러 가지가 있으며, 그 시험편에 직접 인장, 직접 압축, 굽힘, 비틀림, 또는 그들의 조합 작용을 줄 수 있다. 이 중에서 가장 간단한 것은 교번 굽힘 작용을 주는 것이다.

[그림 4.11]은 미국에서 흔히 사용되는 외팔보 모양의 피로 시험편이다.

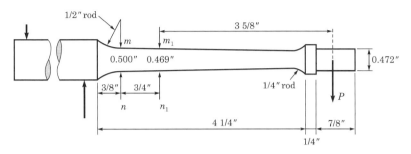

| 그림 4.11 | 피로 시험편

④ [그림 4.12] (a)에 보인 곡선은 여러 개의 연강 시험편을 하중 P의 여러 가지 값에서 시험하여 얻은 결과이다. 이 선도에서는 최대 응력 σ_{max}를 그 시험편의 파단에 소요된 반복 횟수 n의 함수로 표시하고 있다. 이 선도를 보면 처음에는 σ_{max}가 n의 증가에 따라 빨리 감소하지만 n이 400만을 넘으면 σ_{max}는 거의 변화하지 않고, 곡선은 점근적으로 수평선 $\sigma_{max} = 1,900[\text{kg/cm}^2]$에 접근한다. 이와 같은 접근선에 대응하는 응력치를 그 재료의 피로 한도(endurance limit)라고 한다.

근래에는 피로 시험의 결과를 표시하는 선도에서 σ_{max}를 $\log n$에 대한 곡선으로 그리는 것이 관례로 되어 있다. 그와 같이 하면 피로 한도는 그 곡선상에서 뚜렷한 부러진 점으로 나타난다. [그림 4.12] (b)는 그런 곡선의 한 예이다.

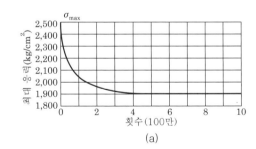

(a)

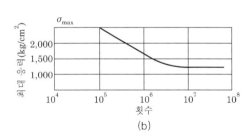

(b)

| 그림 4.12 | 반복 횟수와 최대 응력의 관계

M/ E/ M/ O

P/A/R/T

05

기계요소

기계요소와 기계 기구

01 기계와 기구의 서론

(1) 개요

우리들의 생활이나 산업 현장에서 볼 수 있는 기계는 간단한 구조의 것에서부터 복잡한 것에 이르기까지 사용 목적에 따라 그 모양과 기능이 다르다. 또, 기계의 종류는 대단히 많고 여러 부품의 조합으로 이루어지며, 이들은 몇 개의 제한된 운동을 하는 기구(mechanism)로 되어 있다. 이와 같이 기계에 공통적으로 쓰이는 최소 단위의 기계 부품을 기계요소(machine element)라 한다.

(2) 기계

① 기계의 의미

기계(machine)는 저항력이 있는 많은 부품을 조합한 것이다. 일반적으로 외부로부터 에너지를 받아들여 사람에게 유용한 일, 또는 형태가 다른 에너지로 변환시키기 위하여 특정한 운동을 할 수 있도록 조합한 것이라고 정의하고 있다.

② 기계의 선반

선반은 주철 등 저항력이 있는 물체로 구성되어 있으며, 회전 운동과 직선 운동 등의 제한된 운동을 하도록 되어 있다. 여기에 전동기로 에너지를 공급하여 봉이나 원통을 깎는 일을 한다. 이를 기계라 한다. 프레스, 드릴링 머신, 자동차 등도 기계이다.

③ 기계가 갖추어야 할 구비 조건

㉠ 몇 개의 부품으로 조립되어 있다 : 기계는 단순히 하나의 기구나 기계요소로만 되어 있는 것이 아니고, 여러 가지 부품으로 조립되어 있다.

㉡ 외부의 힘에 대한 저항력이 있는 물체의 조합체이다 : 기계를 구성하고 있는 많은 부분이 저항력이 있는 금속으로 이루어져 있다. 그러나 벨트 전동과 같은 것은 장력을 이용하여 힘을 전달하게 되는데, 고무와 같이 유연성이 있는 것도 부품으로 사용하게 된다. 또 기름, 공기와 같은 유체도 그 압력을 이용할 경우에는 기계의 구성 요소라고 할 수 있다.

㉢ 각 부품이 서로 한정된 상대 운동을 해야 한다 : 구성하고 있는 각 부분이 저항력이 있는 물체로 구성되어 있어도 상대 운동을 하지 않으면 기계라 할 수 없다. 예를

들면, 해머·줄·대패 등은 저항력이 있는 물체인 나무와 강철재로 구성되어 있어 손으로 에너지를 주어 일정한 일은 하지만, 일정한 상대 운동을 하지 않으므로 기계라 하지 않고 공구(tools)라 한다.

㉣ 에너지 공급을 받아 유용한 일을 한다 : 각 부분이 저항력이 있는 물체로 구성되어 있고, 그 사이에 상대 운동을 하는 부분이 있더라도 외부에서 에너지를 받아 이를 유용한 일로 전환할 수 없는 것은 기계라 할 수 없다. 예로 시계·저울·마이크로미터 등의 측정기는 저항력이 있는 물체로 구성되어 있으면서 구속된 상대 운동을 하며 물리적인 양을 나타내지만, 외부에 대하여 유용한 일을 하는 것은 아니다. 이와 같은 것을 기구(instrument)라 한다.

(3) 기구

기계가 운동을 할 때 한 부분에서 다른 부분으로 운동을 전달하기 위해서는 2개의 부분이 접촉하여 서로 움직일 수 있는 기구가 필요하다. 이와 같은 한 쌍의 조립을 짝(pair)이라 한다. 2개의 요소가 하나의 공통된 평면에서 접촉하여 상대 운동을 하는 것을 면짝이라 한다. 모든 기계는 짝의 조합으로 필요한 운동을 전달하고 있다. 필요에 따라 직선 운동을 회전 운동으로, 또는 회전 운동을 직선 운동으로 바꾸거나 운동의 속도를 바꾸기도 한다. 이처럼 운동을 전달하거나 변환을 목적으로 몇 개의 짝을 조합하여 한정된 운동을 하는 것을 기구라 한다.

02 짝의 이해

짝(pair)은 운동을 전달하기 위해 서로 접촉하여 상대 운동을 하는 한 쌍의 조합을 의미한다.

짝의 종류는 다음과 같이 나누어진다.

(1) 면접촉

① **회전짝**(turning pair)

회전 운동을 하는 짝으로, 저널과 미끄럼 베어링이 있다.

② **미끄럼짝**(sliding pair)

왕복 직선 운동을 하는 짝으로, 실린더와 피스톤이 있다.

③ **나사짝**(screw pair)

나선 운동을 하는 짝으로, 볼트와 너트가 있다.

④ **구면짝**(spherical pair)

　구면 운동을 할 수 있도록 구성된 짝으로, 토글 스위치의 회전부가 있다.

(2) 점접촉

　점짝(point pair)으로, 볼과 베어링 레이스와 헬리컬 기어의 물림점을 관련 예로 볼 수 있다.

(3) 선접촉

　선짝(line pair)으로, 스퍼 기어의 물림 상태가 예이다.

03　기구의 운동 전달과 변환

(1) 운동의 전달 방법

　① 직접 접촉에 의한 운동 전달 : 구름 접촉, 미끄럼 접촉
　② 간접 접촉(매개절)에 의한 운동 전달 : 구름·미끄럼 접촉, 유체 매체에 의한 방법

(2) 운동의 변환과 전달

　① 직선 운동 ↔ 회전 운동 : 래크와 피니언, 크랭크 기구
　② 회전 운동 → 직선 운동 : 캠 기구
　③ 운동의 전달과 속도 변화 : 벨트 전동, 체인 전동

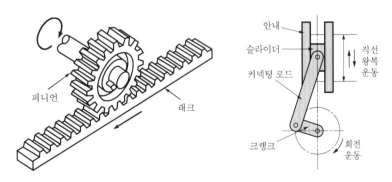

| 그림 5.1 | 직선 운동

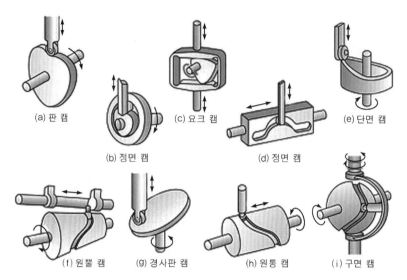

(a) 판 캠

(b) 정면 캠

(c) 요크 캠

(d) 정면 캠

(e) 단면 캠

(f) 원뿔 캠

(g) 경사판 캠

(h) 원통 캠

(i) 구면 캠

| 그림 5.2 | 캠의 종류

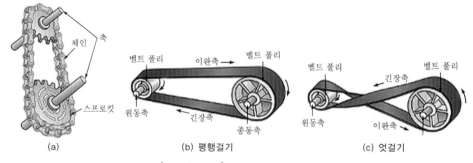

축

체인

스프로킷

(a)

벨트 풀리

이완축

벨트 풀리

원동축

긴장축

종동축

(b) 평행걸기

벨트 풀리

긴장축

벨트 풀리

원동축

이완축

(c) 엇걸기

| 그림 5.3 | 동력 전달 장치

(3) 링크 장치

몇 개의 가늘고 긴 막대를 핀으로 결합시켜 일정한 운동을 하도록 구성한 것을 링크 장치(linkage)라 한다.

① 4절 회절 기구

아래 그림과 같이 4개의 막대, 즉 링크를 핀으로 연결한 것을 4절 회절 기구라 한다. 이 기구는 링크 장치의 기본이며, 각각 길이가 다른 4개의 링크 중 어느 링크를 고정시키는가에 따라 다른 종류의 운동을 하는 기구가 된다.

② 왕복 슬라이더 크랭크 기구

레버 크랭크 기구의 일종이며, 레버 D를 변형하여 홈 속을 미끄러지면서 움직이는 슬라이더로 한 것이다. 아래 그림은 왕복 슬라이더 크랭크 기구(reciprocating block slider crank mechanism)의 예를 나타낸 것이다. 이 기구를 사용하면 크랭크 B를 회전시킴으로써 슬라이더 D를 왕복시킬 수 있으며, 또 반대로 슬라이더 D를 왕복시킴으로써 크랭크 B를 회전시킬 수 있다.

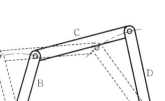

| 그림 5.4 | 4절 회절 기구

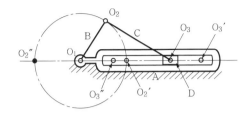

| 그림 5.5 | 왕복 슬라이더 크랭크 기구

04 기계요소의 분류

① 결합용 기계요소 : 나사, 볼트, 너트, 핀, 키, 리벳
② 축용 기계요소 : 축, 베어링, 클러치
③ 전동용 기계요소 : 마찰차, 기어, 체인, 링크, 로프, 스프로킷
④ 관용 기계요소 : 파이프, 파이프 이음, 밸브
⑤ 기타 기계요소 : 스프링, 브레이크

CAD 시스템

01 개요

CAD/CAM 시스템들의 개발 배경을 살펴보면 컴퓨터의 도입으로, 특히 국방 및 산업 분야의 새로운 모델 개발 필요성에 따른 정부 기관·학교·기업 부설 연구소 등의 프로젝트 수행 과정에서 오늘날 우리들이 접하게 되는 대다수의 상업용 CAD/CAM solution들이 탄생하였음을 알 수 있다.

1960~1970년대에는 연구소의 프로젝트 형태로 개발·사용되던 솔루션들이 1980년대에 접어들면서 Apollo computer라는 획기적인 아키텍처를 갖는 엔지니어링 워크스테이션(EWS)이 소개되면서 연이어 Sun, SGI, DEC, HP, IBM 등도 UNIX 기반의 OS를 탑재한 경쟁 상품을 발표하게 되고, 이러한 고성능 CPU, graphics, network 통합 환경을 갖추고도 상대적으로 저가인 stand-alone형 EWS의 출현에 따라 본격적으로 상업용 CAD/CAM 소프트웨어들이 개발되어 급속도로 보급되기 시작하였다.

또한, 1980년대 초 Apple의 8bit용 개인용 컴퓨터의 개발 보급에 자극을 받은 IBM이 16bit용 PC를 발표하면서 중소업체들에까지 2D 그래픽스용의 도면 작성용(drafting) 시스템을 위주로 하여 CAD/CAM 시스템의 보급이 확산되었다.

현재의 CAD/CAM과 관련한 테크놀러지들은 초기와는 달리 대단히 세분화되고 광범위하게 정의되고 있으나 관련 업체들은 CAD/CAM의 성장기를 거쳐오는 과정에서 대형 업체를 중심으로 인수·합병이 진행되어 난립하던 단계에서 초대형의 몇 개 업체로 통합되었으며, 자생력이 강한 전용 솔루션 업체들과 공존하고 있는 상황이다.

(1) 통합 솔루션(comprehensive integrated solution)

CAD/CAM/CAE/PDM의 제반 엔지니어링 솔루션들을 자체적으로 포괄하고 있는 업체로서 Dassault/IBM(Catia, Enovia, Delmia), EDS(UG, Ideas 등), PTC(Pro-E 등)가 있다.

(2) 특성화 솔루션(special solution)

도면 작성, 3D 모델러, 가공 전문성, 특수 분야 해석 등의 전문화된 솔루션을 보급하는 업체의 솔루션들로서 ESI, MSC, NCG, Type 3, Master CAM이 있다.

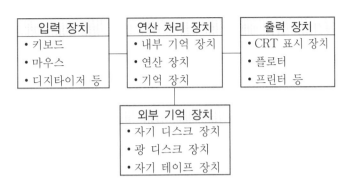

| 그림 5.6 | CAD 시스템의 구성

02 CAD/CAM 기술 관련 주요 용어

(1) CAD(Computer Aided Design)

제품의 설계 과정에서 컴퓨터 시스템을 활용하는 기술이다.

(2) CAM(Computer Aided Manufacturing)

제품의 생산 과정에서 컴퓨터 시스템을 활용하는 기술이다.

(3) CAE(Computer Aided Engineering)

제품 개발 단계에서 컴퓨터를 이용한 해석 수행 기술이다.

(4) PDM(Product Data Management)

제품 개발 과정 전반의 정보와 업무 프로세스를 시스템화하여 각종 정보들의 공유와 관련 부서간의 업무 흐름을 조절하여 효율적인 설계 환경을 제공한다.

(5) CIM(Computer Integrated Manufacturing)

CAD/CAM/CAE 기술을 통합화한 것이다.

(6) CE(Concurrent Engineering)

제품 생산에 있어서 기업 내 각 부문 전문가들이 가능한 한 가장 일찍 동시에 작업을 함으로써, 저비용으로 신속하게 고품질, 고기능, 생산성의 향상을 달성하도록 한다.

(7) ERP(Enterprise Resource Planning)

전사적 자원 관리 시스템 혹은 전사적 통합 정보 시스템이다.

03 적용 분야

(1) 일반 기계

계획도, 전체도, 설계도, 배치도, 조립도, 구조도, 장치도, 소재도, 금형 설계, 간섭 체크, 판금도 등

(2) 전기, 기계

외형도, 접속도, 조립도, 기기 배치도, 배선 지시도, 부품표, 전자계 해석 등

(3) 전기, 전자

배선도, 회로도, 논리 회로도, 배치도, 구성도, 회로 시뮬레이션, 블록도 등

(4) 수송 기기

계획도, 디자인도, 레이아웃도, 단면도, 동작도, 조립도, 어셈블리도, 금형도, 구조 해석, 운동 해석 등

(5) 플랜트

공정도, 배관도, 배선도, 레이아웃도, 배치도 등

(6) 건축

의장도, 구조도, 설계도, 기기도, 배관도, 배선도, 철근·철골도, 기초도, 견적, 적산 등

(7) 토목

고속 도로 설계, 터널 설계, 교량 설계, 항만 설계, 댐 설계, 방재 설계 등

04 이용 효과

(1) 생산성 향상

① 반복 작업과 수정 작업에서 탁월한 효과과 있다.
② 설계 기간을 단축시킨다.
③ 도면 분할 및 Overlay 작업이 가능하다.

(2) 품질 향상

① 도면의 수정 및 재활용 가능성이 있다.

② 작업상 오류 수정 작업을 할 수 있다.

③ 정확한 설계 도면을 작성할 수 있다.

(3) 표현력 증대

① 표현 방법이 다양화된다.

② 입체적 표현이 가능하다.

③ 짧은 시간에 많은 아이디어를 제공한다.

(4) 표준화

① 심벌 및 표준도 축적으로 라이브러리를 구축한다.

② 설계 기법의 표준화로 제품을 표준화한다.

(5) 정보화

① 데이터베이스를 구축한다.

② 설계 정보 및 기술 축적으로 후속 프로젝트에 유용하다.

(6) 경영의 효율화와 합리화

기업 경영의 효율화와 합리화를 추구하여 기업의 이미지를 쇄신하고 신뢰도를 증진시킨다.

05 실무 적용

산업 전반에 관한 현황은 분야마다 상당한 차이가 있으므로 여기서는 소규모 업체까지도 보편화되어 있고 CAD/CAM 활용에 관한 한 가장 앞서가는 대표적인 분야인 국내 중소 규모의 금형 제조 업체 현황을 살펴본다.

(1) 2D 설계용 S/W

① 도면 작성 전용 : Auto CAD 전문 S/W

② 설계 전용 : P/G, CAD tool 이용

(2) 2D & 3D CAD/CAM

① 설계 도면의 3D 모델화 작업

② 윤곽 및 3D 모델의 가공 데이터 작성

③ 특정 NC 기종에 맞는 format으로의 post processing

④ 가공 결과의 CAD 모델과의 비교 검사

(3) DNC

① 필요에 따른 편집(자동 이송 속도 기능)

② 실 가공에 앞서 가공 시뮬레이션 수행→에러 방지

③ 각각의 NC machine으로 가공 데이터 전송·가공

④ NC 기계 수에 따라 4~16port 동시 자동 제어

1 나사 곡선과 리드

[그림 5.7]과 같이 지름 d 인 원통에 밑변 $AB = \pi d$ 인 직각삼각형 ABC를 감으면 빗변 AC 는 원통면상에 곡선을 만드는데, 이 곡선을 나선 곡선이라 한다. 나선의 경사각을 나선각(helix angle) 또는 리드각(lead angle)이라고도 한다. 리드(lead)는 그림에서 BC 의 높이 l 을 말하며, 나선 곡선을 따라 축의 둘레를 한 바퀴 돌 때 축방향으로 이동한 거리를 말한다. 리드각을 α, 리드를 l, 나선 곡선의 지름을 d 라 하면

$$\tan \alpha = \frac{l}{\pi d} \ \text{또는} \ \alpha = \tan^{-1} \frac{l}{\pi d}$$

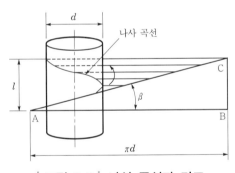

| 그림 5.7 | 나선 곡선과 리드

비틀림각은 나사 곡선과 나사의 축에 평행한 직선과 맺는 각을 말하며, 이를 γ 라고 한다면 리드각 α 와는 다음과 같은 관계가 성립한다.

$$\alpha + \gamma = 90°$$

2 나사의 명칭

나사산은 원통 또는 원뿔의 표면에 코일 모양으로 만들어진 단면의 일률적인 돌기를 말한다. 피치(pitch)는 나사산의 축선을 지나는 단면에서 인접하는 두 나사산의 직선 거리이다. 원통면의 바깥 면에 깎은 나사를 수나사(external screw thread), 즉 볼트(bolt)라 하며 구멍의 안면에 깎은 것을 암나사(internal screw thread), 즉 너트라 한다.

나사의 리드를 l, 피치를 p, 줄 수를 n이라 할 때 다음과 같은 관계가 성립한다.

$$l = np \quad \text{또는} \quad p = \frac{l}{n}$$

유효 지름(effective diameter)은 나사 홈의 너비가 나사산의 너비와 같은 가상적인 원통의 지름(피치 지름)을, 호칭 지름은 나사의 치수를 대표하는 지름으로, 주로 수나사의 바깥지름의 기준 치수가 사용된다. 바깥 지름(major diameter)을 d, 골지름(minor diameter)을 d_1, 유효 지름을 d_e라고 하면 다음과 같은 관계가 성립한다.

$$d_e = \frac{d + d_1}{2}$$

02 나사의 종류와 용도

1 나사의 종류

나선이 오른쪽으로 감긴 것을 오른 나사(right-hand thread), 왼쪽으로 감긴 것을 왼나사(left-hand thread)라 한다.

한 줄의 나사산을 가지는 나사를 한 줄 나사(single thread screw), 두 줄 이상의 나사산을 가지는 나사를 다줄 나사(multiple thread screw)라 하며 줄 수에 따라 두 줄 나사, 세 줄 나사 등으로 구분하며 종류는 다음과 같다.

① 외형에 따라 : 수나사, 암나사
② 감김 방향에 따라 : 오른 나사, 왼나사
③ 줄 수에 따라 : 한 줄 나사, 두 줄 나사, 다줄 나사
④ 산의 크기에 따라 : 보통 나사, 가는 나사
⑤ 호칭에 따라 : 미터 나사, 인치 나사
⑥ 산의 모양에 따라 : 삼각 나사, 사다리꼴 나사, 사각 나사, 톱니 나사
⑦ 용도에 따라 : 체결용 나사, 조정용 나사, 전동용 나사

2 나사의 용도

(1) 결합용 나사

주로 삼각 나사로서, 기계 부분의 죔용, 계측, 조정용 나사로 사용된다.

① 미터 나사(metric thread : M thread)
  ㉠ 나사산의 각도 60°, 지름과 피치를 [mm]로 표시하고, 산마루 부분은 편편하고 골부분은 둥글다.

ⓛ 보통 나사(coarse thread)와 가는 나사(find thread)가 있다.

ⓒ 표시법

> 나사의 종류 표시 기호　나사 바깥 지름[mm]×피치[mm]

　예 M3×0.5 : 미터 계열의 호칭 지름이 3[mm]이고, 피치가 0.5[mm]인 가는 나사

② 유니파이 나사(unified thread)

ⓗ 나사산의 각도는 60°, 지름은 인치로 표시하고, 피치는 1인치(25.4[mm])에 대한 나사산의 수로 나타낸다.

ⓛ 유니파이 보통 나사(UNC)와 유니파이 가는 나사(UNF)가 있다.

ⓒ 표시법

> 나사의 지름－나사산 수　나사의 종류를 나타내는 기호

　예 $2\frac{1}{2}-4$ UNC : 인치 계열의 호칭 지름이 $2\frac{1}{2}$ 인치이고, 피치가 $\frac{25.4}{4}$[mm]인 유니파이 보통 나사

③ 관용 나사(pipe thread)

ⓗ 나사산의 각도는 55°, 피치는 1인치(25.4[mm])에 대하여 나사산 수로 나타낸다.

ⓛ 주로 파이프 이음에 쓰이는 것으로 테이퍼는 $\frac{1}{16}$로 하는 것이 보통이다.

ⓒ 관용 테이퍼 나사(PT ; taper pipe thread)는 주로 기밀을 목적으로, 관용 평행 나사(PF ; parallel pipe thread)는 기계적 결합을 목적으로 한다.

④ 둥근 나사(round thread)

ⓗ 원형 나사(knuckle thread)라고도 하며 나사산의 각도는 30°로 나사산의 끝과 밑이 둥글다.

ⓛ 급격한 충격을 받는 부분, 전구 나사, 먼지와 모래 등이 많이 끼는 나사, 토목 공사용 윈치(winch) 등에 많이 사용된다.

(2) 운동용 나사

① 사각 나사(square thread)

주로 축방향의 하중을 받는 나사로서, 효율이 높으나 가공이 어려워 높은 정밀도를 필요로 하는 곳에는 적합하지 않다.

② 사다리꼴 나사(trapezoidal thread)

ⓗ 애크미(Acme) 나사라고도 하며 사각 나사보다 공작이 용이하고 고정밀도의 것을 얻을 수 있다.

ⓛ 나사산의 각도는 30°인 미터계 사다리꼴 나사(TM)와 29°인 인치계 사다리꼴 나사(TW)가 있다.

ⓒ 선반의 리드 스크루, 나사 잭, 바이스, 프레스 등의 나사, 밸브 개폐용의 나사와 같이 축력을 전달하는 운동용 나사로 사용된다.

ⓔ 표시법

> 나사의 종류 나타내는 기호   호칭 지름[mm]×피치[mm]

예 TM40×6 : 미터 계열의 호칭 치름이 40[mm], 피치가 6[mm]인 사다리꼴 나사

③ **톱니 나사**(buttress thread)

ⓐ 나사산의 각도는 30°와 45°의 것이 있으며 축방향의 힘이 한 방향으로만 작용하는 경우(바이스, 프레스) 등에 사용된다.

ⓑ 제작을 간단히 하기 위하여 나사산의 각이 30°일 때는 3°의 기울기를, 45°일 때는 5°의 기울기를 준다.

④ **볼나사**(ball thread)

ⓐ 수나사와 암나사 사이에 볼을 넣어 구름 마찰로 인하여 너트의 직진 운동을 볼트의 회전 운동으로 바꾸는 나사이다.

ⓑ 장점 : 효율이 좋고, 백래시(back lash)를 작게 할 수 있다. 먼지에 의한 마모가 적고 고정밀도가 오래 유지된다.

ⓒ 단점 : 자동 체결이 곤란하고 가격이 비싸며 피치를 그다지 작게 할 수 없다. 또 고속 회전하면 소음이 발생한다.

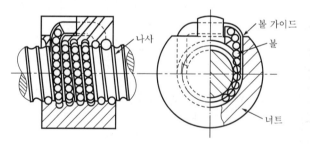

나사
볼 가이드
볼
너트

│ **그림 5.8** │ **볼나사의 구조**

(3) 계측용 나사

측정용으로 사용되는 나사로서, 직선 변위를 회전 변위로 변환 또는 확대시키는 데 사용된다.

03   볼트, 너트 및 와셔

1   볼트(bolt)

(1) 육각 볼트

KS B 1002의 규정의 따라 호칭 지름 육각 볼트, 유효 지름 육각 볼트 및 온나사 육각 볼트가 있다.

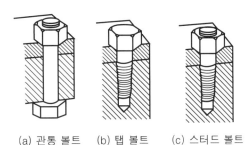

(a) 관통 볼트   (b) 탭 볼트   (c) 스터드 볼트

| 그림 5.9 | 육각 볼트의 종류

(2) 특수 볼트

① 스터드 볼트(stud bolt)

양끝에 나사를 만든 볼트로, 한 끝을 먼저 죄고자 하는 부분의 암나사에 끼우고 다른 끝에 너트를 끼워 죈다.

② 아이 볼트(eye bolt)

자주 분해하거나 기계 기구를 매달아 올릴 때 사용하는 쇠고리 모양의 볼트로서, 재료는 SM 20C를 사용한다.

③ 나비 볼트(wing bolt)

손으로 간단히 죄고 풀 때 사용한다.

④ T 볼트(T bolt)

아래 쪽에서 볼트를 끼울 수 없을 때 사용되며 T형 홈의 임의의 위치에 고정할 수 있다.

⑤ 리머 볼트(reamer bolt)

드릴링 후에 리머로 다듬질된 구멍에 볼트의 축부를 정밀하게 끼워 전단력이나 두 부품의 관계 위치를 유지할 때 사용한다.

⑥ 테이퍼 볼트(taper bolt)

다듬질 구멍에 꼭 맞게 끼우는 볼트로, 주로 전단력이 작용하는 곳에 많이 사용된다.

⑦ **스테이 볼트**(stay bolt)

두 장의 판의 간격을 정하여 놓고 그 판을 지지하는 역할을 하며, 양끝에 나사가 있는 볼트이다.

⑧ **관통 볼트**(through bolt)

체결하려는 2개의 부분에 구멍을 뚫고 여기에 볼트를 관통시킨 다음 너트로 죈다.

⑨ **기초 볼트**(foundation bolt)

기계류 및 구조물 등을 바닥 위에 고정할 때 사용하는 볼트로, KKB 1016에 규격화되어 있다.

⑩ **접시 머리 볼트**

볼트의 머리가 표면에 나오지 않게 끼우는 볼트이다.

⑪ **둥근 머리 4각목 볼트**

둥근 머리의 자리 밑을 사각형의 목으로 받치고 있는 볼트로서, 목재 구조물 등에 많이 쓰인다.

⑫ **연신 볼트**

볼트 축부의 단면적을 작게 해 충격을 받으면 늘어나기 쉽게 하여 인장력이 작용할 수 있게 한 볼트이다.

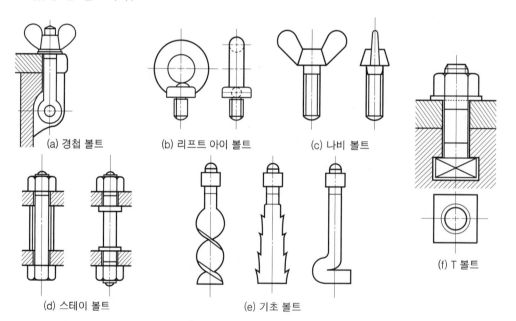

|그림 5.10| 특수 볼트의 종류

(3) 나사

① **작은 나사**(machine screw)

얇은 부품이나 얇은 커버 등의 결합에 사용된다.

② 멈춤 나사(set screw)
　　㉠ 두 개의 결합부에 미끄러짐이나 회전을 막기 위하여 사용되는 나사로서, 길이가 비교적 짧다.
　　㉡ 나사의 끝을 이용하여 회전 부품의 축과의 교정, 위치 조정이나 키의 대용으로 사용된다.

③ 태핑 나사(tapping screw)
침탄 담금질한 일종의 작은 나사로서, 암나사 쪽은 작은 구멍만 뚫고 스스로 나사를 내면서 죄는 것이다.

④ 나사 못(wood screw)
주로 목재에 사용되며 특수한 나사산으로 되어 있다. 나사의 끝이 드릴(drill)과 탭(tap)의 역할을 한다.

2 너트(nut)

(1) 육각 너트

육각 너트의 종류는 나사의 호칭 지름에 대한 맞변 거리의 크기에 따라 구별하고 육각 볼트에 따른다.

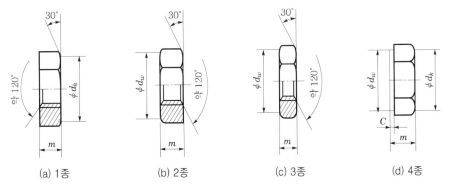

(a) 1종　　　　(b) 2종　　　　(c) 3종　　　　(d) 4종

| 그림 5.11 | 육각 너트의 종류

(2) 특수 너트

① 사각 너트(square nut)
겉모양이 사각인 너트로서, 주로 목재에 쓰이며 나사의 호칭이 M3~M23까지 정해져 있다.

② 둥근 너트(circular nut)
외형이 원형인 너트로서, 바깥 표면에 홈이 있는 것, 윗면 또는 바깥 표면에 구멍을 뚫는 것, 바깥 표면이 널링(knurling)된 것 등이 있다.

③ 플랜지 너트(flange nut)

육각 머리에서 대변 거리보다 지름이 큰 자리면을 가지는 너트를 말한다. 이것을 주로 패킹 등과 같이 사용하며, 공기의 누설을 방지하는 데 사용한다.

| 그림 5.12 | 플랜지 너트

④ 홈붙이 육각 너트(castle nut)

너트의 윗면에 6개의 홈이 파여져 있으며, 이곳에 분할판을 끼워 너트가 풀리지 않게 하여 사용한다.

⑤ 육각 캡 너트(cap nut)

나사의 접촉면 사이 틈이나 볼트와 너트의 구멍 틈으로 내부의 유체·기름 등이 새는 것을 방지할 때 사용한다.

⑥ 아이 너트(eye nut)

머리에 링(ring)이 달린 너트로서, 아이 볼트와 같은 목적으로 사용한다.

⑦ 나비 너트(wing nut)

손으로 돌려서 죌 수 있는 모양의 너트이다.

⑧ 슬리브 너트(sleeve nut)

머리 밑에 슬리브가 있는 너트로서, 수나사 중심선의 편심을 방지하는 목적으로 사용한다.

⑨ 스프링 판 너트

얇은 강판을 펀칭(punching)하여 만든 너트를 볼트 골 사이로 끼워 간편하게 고정시킬 때 사용한다.

⑩ T홈 너트

T형인 너트로 볼트와 같이 공작 기계의 테이블 T홈 속에 넣어 가공물의 장착 등에 쓰인다.

(3) 너트의 풀림 방지법

① 로크 너트(lock nut)에 의한 방법
② 자동 죔 너트에 의한 방법
③ 와셔에 의한 방법
④ 분할핀에 의한 방법
⑤ 멈춤 나사에 의한 방법

⑥ 철사에 의한 방법
⑦ 나일론 플러그에 의한 방법

3 와셔(washer)

(1) 와셔의 의미

볼트나 너트의 머리 밑에 끼워서 함께 죄는 것을 와셔라 한다.

(2) 와셔의 용도

① 너트의 자리면이 볼트의 체결 압력이나 미끄럼 마멸에 견딜 수 없을 때
② 개스킷을 죌 때
③ 고압에 견디지 못하는 부분
④ 볼트의 구멍이 커서 자리면이 충분하지 않을 때
⑤ 자리가 편편하지 않을 때

(3) 와셔의 종류

① 평 와셔 : 원형 와셔라고도 하며, 주로 기계용으로 사용된다.
② 특수 와셔 : 혀붙이 와셔, 갈퀴붙이 와셔, 구면 와셔, 스프링 와셔, 이붙이 와셔, 접시 스프링 와셔, 기울기붙이 와셔 등이 있다.

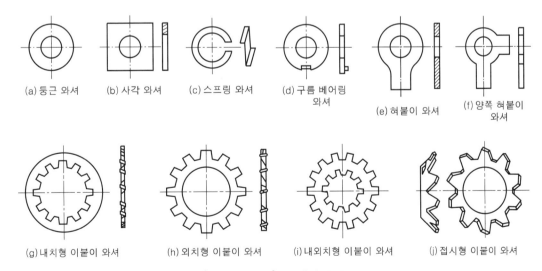

| (a) 둥근 와셔 | (b) 사각 와셔 | (c) 스프링 와셔 | (d) 구름 베어링 와셔 | (e) 혀붙이 와셔 | (f) 양쪽 혀붙이 와셔 |

| (g) 내치형 이붙이 와셔 | (h) 외치형 이붙이 와셔 | (i) 내외치형 이붙이 와셔 | (j) 접시형 이붙이 와셔 |

| 그림 5.13 | 와셔의 종류

4 그 밖의 나사 부품

① 턴 버클(turn buckle) : 양끝에 오른 나사, 왼나사가 깎여 있어서 막대와 로프 등을 죄는 데 사용하면 아주 편리하다.

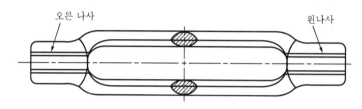

|그림 5.14| 턴 버클

② 와셔 조립 나사, 테이퍼 나사 플러그, 평행 나사 플러그 등이 있다.

04　볼트의 설계

1 축방향에만 정하중을 받는 경우

$$W = \frac{\pi}{4} d_1^2 \sigma_t \,[\text{kgf}]$$

$$d_1 = \sqrt{\frac{4W}{\pi \sigma_t}} = \sqrt{\frac{1.27W}{\sigma_t}} \,[\text{mm}]$$

일반적으로 지름 3[mm] 이상의 볼트에서는 보통 $d_1 > 0.8d$ 이므로 $d_1 = 0.8d$ 로 하면 안전하다.

$$W = \frac{\pi}{4} d_1^2 \sigma_t = \frac{\pi}{4} (0.8d)^2 \sigma_t = 0.5 d^2 \sigma_t = \frac{1}{2} d^2 \sigma_t \,[\text{kgf}]$$

$$d = \sqrt{\frac{2W}{\sigma_t}} \,[\text{mm}]$$

여기서, d : 볼트의 바깥 지름[mm]

　　　　d_1 : 볼트의 골지름[mm]

　　　　W : 축방향의 인장 하중[kgf]

　　　　σ_t : 볼트의 허용 인장 응력[kgf/mm^2]

2 축방향의 정하중과 비틀림 하중에 의한 합성 하중을 받는 경우

비틀림에 의한 응력은 인장 응력이나 압축 응력의 $\frac{1}{3}$을 넘는 일이 없으므로 수직 하중의 $\frac{4}{3}$배 작용한 것으로 본다.

$$\frac{4}{3}W = \frac{1}{2}d^2\sigma_t$$

$$d = \sqrt{\frac{8W}{3\sigma_t}}\ [\text{mm}]$$

3 전단 하중을 받는 경우

볼트는 일반적으로 축방향에 하중을 받으나 축의 직각 방향에 하중이 작용하는 경우도 있다. 볼트의 바깥 지름을 d, 전단 응력을 τ_a라고 하면

$$W_s = \frac{\pi}{4}d^2\tau_a$$

4 너트의 높이 설계

$$W = \frac{\pi}{4}(d^2 - d_1^2)zq\,[\text{kgf}]$$

$d_1 ≒ 0.8d$, $d_e = \frac{d + d_1}{2}$, $h = \frac{d - d_1}{2}$ 이라면

$$H = zp = \frac{Wp}{\frac{\pi}{4}(d^2 - d_1^2)q} = \frac{Wp}{\pi d_e hq} = 3.6\frac{Wp}{d^2 q}\ [\text{mm}]$$

여기서, H : 너트의 높이[mm]

p : 나사의 피치[mm]

q : 나사의 접촉 면압력[kgf/mm^2]

W : 축방향에 작용하는 하중[kgf]

d : 바깥 지름[mm]

d_1 : 골지름[mm]

z : 나사산 수

01 키

1 키의 종류

키(key)는 축에 기어, 폴리, 플라이휠, 커플링, 클러치 등을 고정시켜 상대적인 운동을 방지시키면서 회전력을 전달한다. 축과 키를 포함하는 단면에 직각으로 작용하므로 주로 전단력을 받게 된다.

키의 재료는 축의 재료보다 다소 강도가 높은 단단한 것으로 기계 구조용 탄소강 8종 SM45C와 탄소강 단강품 5종 SF55를 사용한다.

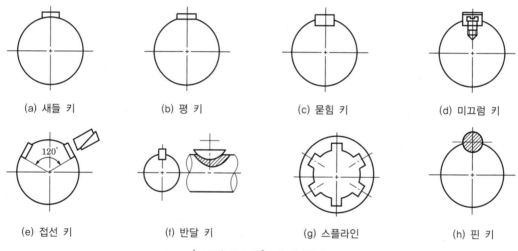

| (a) 새들 키 | (b) 평 키 | (c) 묻힘 키 | (d) 미끄럼 키 |
| (e) 접선 키 | (f) 반달 키 | (g) 스플라인 | (h) 핀 키 |

| 그림 5.15 | 키의 종류

(1) 새들 키(saddle key)

① 안장 키라고도 하며 훅 쪽에는 가공을 하지 않고 보스 쪽에만 키홈(구배 1/100)을 만들어 끼운다.
② 마찰에 의하여 회전력을 전달하기 때문에 큰 힘의 전달에는 부적합하다.

(2) 평 키(flat key)

① 납작 키라고도 하며 키의 폭만큼 축을 평행하게 깎아, 그곳에 키를 쳐서 박도록 한 것이다.
② 새들 키보다는 약간 큰 힘을 전달할 수 있다.

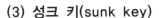

(3) 성크 키(sunk key)

① 묻힘 키라고도 하며 축과 보스에 홈을 파고 끼우는 키로, 일반적으로 많이 사용한다.

② 이 키는 상·하면이 평행인 평행 키, 윗면에만 $\dfrac{1}{100}$ 경사를 붙인 경사 키(taper key)가 있다.

(4) 둥근 키(round key)

① 핀 키(pin key)라고도 하며, 축과 보스를 끼워 맞춘 후 구멍을 뚫어 키를 박아 넣으면 공작이 쉽고 간단하다.

② 이 키는 토크 전달용이 아니고 축방향으로 보스를 움직여 고정하는 것이다.

(5) 반달 키(woodruff key)

① 반달 모양의 키로서 일반적으로 작은 축(60[mm] 이하)에 사용한다.

② 홈의 깊이 때문에 축의 강도를 감소시키고, 자동차, 공작 기계 등의 테이퍼 축에 적합하다.

③ 보스 쪽 키홈에 대한 경사(접촉)가 자동적으로 행하여지므로 가공과 조정이 용이하다.

(6) 접선 키(tangential key)

① 키가 전달하는 힘은 축의 접선 방향으로 작용하므로 큰 힘을 전달할 수 있다. 역전을 가능하게 하기 위하여 120°로 두 곳에 키를 키운다.

② 이 키와 비슷한 것으로 정사각형의 키를 90°로 배치한 케네디 키(kennedy key)가 있다.

(7) 원뿔 키(cone key)

① 축에 키홈을 파기 어렵고, 축의 임의의 위치에 보스를 고정시키려고 할 때 사용한다.

② 축과 보스와의 사이에 2~3곳을 축방향으로 분할한 속이 빈 원뿔을 박아 압박함으로써 마찰에 의하여 축과 보스를 고착시킨다.

(8) 미끄럼 키(sliding key)

페더 키(feather key)라고도 하는데 키를 보스 혹은 축에 고정하고 축에 키홈을 길게 만든 것으로, 보스를 축방향으로 이동할 수 있다.

(9) 스플라인(spline)

① 축에 미끄럼 키와 같은 것을 원주상에 4~20개 정도의 이를 깎아낸 형상이다.

② 축과 보스와의 중심축을 정확히 맞출 수 있고, 키홈에 의한 축의 강도 저하를 방지하며, 몇 개의 이에 의하여 키의 측면 압력을 분산시켜 작은 허용 압력으로 큰 토크를 전달한다.

③ 선반의 변속 장치, 자동차의 변속기, 클러치, 항공기 등에 사용된다.

(10) 세레이션(serration)

① 수많은 작은 삼각형의 작은 이를 세레이션이라 하며, 축과 보스의 상대 위치가 되도록 가늘게 조절해서 고정하려고 할 때 사용한다.

② 스플라인보다 이가 작아 면압 강도가 크며, 또 활동시키지 않는 것으로 큰 토크를 전달할 수 있다.

2 키의 강도

(1) 키의 전단 강도

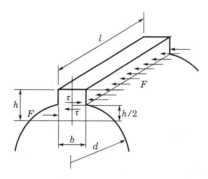

| 그림 5.16 | 전단을 받는 키

키에 작용하는 전단력 P는

$$P = b\,l\,\tau_k\,[\text{kgf}]$$

여기서, b : 키의 너비[mm], h : 키의 높이[mm], l : 키의 길이[mm], d : 축의 지름[mm]

T : 전달 토크[kgf·mm], τ_k : 키의 전단 응력[kgf/mm^2], τ_a : 축의 전단 응력[kgf/mm^2]

키의 전달 토크 T는

$$T = P\,\frac{d}{2} = b\,l\,\tau_k\,\frac{d}{2}$$

그런데 축이 전달하는 토크 T는

$$T = \tau_a Z_a = \tau_a\,\frac{\pi d^3}{16}$$

축과 키의 토크는 같아야 되므로

$$T = \frac{\pi d^3}{16}\,\tau_a = b\,l\,\tau_k\,\frac{d}{2}$$

따라서 전단으로 파손하지 않은 키의 길이 l은

$$l = \frac{\pi d^2\,\tau_a}{8\,b\,\tau_k}$$

또 키와 축의 재료가 같다면$(\tau_a = \tau_k)$

$$l = \frac{\pi d^2}{8b}$$

축과 키는 같은 재료를 일반적으로 사용하므로 $\tau_a = \tau_k$ 이고, $l \fallingdotseq 1.5d$ 정도이므로

$\frac{3}{4}bd^2 = \frac{\pi d^3}{16}$ 이 되어

$$b = \frac{\pi d}{12} \fallingdotseq 0.25d \fallingdotseq \frac{d}{4}$$

(2) 키의 압축 강도

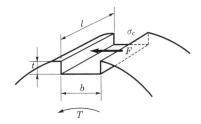

| 그림 5.17 | 압축을 받는 키

키홈이 압축 응력을 받을 때 접선력 P는

$$P = t l \sigma_c = \frac{h}{2} l \sigma_c [\text{kgf}]$$

여기서, σ_c : 키의 압축 응력$[\text{kgf/mm}^2]$, t : 키의 홈깊이$\left(= \frac{h}{2}\right)[\text{mm}]$

키의 전달 토크 T는

$$T = P \frac{d}{2} = \frac{h}{2} l \sigma_c \frac{d}{2}$$

그런데 축이 전달하는 토크와 같아야 하므로

$$T = \frac{\pi d^3}{16} \tau_a = \frac{h}{2} l \sigma_c \frac{d}{2}$$

$$\sigma_c = \frac{\pi d^2 \tau_a}{4hl}$$

또 키의 전단 강도와 압축 강도에 의한 전달 토크가 같다면

$$b l \tau_k \frac{d}{2} = \frac{h}{2} l \sigma_c \frac{d}{2}$$

$$b = \frac{h \sigma_c}{2 \tau_k} \quad \text{또는} \quad h = \frac{2b \tau_k}{\sigma_c}$$

연강일 때 $\frac{\tau_k}{\sigma_c} = \frac{1}{3}$ 정도라면

$$b = \frac{h \sigma_c}{2 \tau_k} = \frac{3}{2} h = 1.5h$$

02 핀

1 개요

핀(pin)은 기계 접촉면의 미끄럼 방지나 너트의 풀림 방지 및 위치 고정용 등에 사용하며 비교적 큰 힘이 걸리지 않는 곳에 사용된다.

2 핀의 종류

핀은 풀리, 기어 등에 작용하는 하중이 작을 때 설치 방법이 간단하기 때문에 키 대용으로 널리 사용된다. 일반적으로 평행 핀, 분할 핀, 테이퍼 핀, 스프링 핀 등이 있다.

(1) 평행 핀(parallel pin)

분해 조립을 하게 되는 2개 부품의 맞춤면 관계 위치를 항상 일정하게 유지하거나 막대의 연결용으로 사용된다.

(2) 테이퍼 핀(taper pin)

보통 $\dfrac{1}{50}$ 의 테이퍼를 가지는 것으로, 끝이 갈라진 것과 끝이 갈라지지 않은 것이 있다.

(3) 분할 핀(split pin)

한쪽 끝이 두 가닥으로 갈라진 핀으로, 나사 및 너트의 이완 방지나 축에 끼워진 부품이 빠지는 것을 막고, 핀을 쳐서 넣은 뒤 끝을 벌려서 늦춰지는 것을 방지하는 핀이다.

(4) 스프링 핀(spring pin)

스프링 핀은 그 바깥 지름보다 작은 구멍에 끼워 넣고, 스프링의 작용을 할 수 있도록 하여 기계 부품을 결합하는 데 사용한다.

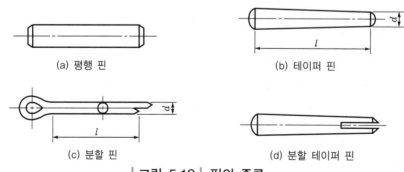

(a) 평행 핀   (b) 테이퍼 핀

(c) 분할 핀   (d) 분할 테이퍼 핀

| 그림 5.18 | 핀의 종류

03 코터

1 코터의 형상

코터(cotter)는 단면이 평판 모양의 쐐기이며, 주로 인장 또는 압축을 받는 두 축을 흔들림 없이 연결하는 이음에 사용하는 일시적인 결합 요소이다. 코터 이음에서 코터는 주로 굽힘 모멘트를 받게 되며 코터의 구배는 자주 분해하는 것은 1/5~1/10, 일반적인 것은 1/25, 영구 결합의 것은 1/50 정도를 사용한다.

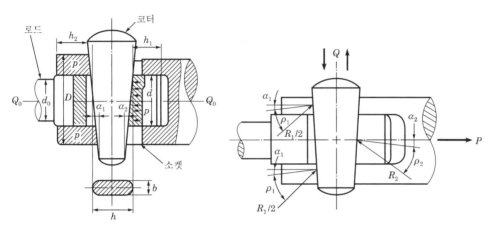

| 그림 5.19 | 코터 이음　　　　　　　| 그림 5.20 | 코터의 자립

2 코터의 자립 조건

코터를 박는 힘은

$$Q = P\{\tan(\alpha_1 + \rho_1) + \tan(\alpha_2 + \rho_2)\}$$

코터를 빼는 힘 Q'

$$Q' = P\{\tan(\alpha_1 - \rho_1) + \tan(\alpha_2 - \rho_2)\}$$

따라서 코터의 자립 조건은 $Q' \leq 0$이어야 한다.

양쪽 구배의 경우 $\alpha_1 = \alpha_2 = \alpha$, $\rho_1 = \rho_2 = \rho$라 하면

$$\alpha - \rho \leq 0 \ \ \text{또는} \ \ \alpha \leq \rho$$

한쪽 구배의 경우

$$\alpha - \rho \leq \rho \ \ \text{또는} \ \ \alpha \leq 2\rho$$

여기서, P : 축을 인장하는 힘[kgf], Q : 코터를 박는 힘[kgf]

α : 코터의 경사각, ρ : 마찰각, μ : 마찰 계수

3 코터 이음의 강도

(1) 접촉 면압

코터와 로드의 접촉 면압을 p, 코터와 소켓의 접촉 면압을 p'라면

$$p = \frac{P}{bd}$$

$$p' = \frac{P}{b(D-d)}$$

여기서 $p = p'$라 하면, $d = \dfrac{D}{2}$가 된다.

(2) 인장 응력

축의 지름을 d_0, 축의 인장 응력을 σ_t, 로드 유효 단면적 부분의 인장 응력을 σ_t'라면

$$\sigma_t = \frac{P}{\frac{\pi}{4}d_0^2}$$

$$\sigma_t' = \frac{P}{\frac{\pi}{4}(d^2 - bd)}$$

여기서 $\sigma_t = \sigma_t'$, $d = \dfrac{4}{3}d_0$라 하면 $b = \left(\dfrac{1}{3} \sim \dfrac{1}{4}\right)d$가 된다.

(3) 코터의 굽힘 응력

$$\frac{PD}{8} = \frac{bh^2}{6}\sigma_b$$

여기서 $b = \dfrac{d}{4}$, $D = 2d$, $d_0 = \dfrac{3}{4}d$, $P = \dfrac{\pi}{4}d_0^2\sigma_t$, $\sigma_t = \dfrac{2}{3}\sigma_b$라면 $h = \left(\dfrac{2}{3} \sim \dfrac{3}{2}\right)d$가 된다.

01 축의 분류 및 고려 사항

1 축(shaft)의 종류

(1) 단면 모양에 의한 분류

① 원형 축 : 속이 찬 축(solid shaft), 속이 빈 축(hollow shaft)
② 각축 : 사각형 축, 육각형 축

(2) 작용 하중에 의한 분류

① 차축(axle) : 주로 굽힘 모멘트를 받는 축
　㉠ 회전하는 축 – 철도 차량
　㉡ 회전하지 않는 축
② 스핀들(spindle) : 주로 비틀림 모멘트를 받는 축 – 공작 기계 주축
③ 전동축(transmission shaft) : 굽힘과 비틀림을 동시에 받는 축 – 프로펠러 축, 공장의 동력 전달축

(3) 형상에 의한 분류

① 직선축(straight shaft) : 보통 사용되는 원통형의 곧은 축
② 크랭크 축(crank shaft) : 왕복 운동과 회전 운동의 상호 변환에 쓰이는 축
③ 테이퍼 축(taper shaft) : 원뿔형으로 연삭기의 주축에 사용되는 축
④ 플렉시블 축(flexible shaft) : 자유롭게 휘어지고 구부러질 수 있는 축

2 축의 재료와 표준 지름

(1) 축의 재료

① 축에는 보통 경도가 낮고 강인한 0.1~0.4 C 정도의 저탄소강이 많이 사용되지만, 고속 회전축에서 큰 하중을 받는 축은 Ni – Cr강, Ni – Cr – Mo강의 합금강을 사용하며, 마멸에 견뎌야 하는 축에는 침탄법, 고주파 담금질법으로 표면 경화한 합금강이 사용된다.
② 크랭크 축과 같이 복잡한 형상을 가진 축은 단조강, 미하나이트 주철 등이 사용된다.

(2) 축의 표준 지름

① 축의 지름을 표준 수, 직선 원형 축의 끝, 구름 베어링의 안지름 등을 고려하여 사용하기에 편리하게 규정한 것을 표준 지름이라 한다.

② 축의 지름이 70[mm] 이하일 때는 열간 가공축을 사용하고 130[mm] 이상의 것은 단조축을 사용하며, 열간 가공축의 원통축은 제작상·취급상 일정한 치수로 만들어지고 있다(미국, 일본 등).

3 축 설계 시 고려할 사항

(1) 강도(strength)

하중의 종류에 대응하여 충분한 강도를 가져야 한다.

(2) 강성(stiffness)

작용 하중에 의한 변형이 어느 한도 이하가 되도록 필요한 강성을 가져야 한다.

(3) 진동(vibration)

진동이 축의 고유 진동과 공진할 때의 위험 속도를 고려해야 한다.

02 축의 설계

1 축의 강도 설계

(1) 굽힘 모멘트만을 받는 축

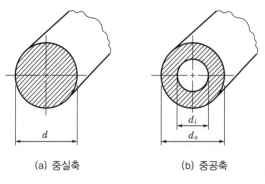

(a) 중실축   (b) 중공축

| 그림 5.21 | 중실축과 중공축

① 속이 찬 축의 경우(solid shaft)

$$M \leqq \sigma_b z \leqq \sigma_b \frac{\pi d^3}{32}$$

$$d = \sqrt[3]{\frac{32M}{\pi \sigma_b}} = \sqrt[3]{\frac{10.2M}{\sigma_b}} \fallingdotseq 2.17 \sqrt[3]{\frac{M}{\sigma_b}} \text{ [mm]}$$

여기서, M : 축에 작용하는 굽힘 모멘트[kgf·mm]

　　　　σ_b : 굽힘 응력[kgf/mm^2]

　　　　d : 축지름[mm]

　　　　z : 단면계수$\left(= \frac{\pi d^3}{32}\right)$

　　　　d_o : 속이 빈 축의 바깥 지름[mm]

　　　　d_i : 속이 빈 축의 안지름[mm]

② 속이 빈 축의 경우(hollow shaft)

$$M \leqq \sigma_b z \leqq \sigma_b \frac{\pi}{32}\left(\frac{d_o^4 - d_i^4}{d_o}\right)$$

여기서 $n = \frac{d_i}{d_o}$ (내외경비)라면

$$M = \sigma_b \frac{\pi d_o^3}{32}(1 - n^4)$$

$$d_o = \sqrt[3]{\frac{32M}{\pi(1-n^4)\sigma_b}} = \sqrt[3]{\frac{10.2M}{(1-n^4)\sigma_b}} \fallingdotseq 2.17 \sqrt[3]{\frac{M}{(1-n^4)\sigma_b}} \text{ [mm]}$$

이때 중실축과 중공축의 경우 강도가 같다고 한다면 $d^3 = d_o^3(1-n^4)$이므로

$$d_o = \frac{d}{\sqrt[3]{1-n^4}}, \quad d_i = \frac{nd}{\sqrt[3]{1-n^4}}$$

여기서 $\frac{d_o}{d} = \sqrt[3]{\frac{1}{1-n^4}}$ 이라고 쓴다면 $n = \frac{d_i}{d_o} < 1$이므로, n^4은 매우 작은 값이 되고, $1-n^4$은 1에 가까운 값이 된다.

따라서 $\frac{d_o}{d} \fallingdotseq 1$, 즉 $d_o = d$ 보다 약간 크게 될 뿐이므로 중공축은 중실축보다 훨씬 가볍게 되는 것을 알 수 있다.

| 표 5.1 | 원통축의 모멘트와 단면계수

축 단면	단면 2차 모멘트 (I)	극단면 2차 모멘트 $(I_p = 2I)$	단면 계수 (Z)	극단면계수 $(Z_p = 2Z)$
	$\dfrac{\pi}{64}d^4$	$\dfrac{\pi}{32}d^4$	$\dfrac{\pi}{32}d^3$	$\dfrac{\pi}{16}d^3$
	$\dfrac{\pi}{64}(d_o^4 - d_i^4)$	$\dfrac{\pi}{32}(d_o^4 - d_i^4)$	$\dfrac{\pi}{32}\left(\dfrac{d_o^4 - d_i^4}{d_o}\right)$	$\dfrac{\pi}{16}\left(\dfrac{d_o^4 - d_i^4}{d_o}\right)$

(2) 비틀림 모멘트만을 받는 축

① 속이 찬 축의 경우

$$T = \tau_a z_p = \tau_a \frac{\pi d^3}{16}$$

$$d = \sqrt[3]{\frac{16T}{\pi \tau_a}} = \sqrt[3]{\frac{5.1T}{\tau_a}} = 1.72 \sqrt[3]{\frac{T}{\tau_a}}$$

여기서, T : 비틀림 모멘트[kgf·mm]

τ_a : 비틀림 응력[kgf/mm^2]

② 속이 빈 축의 경우

$$T = \tau_a z_p = \tau_a \frac{\pi}{16}\left(\frac{d_o^4 - d_i^4}{d_o}\right) = \tau_a \frac{\pi}{16}d_o^3(1 - n^4)$$

$$d_o = \sqrt[3]{\frac{16T}{\pi(1 - n^4)\tau_a}} = \sqrt[3]{\frac{5.1T}{(1 - n^4)\tau_a}} = 1.72 \sqrt[3]{\frac{T}{(1 - n^4)\tau_a}}$$

또

$$H_{kW} = \frac{2\pi NT}{102 \times 60 \times 1,000}\,[\text{kW}]$$

$$H_{PS} = \frac{2\pi NT}{75 \times 60 \times 1,000}\,[\text{PS}]$$

여기서, H : 전달동력

따라서 축의 전달 토크 T는

$$T = 974,000 \frac{H_{kW}}{N} [\text{kgf} \cdot \text{mm}]$$

$$T = 716,200 \frac{H_{PS}}{N} [\text{kgf} \cdot \text{mm}]$$

$N[\text{rpm}]$으로 전달시키는 중실축의 지름 d는

$$T = \frac{\pi d^3}{16} \tau_a = 974,000 \frac{H_{kW}}{N}$$

또는 $T = \frac{\pi d^3}{16} \tau_a = 716,200 \frac{H_{PS}}{N}$ 에서

$$d = \sqrt[3]{\frac{16 \times 974,000 H_{kW}}{\pi \tau_a N}} [\text{mm}]$$

$$d = \sqrt[3]{\frac{16 \times 716,200 H_{PS}}{\pi \tau_a N}} [\text{mm}]$$

$N[\text{rpm}]$으로 전달시키는 중공축의 바깥 지름 d_0는 $T = \frac{\pi}{16} d_o^3 (1 - n^4) \tau_a = 974,000 \frac{H_{kW}}{N}$

에서

$$d_o = \sqrt[3]{\frac{16 \times 974,000 H_{kW}}{\pi (1 - n^4) \tau_a N}} [\text{mm}]$$

(3) 굽힘과 비틀림 모멘트를 동시에 받는 축

조합 응력이 발생하는 축에는 굽힘과 비틀림 모멘트가 동시에 작용하는 경우가 많다. 이 때 축에 양 모멘트가 동시에 작용한 것과 같은 효과를 주는 상당 굽힘 모멘트(equivalent bending moment) M_e와 상당 비틀림 모멘트(equivalent twisting moment) T_e를 생각하여, 주철과 같은 취성 재료일 때 최대 주응력설을, 연강과 같은 연성 재료일 때는 최대 전단 응력설의 식을 사용하여 축지름을 구하고 안전을 고려해서 그중에서 큰 값을 취하여 결정한다.

$$T_e = \sqrt{M^2 + T^2} = \frac{\pi d^3}{16} \tau_a \text{에서}$$

$$d = \sqrt[3]{\frac{16}{\pi \tau_a} \sqrt{M^2 + T^2}}$$

$$M_e = \frac{1}{2} (M + \sqrt{M^2 + T^2}) = \frac{\pi d^3}{32} \sigma_b \text{에서는}$$

$$d = \sqrt[3]{\frac{16}{\pi \sigma_b} (M + \sqrt{M^2 + T^2})}$$

(4) 동하중을 받는 축

축에 작용하는 모멘트가 일정하지 않고 변동하거나 충격적으로 작용하는 경우가 많다. 따라서 이러한 동적 효과를 고려하여 축설계 시 동적 효과계수를 모멘트에 곱하여 계산한다.

$$d = \sqrt[3]{\frac{16}{\pi \tau_a}\sqrt{(k_m M)^2 + (k_t T)^2}}$$

$$= \sqrt[3]{\frac{16}{\pi \sigma_a}\left\{k_m M + \sqrt{(k_m M)^2 + (k_t T)^2}\right\}}$$

| 표 5.2 | 동적 효과계수

하중의 종류	회전축		정지축	
	k_t	k_m	k_t	k_m
정하중 또는 극히 약한 동하중	1.0	1.5	1.0	1.0
심한 변동 하중 또는 약한 충격 하중	1.0~1.5	1.5~2.0	1.5~2.0	1.5~2.0
격렬한 충격 하중	1.5~3.0	2.0~3.0	-	-

2 축의 강성 설계

(1) 굽힘에 의한 강성

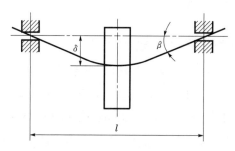

| 그림 5.22 | 축의 굽힘 강성

양단 지지보에서 중앙에 집중 하중이 작용할 때 보의 처짐 δ와 처짐각 β는

$$\delta = \frac{Pl^3}{48EI}$$

$$\beta = \frac{Pl^2}{16EI}$$

따라서 처짐과 처짐각 사이의 관계는

$$\frac{\delta}{\beta} = \frac{l}{3}$$

여기서, $\beta \leqq \dfrac{1}{1,000}$ 로 제한하므로

$$\delta_{\max} \leqq \frac{l}{3,000}$$

즉 축의 길이 1[m]에 대하여 처짐은 0.3[mm] 이하로 제한하고 있다.

(2) 비틀림에 의한 강성

토크를 전달하는 축에서는 탄성적으로 어느 각도만큼 비틀어진다. 이 값이 크게 되면 진동의 원인이 되므로 축의 파괴 강도와는 관계없이 비틀림 각도 어떤 제한을 주고 있다.

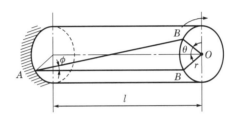

| 그림 5.23 | 축의 비틀림 강성

길이 l[mm]에 대한 두 축단면 사이의 비틀림 각 θ는

$$\theta = \frac{Tl}{GI_p} = \frac{Tl}{G\dfrac{\pi d^4}{32}}\,[\text{rad}]$$

$$\theta[°] = \frac{180}{\pi}\theta\,[\text{rad}]$$

$$\theta = \frac{180}{\pi}\frac{Tl}{GI_p} = \frac{180}{\pi}\frac{Tl}{G\dfrac{\pi d^4}{32}} = 583.6\frac{Tl}{Gd^4}\,[°]$$

일반적으로 전동축의 비틀림 각을 1[m]당 0.25°로 제한한다.

$$\theta[°] \leqq 0.25°/m \leqq \frac{1}{4}°/m$$

또, 긴축이나 급격하게 반복 하중을 받는 축에서 $\theta°$는

$$\theta[°] \leqq 0.125°/m \leqq \frac{1}{8}°/m$$

축재료가 연강인 경우 전단 탄성계수 $G = 8,300$[kgf/mm^2], 길이 $l = 1,000$[mm], $T = 716,200\dfrac{H_{\text{PS}}}{N}$[kgf·mm]이므로, 바하(bach)의 축공식은

$$\theta[°] = \frac{180}{\pi}\frac{Tl}{GI_p} \leqq 0.25°/m$$

이것에 값을 대입하여 정리하면

$$d \fallingdotseq 120\sqrt[4]{\frac{H_{PS}}{N}} \, [\text{mm}]$$

중공축의 경우 바깥 지름 d_o는

$$d_o = 120\sqrt[4]{\frac{(1-n^4)H_{PS}}{N}} \, [\text{mm}]$$

또한, $T = 974,000\dfrac{H_{kW}}{N}[\text{kgf·mm}]$를 대입하면 축지름 d는

$$d \fallingdotseq 130\sqrt[4]{\frac{H_{kW}}{N}} \, [\text{mm}]$$

강도상으로 구한 축지름에 비틀림 강성을 고려한 비틀림 $\theta[°]$는 $\theta = \dfrac{180}{\pi}\dfrac{Tl}{GI_p} = \dfrac{180}{\pi}\dfrac{Tl}{G\dfrac{\pi d^4}{32}}[°]$

에 $T = \dfrac{\pi}{16}d^3\tau_a$를 대입하여 정리하면

$$\theta = \frac{180}{\pi}\frac{2l\tau_a}{Gd}[°]$$

03 축에 영향을 끼치는 요인

축을 설계할 때는 주어진 회전 조건과 하중 조건에서 파손되지 않게 하기 위한 충분한 강도(strength)를 갖게 하고, 휨(deflection)과 비틀림(twisting)이 어느 한도 이내에 있도록 필요한 강성도(stiffness)를 가지고 있어야 한다. 또, 임계 속도(critical speed)로부터 25% 이상 떨어진 상태에서 사용할 수 있도록 하는 조건들이 요구된다.

① 강도(strength)
② 강성도(stiffness)
③ 진동(vibration)
④ 부식(corrosion)
⑤ 열응력(thermal stress)
⑥ 재료(material)

축이음

01 축이음의 분류

1 커플링(coupling)

(1) 고정 커플링(rigid coupling)

일직선상에 있는 두 축을 연결한 것으로 주로 키(key)를 사용하여 결합하고 양 축 사이의 상호 이동이 전혀 허용되지 않는 커플링으로서 원통 커플링, 플랜지 커플링이 있다.

원통형 커플링
- 일체형
  - 슬리브 커플링(sleeve coupling=muff coupling)
  - 반 겹치기 커플링(half lap coupling)
  - 셀러 커플링(seller coupling)
  - 마찰 원통 커플링(friction clip coupling)
- 분할형 —— 분할 원통 커플링(clamp coupling, split muff coupling)

플랜지 커플링
- 고정형(rigid flanged coupling)
- 유연형(fiexible flanged coupling)

│그림 5.24│ 고정 커플링의 분류

① 원통 커플링

두 축의 끝을 맞대어 맞추고 원통의 보스를 끼워 맞춤시켜 키 또는 마찰력으로 동력을 전달하는 커플링이다.

㉠ 머프 커플링(muff coupling) : 주철제의 원통 속에서 두 축을 맞대어 맞추고 키로 고정하는 가장 간단한 구조의 커플링으로 축지름과 전달 동력이 아주 작은 기계의 축이음에 사용되나 인장력이 작용하는 축이음에는 적절하지 못하다.

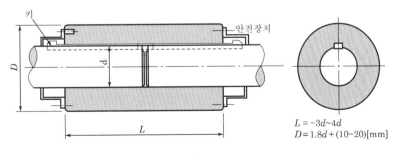

$L = -3d \sim 4d$
$D = 1.8d + (10 \sim 20)[\text{mm}]$

│그림 5.25│ 머프 커플링

ⓛ 반 중첩 커플링(half lap coupling) : 축 단을 약간 크게 하여 경사지게 중첩시켜 공통의 키로 고정한 커플링으로 축 방향으로 인장력이 작용하는 경우에 사용한다.

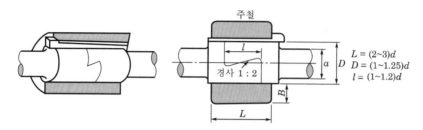

| 그림 5.26 | 반 중첩 커플링

ⓒ 셀러 커플링(seller coupling) : 안쪽은 원통형, 바깥쪽은 테이퍼진 원추형인 안통과 내경이 양쪽 방향으로 테이퍼진 바깥통으로 구성되어 있다.

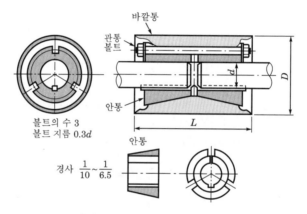

| 그림 5.27 | 셀러 커플링

ⓓ 마찰 원통 커플링(friction clip coupling) : 바깥 둘레가 원추형으로 된 주철제 분할통을 두 축의 연결 부분에 씌우고 연강제의 링을 양끝에서 두드려 박아 죄는 커플링이다. 큰 토크의 전달에는 적합하지 않으나 설치 및 분해가 용이하고 임의의 위치에 설치할 수 있다.

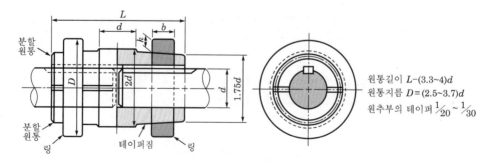

| 그림 5.28 | 마찰 원통 커플링

㉤ 분할 원통 커플링 또는 클램프 커플링(clamp coupling) : 주철 또는 주강제의 2개의 반원통(clamp)을 볼트로 죄고 두 축을 공동의 키로 연결한 커플링으로 축지름 200[mm] 정도까지 사용한다.

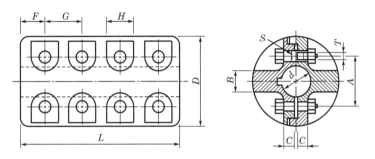

| 그림 5.29 | 분할 원통 커플링 또는 클램프 커플링

(단위 : [mm])

축지름	분체									타입 볼트			중량
(d)	D	L	A	B	C	E	F	G	H	S	T	치수	[kg]
40	115	160	70	32	20	1	27	53	38	15	1/2	6	8
45	127	180	76	36	22	1	30	60	40	15	1/2	6	11
50	138	200	82	39	24	1	33	67	43	18	5/8	6	14
55	150	220	88	42	26	1	37	73	46	18	5/8	6	18
60	162	240	96	46	28	1	40	80	50	22	3/4	6	24
65	172	260	102	50	30	1.5	43	87	52	22	3/4	6	30
70	185	280	108	53	32	1.5	47	93	55	25	7/8	6	35

② 플랜지 커플링(flange coupling)

두 축에 플랜지를 끼워 키로 고정하고 볼트로 결합시킨 것으로, 일반 기계의 축이음으로 널리 사용하며 지름이 200[mm] 이상인 큰 축과 고속 정밀 회전축에 적당하다.

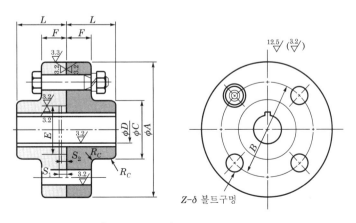

| 그림 5.30 | 플랜지 커플링

(단위 : [mm])

커플링 바깥 지름 (A)	D		L	C	B	F	볼트 수 (Z)	볼트 지름 δ	참고						
	최대 축구멍 지름	(참고) 최소 축구멍 지름							끼움부			R_C (약)	R_A (약)	c (약)	볼트 뽑기 여유
									E	S_2	S_1				
112	28	16	40	50	75	16	4	10	40	2	3	2	1	1	70
125	32	18	45	56	85	18	4	14	45	2	3	2	1	1	81
140	38	20	50	71	100	18	6	14	56	2	3	2	1	1	81
160	45	25	56	80	115	18	8	14	71	2	3	3	1	1	81
180	50	28	63	90	132	18	8	14	80	2	3	3	1	1	81

(2) 유연성 커플링(flexible coupling)

두 축의 중심선을 일치시키기 어렵거나, 고속 회전이나 급격한 전달력의 변화로 진동이나 충격이 발생하는 경우 고무, 가죽, 스프링 등을 이용하여 충격과 진동을 완화시켜 주며 동력을 전달하는 커플링이다.

① 올덤 커플링(oldham's coupling)

두 축이 평행하며 두 축 사이가 비교적 가까운 경우에 사용하며 원심력에 의하여 진동이 발생하므로 고속 회전의 이음으로는 적절치 못하다.

② 유니버설 조인트(universal joint)

두 축의 축선이 어느 각도로 교차되고 그 사이의 각도가 운전 중 다소 변하더라도 자유로이 운동을 전달할 수 있는 커플링으로 두 축의 각도는 원할한 전동을 위하여 30° 이하로 제한하는 것이 좋다.

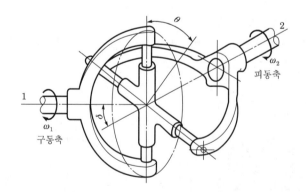

| 그림 5.31 | 유니버설 조인트

③ 고무 커플링(rubber coupling)

방진 고무의 탄성을 이용한 커플링으로 두 축의 중심선이 많이 어긋나는 경우나 충격이나 진동이 심한 경우 사용하나 큰 토크를 전달하기에는 적당하지 못하다.

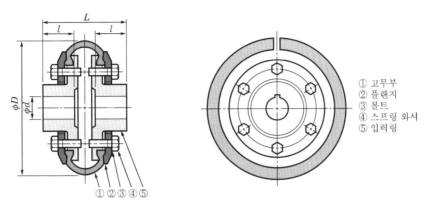

| 그림 5.32 | 비틀림 전단형 고무 축이음(타이어형)

① 고무부
② 플랜지
③ 볼트
④ 스프링 와서
⑤ 입력링

④ 기어 커플링(gear coupling)

한 쌍의 내접 기어로 이루어진 커플링으로 두 축의 중심이 다소 어긋나도 별지장 없이 토크를 전달할 수 있어 고속 회전의 축이음에 사용된다.

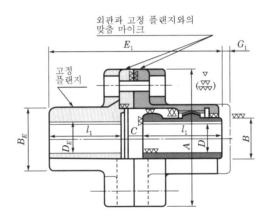

| 그림 5.33 | 기어 커플링(보통 인장축형)

2 클러치(clutch)

(1) 맞물림 클러치(claw clutch)

가장 간단한 구조로서, 플랜지에 서로 물릴 수 있는 돌기 모양의 이가 있어 이 이가 서로 물려 동력을 단속하게 된다.

(2) 마찰 클러치(friction clutch)

마찰력에 의하여 회전력을 전달하는 클러치로서, 마찰면의 모양에 따라 원판 클러치, 원통 클러치, 분할 링 클러치, 띠 클러치(밴드 클러치)가 있다.

(3) 유체 클러치(fluid clutch)

유체 클러치 및 토크 컨버터는 모두 원동축에 고정된 펌프의 날개 바퀴와 종동축에 고정된 터빈 날개 바퀴의 그 사이에 충만된 유체로 구성되어 있다.

02 벨트

(1) 개요

벨트(belt)는 긴 중심 간 거리에 사용되며 타이밍 벨트를 제외하고는 미끄럼과 크리프 때문에 두 축간의 각속도비는 일정하지도 않고, 풀리 직경의 비에 정확하게 비례하지도 않지만 진동은 적고 정숙한 운전이 가능하다.

평 벨트의 경우, 느슨한 풀리에서 팽팽한 풀리로 옮김에 의해 클러치 작용이 얻어진다. V 벨트의 경우, 작은 풀리에 스프링 하중을 가함으로써 각속도의 변화를 얻을 수 있다. 효율이 높고 간단하여 비용이 저렴하나 고부하 고속도에는 적합하지 않다.

┃ 표 5.3 ┃ 벨트의 종류와 특징

종류	형상	연결부	크기 범위	축간 거리
flat belt	t	O	$t=0.75\sim5$[mm]	제한 없음.
round belt	d	O	$d=3\sim19$[mm]	제한 없음.
V-belt	b	×	$b=8\sim19$[mm]	제한됨.
timing belt	D	×	$p\geqq2$[mm]	제한됨.

(2) 벨트 전동의 특징

① 크리핑(creeping)

벨트가 풀리를 따라 회전하는 동안 벨트에 작용하는 인장력이 달라져 변형량도 변화하게 된다. 이완 측에 가까운 부분에서 인장력의 감소로 변형량이 줄어들므로 벨트가 풀리 위를 기어가는 현상이 발생한다. 이 현상은 긴장 측과 이완 측 사이의 장력차가 클수록 비례하여 증대한다. 이것은 벨트 미끄러짐(belt slip)과 구분된다.

② 벨트 미끄러짐

긴장 측과 이완 측 사이의 장력비가 너무 클 때(약 20배 정도), 즉 초기 장력이 너무

작을 때 벨트가 풀리 위를 미끄러지는 현상으로 이 경우가 발생하면 전달 동력을 충분히 전달할 수 있는 마찰력(수직력과 관계 있음)을 발생하지 못한다. 이때 벨트가 미끄러지면 긁히는 소리가 나며 벨트에 열이 발생하게 된다.

③ 플래핑(flapping)

축 중심 간 거리가 긴 경우 고속으로 벨트 전동을 하면 벨트가 파닥파닥 소리를 내며 파도치는 현상이 발생하는 것을 의미한다.

(3) 평벨트 구동 형상

① 바로 걸기

슬립 현상으로 2~3% 느리고 속도 변화가 발생하며 벨트 속도와 풀리 속도 차이를 크리핑이라 한다. 벨트가 긴 경우 플래핑 현상(파도)도 발생한다.

$$\frac{N_d}{N_D} = \frac{\omega_d}{\omega_D} = \frac{d}{D}$$

$$\theta_s = \pi - 2\sin^{-1}\frac{D-d}{2C}$$

$$\theta_s = \pi + 2\sin^{-1}\frac{D-d}{2C}$$

$$L = \sqrt{4C^2 - (D-d)^2} + \frac{1}{2}(D\theta_L + d\theta_s)$$

여기서, L : 벨트의 길이

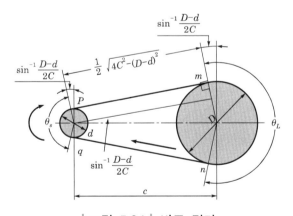

| 그림 5.34 | 바로 걸기

② 축 중심 간 거리

축 중심 간의 거리 C는 ISO R 155에서 다음과 같이 범위를 정하고 있다.

$$C \geq 0.7(D_1 + D_2), \quad C \leq 2(D_1 + D_2)$$

여기서, D_1, D_2 : 각 풀리의 지름

만약 중심 간 거리 C가 위의 범위를 초과하면 벨트의 진동(특히 이완 측에서)이 일어나며, 벨트의 응력이 커진다.

C가 위의 범위 이하이면 벨트에 과도한 열이 발생하거나 벨트가 조기 파손된다.

③ 엇걸기

$$\theta = \pi + 2\sin^{-1}\frac{D+d}{2C}$$

$$L = \sqrt{4C^2 - (D+d)^2} + \frac{\theta}{2}(D+d)$$

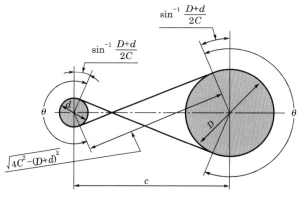

| 그림 5.35 | 엇걸기

④ 평 벨트와 원형 벨트

재질은 철심이나 나일론 선으로 보강된 우레탄이나 고무 섬유를 사용하며 긴 축간 거리에서 큰 동력 전달이 가능하여 조용한 운전, 고속에서 효율적이며 98% 이상의 효율을 얻을 수가 있다.

| 표 5.4 | 평 벨트의 재질 특성

재질	결합 방법	허용 인장 [kN/m]	극한 하중 [kN/m]	극한 강도 [MPa]	무게 [kg/m³]
참나무로 그을린 가죽	강체		125	20~30	1,000~1,250
참나무로 그을린 가죽	리벳		53~106	7~14	1,000~1,250
참나무로 그을린 가죽	편직		53~106	7~14	1,000~1,250
고무면	경화	2.6~4.4	50		1,100
고무면	경화	2.6~4.4	53		1,300
고무면	경화	2.6~4.4	56		1,400
순면	직조			35	1,250
순면	직조			48	1,200
나일론	심에만 사용			240	
발라타	경화	3.9~4.4			1,100

⑤ V 벨트

재질은 면, 레이온 재질의 천이나 나일론 선에 고무를 침투시켜 사용하며 평 벨트에 비하여 짧은 축간 거리에 적용하여 70~96%의 효율을 얻으며 특정한 축간 거리에 대해서 제작되므로, 이음새가 없다. 또한 작은 장력에 큰 회전력(베어링 하중 적음)을 얻으며 동일 방향 회전의 경우에 25m/s 이상이나 5m/s 이하의 속도는 피하도록 한다. 중심 거리는 풀리 직경의 3배 이상을 넘지 않도록 한다.

| 표 5.5 | 표준 V 벨트

단면	폭 (a)	벨트의 종류		벨트당 동력 범위[kW]	풀리 최대 크기
		단일 두께(b)	복합 두께(b')		
13C(SPA)	13	8	10	0.1~3.6	80
16C(SPB)	16	10	13	0.5~72	140
22C(SPC)	22	13	17	0.7~15	224
32C	32	19	21	1.3~39	355

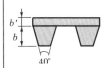

| 표 5.6 | V 벨트

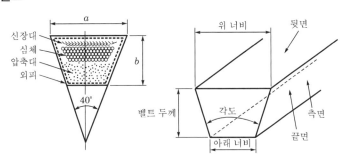

아래 너비는 $bt' = bt - 2h\tan(ab/2)$ 이다.

종류	벨트의 치수					인장 시험		풀리의 최소 지름 [mm]
	bt [mm]	h [mm]	ab	단면적 A [mm²]	단위 길이당 질량 [kg/m]	1개당 인장 강도 [kgf]	신장률 [%]	
M	10.0	5.5	40	44.0	0.06	120 이상	7 이하	40
A	12.5	9.0	40	83.0	0.12	250 이상	7 이하	67
B	16.5	11.0	40	137.5	0.20	360 이상	7 이하	118
C	22.0	14.0	40	236.7	0.36	600 이상	8 이하	180
D	31.5	19.0	40	467.1	0.66	1,100 이상	8 이하	300
E	38.0	24.0	40	732.3	1.02	1,500 이상	8 이하	450

⑥ V 벨트와 풀리에서의 유효 마찰계수

㉠ 힘의 평형식

$$F = \frac{N}{2}\sin\frac{\alpha}{2} + \frac{\mu N}{2}\cos\frac{\alpha}{2}$$

$$\mu N = \frac{\mu}{\sin\dfrac{\alpha}{2} + \cos\dfrac{\alpha}{2}} F = \mu' F$$

㉡ 상당 마찰계수

$$\mu' = \frac{\mu}{\sin(\alpha/2) + \mu\cos(\alpha/2)}$$

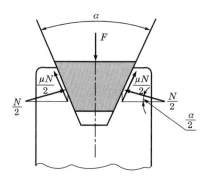

| 그림 5.36 | V 벨트의 역학 관계

⑦ 타이밍 벨트(timing belt)

고무 섬유와 강선으로 제작하며 풀리에 대응하는 치형을 가지고 있다.

일정한 속도비로 동력 전달이 가능하고 전달 효율이 97~99% 범위이며 초기 장력이 필요 없고, 고정된 축간 거리를 가진다. 저속 및 고속 운전에 가능하고 가격이 비싸며 기어와 마찬가지로 주기적인 진동이 발생한다.

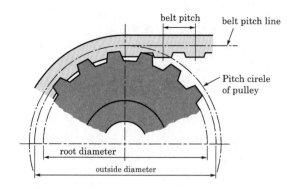

| 그림 5.37 | 타이밍 벨트와 벨트 풀리

03 롤러 체인

롤러 체인(roller chain)은 미끄럼이나 크리프가 없기 때문에 얻어지는 일정한 속도비와 수명이 길며 하나의 구동축으로 여러 개의 축을 구동시킬 수 있는 능력과 장력이 필요하지 않아 베어링 하중도 작다.

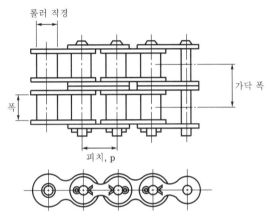

| 그림 5.38 | 2중 롤러 체인

체인의 길이 조절이 가능하고 다축 전동이 용이하며 환경의 영향이 적어 내열, 내유, 내습성이 강하다. 탄성에 의하여 충격 하중에 대해 흡수가 가능하고 보수가 용이하며 진동과 소음이 심하다.

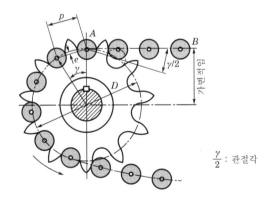

| 그림 5.39 | 체인과 스프로킷

$$D = \frac{p}{\sin\frac{\gamma}{2}}, \quad \gamma = \frac{360°}{N}$$

여기서, p : 피치, D : 피치원 지름, γ : 피치각, N : 스프로킷의 잇수

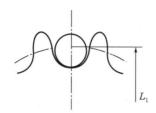 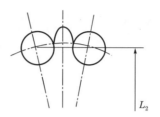

(a) 최대 회전 반지름　　　　(b) 최소 회전 반지름

| 그림 5.40 | 관절각에 따른 물림 거리의 변화

구동 스프로킷의 잇수는 17개 이상, 19~21 정도가 수명과 소음면에서 유리하다.
종동 스프로킷의 잇수는 120개 이하로 한다.

04 로프

로프(rope)는 먼 거리와 큰 동력을 전달하며 1개의 원동 풀리에서 몇 개의 종동으로 전달이 가능하고 벨트에 비해 미끄럼이 적으나 전동이 불확실하다.

고속 운전에 적합하며 직선 동력 전달이 아닌 곳에도 사용이 가능하고 장치가 복잡하여 로프의 착탈이 용이하지 않고 절단 시 수리가 불가능하다.

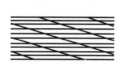 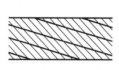

(a) 보통 꼬임　　　　(b) 랭 꼬임　　　　(c) 6×7 로프의 단면

| 그림 5.41 | wire rope의 형식

05 축이음 설계 시 유의점

① 센터의 맞춤이 완전히 이루어져야 한다.
② 회전 균형이 완전하도록 해야 한다.
③ 설치·분해가 용이하도록 해야 한다.
④ 전동에 의해 이완되지 않도록 해야 한다.
⑤ 토크 전달에 충분한 강도를 가져야 한다.
⑥ 회전부에 돌기물이 없도록 해야 한다.

베어링

회전하고 있거나 왕복 운동을 하는 축을 지지하여 축에 작용하는 하중을 받는 역할을 하는 기계요소를 베어링(bearing)이라 하고, 베어링과 접촉하고 있는 축 부분을 저널(journal), 축방향의 하중을 받치고 있는 저널을 피벗(pivot)이라 한다.

01 베어링의 종류

(1) 축과 베어링 접촉의 종류에 따라(마찰 운동의 종류에 따라)
① 미끄럼 베어링(sliding bearing) : 베어링과 저널이 서로 미끄럼 접촉
② 구름 베어링(rolling bearing) : 베어링과 저널이 서로 구름 접촉

(2) 하중의 방향에 따라
① 레이디얼 베어링(radial bearing) : 하중이 축에 수직 방향으로 작용
② 스러스트 베어링(thrust bearing) : 하중이 축방향으로 작용

(3) 미끄럼 베어링의 종류
① 레이디얼 미끄럼 베어링(radial sliding bearing)
  ㉠ 통쇠 베어링(solid bearing)
  ㉡ 분할 베어링(split bearing)
② 스러스트 미끄럼 베어링(thrust sliding bearing)
  ㉠ 피벗 베어링(pivot bearing)
  ㉡ 칼라 베어링(collar bearing)

(4) 구름 베어링의 종류
① 레이디얼 볼 베어링(radial ball bearing)
  ㉠ 깊은 홈 볼 베어링(deep-groove ball bearing)
  ㉡ 마그네토 볼 베어링(magneto ball bearing)
  ㉢ 앵귤러 볼 베어링(angular ball bearing)
  ㉣ 자동 조심 볼 베어링(self-aligning ball bearing)
② 레이디얼 롤러 베어링(radial roller bearing)
  ㉠ 원통 롤러 베어링(cylindrical roller bearing)

      ⓛ 니들 롤러 베어링(needle roller bearing)

      ⓒ 테이퍼 롤러 베어링(taper roller bearing)

      ⓔ 자동 조심 롤러 베어링(self-aligning roller bearing)

  ③ 스러스트 볼 베어링(thrust ball bearing)

      ⊙ 단식 스러스트 볼 베어링(single-direction thrust ball bearing)

      ⓛ 복식 스러스트 볼 베어링(double-direction thrust ball bearing)

  ④ 스러스트 롤러 베어링(thrust roller bearing)

      ⊙ 스러스트 원통 롤러 베어링(thrust cylindrical roller bearing)

      ⓛ 스러스트 니들 롤러 베어링(thrust needle roller bearing)

      ⓒ 스러스트 테이퍼 롤러 베어링(thrust raper roller bearing)

      ⓔ 스러스트 자동 조심 롤러 베어링(thrust cylindrical roller bearing)

  ⑤ 복합 베어링

  레이디얼 하중과 스러스트 하중이 동시에 적용이 가능한 베어링이다.

02 베어링의 재료

(1) 미끄럼 베어링의 재료

  ① 화이트 메탈(white metal)

    연하며 축과 붙임성이 좋고, 윤활유와의 흡착성이 높아 가장 많이 사용한다.

    ⊙ 주석계 화이트 메탈(tin base white metal) : $Sn+Cu+Sb$의 합금으로, 배빗 메탈 (babbit metal)이라고도 하며, 고속·강압용 베어링에 사용한다.

    ⓛ 납계 화이트 메탈(lead base white metal) : $Pb+Sn+Sb$의 합금으로, 값이 저렴하고 마찰계수가 작아 일반적으로 널리 사용한다.

    ⓒ 아연계 화이트 메탈(zinc base white metal) : $Zn+Cu+Sn+Sb+Al$의 합금으로, 경도가 높아 작용 하중이 큰 곳에 사용한다.

  ② 구리 합금

    연하며 붙임성이 좋고, 화이트 메탈에 비하여 경도나 강도가 크다.

    ⊙ 청동 : $Cu+Su$의 합금으로, 내연 기관의 피스톤용 베어링으로 사용한다.

    ⓛ 연청동 : $Cu+Sn+Pb$의 합금으로, 기름의 윤활 능력을 향상시킨다.

    ⓒ 켈밋(Kelmet) : $Cu+Pb$의 합금으로, 고속·고하중의 베어링 메탈로 사용한다.

(2) 소결 금속 베어링의 재료

  ① 분말 야금에 의한 성형 베어링 메탈로서 오일리스 베어링(oilless bearing)이라고도 한다.

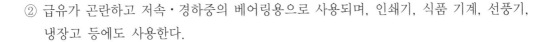
② 급유가 곤란하고 저속·경하중의 베어링용으로 사용되며, 인쇄기, 식품 기계, 선풍기, 냉장고 등에도 사용한다.

(3) 비금속 베어링의 재료

① 굳고 지방분을 많이 포함하여 내수성이 큰 목재인 리그넘 바이티(lignum bitae)가 있다.
② 수차, 펌프와 같이 부식하기 쉬운 곳에 사용되며, 페놀 합성수지와 나일론 등도 경하중용 베어링 재료로 사용한다.

03 마찰과 윤활

(1) 마찰(friction)의 종류

① 고체 마찰(solid friction)
   ㉠ 건조 마찰(dry friction)이라고도 하며 접촉면 사이에 윤활제의 공급이 없는 경우의 마찰 상태를 말한다.
   ㉡ 마찰 저항이 가장 크고, 마멸·발열을 일으키므로 베어링에는 절대로 존재해서는 안 되는 상태이다.
② 경계 마찰(boundary friction)
   ㉠ 고체 마찰과 유체 마찰의 중간쯤 되는 마찰로, 접촉면 사이의 유막이 아주 얇은 경우의 마찰 상태이다.
   ㉡ 어느 곳에서는 양쪽 윤활면의 유막이 깨져서 직접 접촉이 일어나 윤활 작용이 완전하지 못하게 되며, 혼성 마찰이라고도 한다.
③ 유체 마찰(fluid friction)
   ㉠ 접촉면 사이에 윤활제가 충분한 유막을 형성하여 접촉면이 서로 완전히 떨어져 있는 경우의 마찰 상태로, 베어링으로서는 가장 양호한 상태이다.
   ㉡ 이 마찰 상태는 윤활유의 점성(viscosity)에 기인하며, 접촉면의 재질, 표면 상태와는 무관하므로 마멸이나 발열은 아주 미소하다.

(2) 윤활(lubrication)의 종류

① 완전 윤활(perfect lubrication)
   유체 윤활이라고도 하며, 유체 마찰로 이루어지는 윤활 상태를 의미한다.
② 불완전 윤활(imperfect lubrication)
   경제 윤활이라고도 하며 유체 마찰 상태에서 유막이 약해지면서 마찰이 급격히 증가하기 시작하는 경계 윤활 상태를 의미한다.

04 | 저널 베어링

1 저널 베어링 설계 시의 유의점

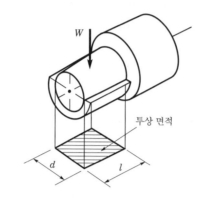

| 그림 5.42 | 베어링의 압력

① 하중에 대한 충분한 강도를 가져야 한다.
② 과도한 변형률이 생기지 않도록 해야 한다.
③ 베어링 압력이 제한 내에 있어야 한다.
④ 마찰, 마멸이 적어야 한다.
⑤ 윤활유를 잘 유지하고 있어야 한다.
⑥ 마찰열의 발생이 적고, 열의 발산이 좋아야 한다.

2 레이디얼 저널의 설계

(1) 베어링의 압력

$$p_a = \frac{\text{가로 하중}}{\text{투상 면적}} = \frac{W}{dl} \, [\text{kgf/mm}^2]$$

여기서, d : 축지름[mm]
l : 저널의 길이[mm]
p_a : 베어링의 압력[kgf/mm^2]
W : 하중[kgf]

(2) 베어링에 가해지는 하중

$$W = p_a \, dl \, [\text{kgf}]$$

(3) 굽힘 응력

① 축 끝 저널(end journal)의 경우

외팔보에 균일 분포 하중이 작용한다고 생각하면 굽힘 모멘트(bending moment)는 다음과 같다.

$$M = W\frac{l}{2} = \sigma_b z\,[\text{kg·mm}]$$

여기서 단면계수 z는 원형인 경우 $z = \dfrac{\pi d^3}{32}$ 이므로

$$\frac{Wl}{2} = \sigma_b \frac{\pi d^3}{32} \;\rightarrow\; d^3 = \frac{16\,Wl}{\pi\,\sigma_b}$$

따라서 축지름 d는

$$\therefore\quad d = \sqrt[3]{\frac{16\,Wl}{\pi\,\sigma_b}} \;\fallingdotseq\; \sqrt[3]{\frac{5.1\,Wl}{\sigma_b}} \;\fallingdotseq\; 1.72\sqrt[3]{\frac{Wl}{\sigma_b}}\,[\text{mm}]$$

폭지름 비 $\dfrac{l}{d}$은 $W = p_a d l$, $M = \dfrac{Wl}{2}$ 에서

$$\frac{p_a d l^2}{2} = \sigma_b z = \frac{\pi d^3}{32}\sigma_b$$

$$\frac{l^2}{d^2} = \frac{\pi\,\sigma_b}{16\,p_a}$$

$$\therefore\quad \frac{l}{d} = \sqrt{\frac{\pi\,\sigma_b}{16\,p_a}} \;\fallingdotseq\; \sqrt{\frac{\sigma_b}{5.1\,p_a}}$$

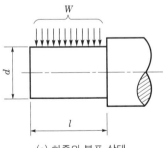

(a) 하중의 분포 상태

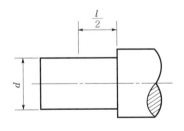

(b) 하중의 작용점

| 그림 5.43 | 축 끝 저널의 굽힘 응력

② 중간 저널(neck journal)의 경우

$$M = \frac{W}{2}\times\left(\frac{l}{2}\times\frac{l_1}{2}\right) - \frac{W}{2}\times\frac{l}{4} = \frac{WL}{8}$$

여기서, $L = l + 2l_1\,[\text{mm}]$

$$M = \frac{WL}{8} = \sigma_b z = \frac{\pi d^3 \sigma_b}{32}$$

축지름 d 는

$$\therefore \; d = \sqrt[3]{\frac{4WL}{\pi \sigma_b}} \fallingdotseq \sqrt[3]{\frac{1.25WL}{\sigma_b}} \; [\text{mm}]$$

폭지름 비 $\dfrac{l}{d}$ 은 전길이 L 과 저널 부분의 길이 l 과의 비 $\dfrac{L}{l} = 1.5$ 정도이므로

$$d = \sqrt[3]{\frac{1.25 p_a d l L}{\sigma_b}} = \sqrt[3]{\frac{1.25 \times 1.5 p_a d l^2}{\sigma_b}}$$

$$\therefore \; \frac{l}{d} = \sqrt{\frac{\sigma_b}{1.875 p_a}}$$

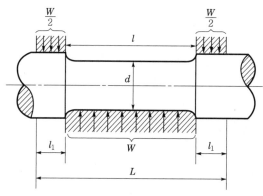

| 그림 5.44 | 중간 저널

3 스러스트 저널의 설계

(1) 베어링의 압력과 축지름

① 베어링의 압력

㉠ 중실축의 경우 : $p_a = \dfrac{W}{A} = \dfrac{W}{\dfrac{\pi}{4} d^2} \, [\text{kgf/mm}^2]$

㉡ 중공축의 경우 : $p_a = \dfrac{W}{A} = \dfrac{W}{\dfrac{\pi}{4}(d_o^2 - d_i^2)} \, [\text{kgf/mm}^2]$

② 축지름

㉠ 중실축의 경우 : $W = \dfrac{\pi}{4} d^2 p_a \, [\text{kgf}]$, $v = \dfrac{\pi \dfrac{d}{2} N}{60 \times 1,000} \, [\text{m/s}]$ 에서 축지름 d 는

$$d = \frac{WN}{30,000 \, pv} \, [\text{mm}]$$

ⓛ 중공축의 경우 : $W = \dfrac{\pi}{4}(d_o^2 - d_i^2)p_a$ [kgf], $\quad v = \dfrac{\pi\left(\dfrac{d_o + d_i}{2}\right)N}{60 \times 1,000}$ [m/s]에서

$$d_o - d_i = \frac{WN}{30,000\,pv}\text{[mm]}$$

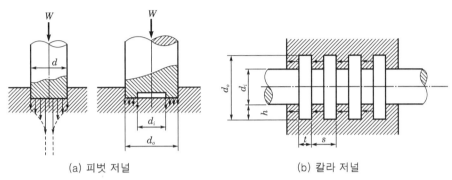

(a) 피벗 저널   (b) 칼라 저널

│ 그림 5.45 │ 스러스트 베어링

(2) 칼라 저널

평균 지름은 $d_m = \dfrac{d_o + d_i}{2}$ [mm]

칼라 높이는 $h = \dfrac{d_o - d_i}{2}$ [mm]

베어링 압력은 $p_a = \dfrac{W}{\dfrac{\pi}{4}(d_o^2 - d_i^2)Z} = \dfrac{W}{\pi d_m h Z}$ [kgf/mm^2]

여기서, Z : 칼라 수

d_i : 안지름[mm]

d_o : 바깥 지름[mm]

또 원주 속도 $v = \dfrac{\pi d_m N}{60 \times 1,000} = \dfrac{\pi\left(\dfrac{d_o + d_i}{2}\right)N}{60 \times 1,000}$ [m/s]이므로

$$h = \frac{W}{\pi d_m z p} = \frac{W}{\pi \dfrac{6,000v}{\pi N} z p}$$

$$\therefore \ d_o - d_i = 2h = \frac{WN}{30,000\,zpv}\text{[mm]}$$

05 구름 베어링

1 미끄럼 베어링과 구름 베어링의 비교

구름 베어링은 외륜(outer race)과 내륜(inner race), 볼 또는 롤러, 리테이너(retainer)로 구성되며, KS에 규격화되어 있다.

| 표 5.7 | 미끄럼 베어링과 구름 베어링의 비교

종류 구분	미끄럼 베어링	구름 베어링
하중	스러스트, 레이디얼 하중을 1개의 베어링으로는 받을 수 없다.	양 방향의 하중을 1개의 베어링으로 받을 수 있다.
모양, 치수	바깥 지름은 작고, 폭은 크다.	바깥 지름이 크고 폭이 작다(니들 베어링 제외).
마찰	기동 마찰이 크다(0.01~0.1).	기동 마찰이 작다(0.002~0.006).
내충격성	비교적 강하다.	약하다.
진동·소음	발생하기 어렵다. 유막 구성이 좋으면 매우 정숙하다.	발생하기 쉽다.
부착 조건	구조가 간단하므로 부착할 때의 조건이 적다.	축, 베어링 하우징에 내·외륜이 끼워지므로 끼워맞춤에 주의하여야 한다.
윤활 조건	주의를 요한다. 윤활 장치가 필요하다.	용이하며, 그리스 윤활의 경우에는 거의 윤활 장치가 필요 없다.
수명	마멸에 좌우되며, 완전 유체 마찰이면 반영구적인 수명을 가진다.	반복 응력에 의한 피로 손상(flaking)에 의하여 한정된다.
온도	점도와 온도의 관계에 주의하여 윤활유를 선택할 필요가 있다.	미끄럼 베어링만큼 직접적인 점도 변화의 영향은 받지 않는다.
운전 속도	고속 회전에 적당(마찰열의 제거 필요)하나, 저속 회전에는 부적당하다(유체 마찰이 어렵고 혼합 마찰로 된다).	고속 회전에 비교적 부적당하며 유막이 반드시 필요한 것은 아니므로 저속 운전에 적당하다.
호환성	규격이 없으므로 호환성은 없고, 일반적으로 주문 생산이다.	대부분 규격화되어 있으므로 호환성이 있고, 대량 생산이므로 쉽게 선택하고 사용할 수 있다.
보수	윤활 장치가 있는 것만큼 보수에 시간과 수고가 든다.	간단하다.
가격	저가이다.	일반적으로 고가이다.

█2 구름 베어링의 종류

(1) 레이디얼 베어링(radial bearing)

① 단열 깊은 홈형 : 가장 널리 사용되고 내륜과 외륜이 분리되지 않는 형식이다.

② 마그네틱형 : 내륜과 외륜을 분리할 수 있는 형식으로, 조립이 편리하다.

③ 자동 조심형 : 외륜의 내면이 구면상으로 되어 있어 다소 축이 경사될 수 있는 형식이다.

④ 앵귤러형 : 볼과 궤도륜의 접촉각이 존재하기 때문에 레이디얼 하중과 스러스트 하중을 받는 형식이다.

(2) 스러스트 베어링(thrust bearing)

① 스러스트 하중만을 받을 수 있고, 고속 회전에는 부적합하다.

② 한쪽 방향의 스러스트 하중만이 작용하면 단식을, 양쪽 방향의 스러스트 하중이 작용하면 복식을 사용한다.

③ 볼 베어링보다 롤러 베어링은 선접촉을 하므로 큰 하중에 견딘다.

④ 원추 롤러 베어링은 레이디얼 하중과 스러스트 하중을 동시에 견딜 수 있다.

█3 구름 베어링의 호칭

(1) 구성과 배열

① 구성 : 기본 번호(계열 번호, 안지름 번호 및 접촉각 기호)와 보조 기호(리테이너 기호, 밀봉 기호 또는 실드 기호, 레이스 형상 기호, 복합 표시 기호, 틈새 및 등급 기호)로 구성된다.

② 배열 : 원칙적으로 표에 따르고, 기본 번호(베어링의 형식과 주요 치수)와 보조 기호(베어링의 사양)로 되어 있으며 KS B 2001, 2021에 규정되어 있다.

(2) 기본 번호

① 계열 번호 : 베어링의 형식과 치수 계열을 나타내며 [표 5.8]과 같다.

| 표 5.8 | 구름 베어링의 치수 계열

베어링 계열 기호	68	69	60	62	63	64
치수 기호	18	19	10	02	03	04

② 안지름 번호 : 안지름 치수를 나타낸다.

| 표 5.9 | 안지름 번호와 치수

안지름 번호	안지름 치수
00	10[mm]
01	12[mm]
02	15[mm]
03	17[mm]
⇓ 04	20[mm]
×5 05	25[mm]
⋮	⋮
	(500[mm] 미만까지)

* 안지름 번호 04부터 안지름 번호×5＝안지름 치수[mm]이다.

③ **접촉각 기호** : 접촉각을 나타낸다.

(3) 보조 기호

리테이너 기호, 실 기호, 실드 기호, 궤도륜 형상 기호, 조합 표시 기호, 틈새 기호 및 등급 기호로 구성된다.

베어링 호칭 번호의 보기를 설명하면 다음과 같다.

예 1.

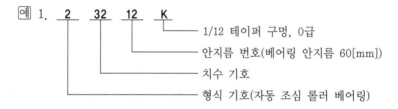

2.

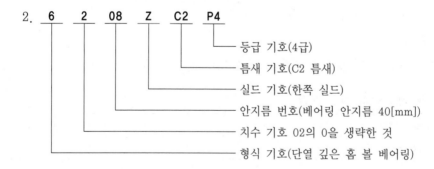

| 표 5.10 | 호칭 번호의 배열

기본 기호			보조 기호					
베어링 계열 기호	안지름 번호	접촉각 기호	리테이너 기호	실기호 또는 실드 번호	궤도륜 형상 기호	복합 표시 기호	틈새 기호	등급 기호

4 구름 베어링의 기본 설계

(1) 부하 용량(load capacity)

구름 베어링이 견딜 수 있는 하중의 크기를 말한다.

① 정적 부하 용량(static load capacity) : 베어링이 정지하고 있는 상태에서 정하중이 작용할 때 견딜 수 있는 하중의 크기

② 동적 부하 용량(dynamic load capacity) : 회전 중에 있는 구름 베어링이 견딜 수 있는 하중의 크기

(2) 베어링 수명(bearing life)

베어링을 이상적인 상태에서 운전하여 베어링 내·외륜에 박리 현상(flaking)이 최초로 생길 때까지의 총회전수를 말한다.

(3) 계산 수명(정격 수명 ; rating life)

동일 조건하에서 베어링의 그룹(bearing group) 중 90[%]가 박리 현상(flaking)을 일으키지 않고 회전할 수 있는 총회전수를 말한다.

(4) 기본 부하 용량(basic load capacity)

외륜이 정지하고 내륜만 회전할 때 정격 수명이 100만 회전이 되는 방향과 크기가 변동하지 않는 하중을 말하며 기본 동정격 하중이라고도 한다.

(5) 구름 베어링의 정격 수명 계산식

계산 수명은 L_n[rpm], 베어링 하중은 P[kgf], 기본 부하 용량은 C[kgf]라 하면

$$L_n = \left(\frac{C}{P}\right)^r \times 10^6 \text{ 회전 단위}$$

여기서, r : 지수$\left(3 : 볼\ 베어링,\ \frac{10}{3} : 롤러\ 베어링\right)$

L_h가 수명 시간이라면 $L_n = 60L_h N$이 되므로

$$L_h = \frac{L_n \times 10^6}{60N} = \left(\frac{C}{P}\right)^r \frac{10^6}{60N}$$

그런데 $10^6 = 33.3[\text{rpm}] \times 500 \times 60$이 되므로

$$L_h = \left(\frac{C}{P}\right)^r \frac{33.3 \times 60 \times 500}{60N}$$

$$\frac{L_h}{500} = \left(\frac{C}{P}\right)^r \frac{33.3}{N}$$

동력 전달 장치

01 기어

1 기어의 종류

KS B 0102에 의하면 차례로 물리는 이(tooth)에 의하여 운동을 전달시키는 기계요소를 기어(gear ; tooth wheel)라 한다. 서로 맞물려 도는 기어 중에서 잇수가 많은 기어를 큰 기어 혹은 기어라 하고 작은 기어를 피니언(pinion)이라 한다. 그리고 피치원이 무한대인 것을 래크(rack)라고 한다.

| 표 5.11 | 기어의 종류

두 축의 관계 위치에 의한 분류	두 축이 평행한 기어	스퍼 기어, 헬리컬 기어, 내접 기어, 래크와 피니언
	두 축이 서로 교차하는 기어	베벨 기어
	두 축이 서로 엇갈려 교차하지도 평행하지도 않은 기어	웜과 웜기어, 하이포이드 기어, 나사 기어
용도에 의한 분류	기어 트레인	
	체인지 기어	
	유성 기어 장치	유성 기어, 태양 기어
	차동 기어 장치	
	감속 기어 장치	
	증속 기어 장치	
	변속 기어 장치	
크기에 의한 분류		큰 기어(기어), 피니언
동력 전달에 의한 분류		구동 기어, 피동 기어
설계 방법에 의한 분류		표준 기어, 전위 기어
톱니의 위치에 의한 분류		외접 기어, 내접 기어
비틀림 방향에 의한 분류		좌우 헬리컬 기어, 좌우 비틀림 웜, 좌우 스파이럴 베벨 기어

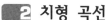 치형 곡선

(1) 사이클로이드 곡선(cycloid curve)

주어진 피치원을 중심으로 하여 이 위를 작은 원인 구름원(rolling circle)이 미끄럼 없이 굴러갈 때 이 구름원 위의 한 점이 긋는 자취를 사이클로이드 곡선이라 한다. 이 피치원을 경계로 하여 외측에 그려진 곡선을 에피사이클로이드 곡선(epicycloid curve)이라 하고, 내측에 그려진 곡선을 하이포사이클로이드 곡선(hypocycloid curve)이라 한다.

그 특징은 다음과 같다.

① 접촉면에 미끄럼이 적어 마멸과 소음이 작다.

② 효율이 높다.

③ 치형 가공이 어렵고 호환성이 적다.

④ 피치점이 완전히 일치하지 않으면 물림이 불량해진다.

⑤ 정밀 측정 기기, 시계 등의 기어에 사용된다.

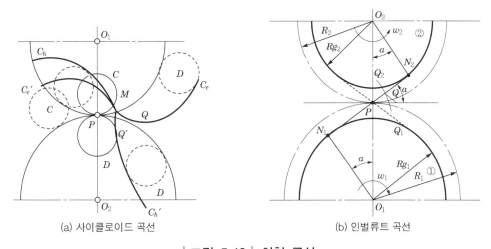

(a) 사이클로이드 곡선   (b) 인벌류트 곡선

| 그림 5.46 | 치형 곡선

(2) 인벌류트 곡선(involute curve)

원통에 실을 감고, 이 실의 끝을 당기면서 풀어갈 때 실 끝이 그리는 자취를 인벌류트 곡선이라 한다.

그 특징은 다음과 같다.

① 치형 제작 가공이 용이하다.

② 호환성(compatibility)이 좋다.

③ 물림에서 축간 거리가 다소 변하여도 속비에 영향이 없다.

④ 이뿌리 부분이 튼튼하다.

3 이의 크기

이의 크기는 원주 피치, 모듈, 지름 피치의 세 가지 종류를 기준으로 한다.

(1) 원주 피치(circular pitchi, p)

피치원 둘레를 잇수로 나눈 값이다.

$$p = \frac{\pi D_p}{Z} = \pi m$$

여기서, Z : 잇수
D_p : 피치원 지름[mm]
m : 모듈(module)

(2) 모듈(module, m)

피치원 지름(D_p)을 잇수로 나눈 값이다.
미터 방식을 사용하는 경우

$$D_p = mZ$$

$$\therefore \; m = \frac{D_p}{Z} = \frac{p}{\pi}$$

(3) 지름 피치(diameter pitch, p_d)

잇수를 인치(inch)로 표시한 피치원 지름으로 나눈 값이다.
인치 방식을 사용하는 경우

$$p_d = \frac{Z}{D_{(\text{in})}} = \frac{25.4Z}{D_{p(\text{mm})}} = \frac{25.4}{m}$$

4 기어의 각부 명칭

① 피치원(pitch circle) : 기어를 마찰차에 요철을 붙인 것으로 가상할 때 마찰차가 접촉하고 있는 원
② 원주 피치(circular pitch) : 피치 원주상에서 측정한, 인접한 이에 해당하는 부분 사이의 거리
③ 기초원(base circle) : 이 모양의 곡선을 만든 원
④ 이 끝 원(addendum circle) : 이의 끝을 연결하는 원
⑤ 이뿌리 원(dedendum circle) : 이의 뿌리 부분을 연결하는 원
⑥ 이 끝 높이(addendum) : 피치원에서 이 끝 원까지의 거리
⑦ 이뿌리 높이(dedendum) : 피치원에서 이뿌리 원까지의 거리

⑧ **총 이 높이**(height of tooth) : 이 끝 높이+이뿌리 높이

⑨ **이 두께**(tooth thickness) : 피치원에서 측정한 이의 두께

⑩ **백래시**(backlash) : 한 쌍의 이가 물렸을 때 이의 뒷면에 생기는 간격

⑪ **압력각**(pressure angle) : 한 쌍의 이가 맞물렸을 때 접점이 이동하는 궤적을 작용선이라 하고, 이 선과 피치원의 공통 접선이 이루는 각을 압력각이라 하며 14.5°, 20°로 규정되어 있다.

⑫ **법선 피치**(normal pitch) : 기초원의 둘레를 잇수로 나눈 값

$$p_g = \frac{\pi D_g}{Z} = \frac{\pi D \cos \alpha}{Z} = p \cos \alpha = \pi m \cos \alpha$$

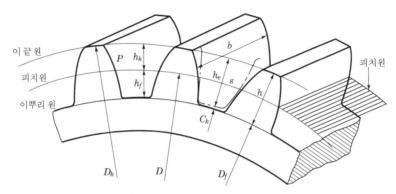

| 그림 5.47 | 기어의 각부 명칭

5 인벌류트 표준 기어

(1) 기준 래크

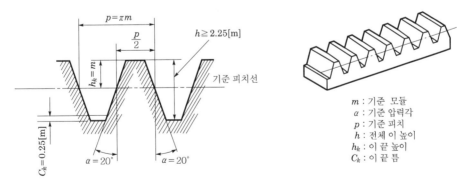

| 그림 5.48 | 기준 래크 치형 및 치수

① 피치원이 직선이고, 이의 형상이 중심선에 대하여 압력각 만큼 경사진 직선으로 된 것을 래크(rack)라 한다. 또 피치원에 따라 이 두께가 원주 피치의 $\frac{1}{2}$에 해당하는 치형

을 기준 치형이라 한다. 기준 치형에서 피치원 지름을 무한대로 한 래크를 기준 래크 (basic rack)라 하고, 인벌류트 기어는 이 래크를 기준으로 하여 절삭 공구로 깎는 것 이다.

② 기준 래크의 피치, 이 높이, 이 두께, 압력각을 결정하면 모든 잇수의 치형을 결정할 수가 있으며 기어의 호환성을 가지게 할 수 있다.

③ KS에는 압력각 14.5°와 20°의 보통 이가 있다. 최근에는 20°가 주로 사용되고 있으 며, 항공용 기어로서 강도가 필요한 것에는 26.5°를 사용한다.

(2) 표준 스퍼 기어(standard gear)

① 스퍼 기어에는 치형의 절삭 방식에 따라 표준 기어와 전위 기어가 있다. 표준 스퍼 기 어(standard gear)란 기준, 래크 공구의 기준 피치선이 기어의 기준 피치원과 인접하 여 구름 접촉하도록 하고, 피치원의 원주상에서 측정한 이 두께가 원주 피치의 $\frac{1}{2}$이 되도록 한 것이다.

② 실제 회전은 다소의 치수 오차가 있고, 열팽창, 유막의 두께, 중심 거리 오차, 부하에 의한 이의 휨, 축의 처짐 등이 있으므로 이와 이 사이를 적당한 간격으로 틈새를 주게 되는데 이 틈새를 백래시(뒤 틈 ; backlash)라 한다. 백래시를 크게 하면 소음과 진동 의 발생 원인이 된다. 백래시는 치차의 회전을 원활히 하고 윤활유를 치면에 골고루 배치하기 위해서도 필요하다.

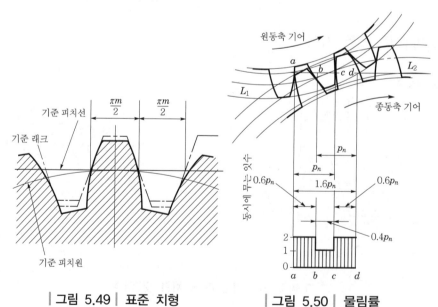

| 그림 5.49 | 표준 치형 | 그림 5.50 | 물림률

(3) 이의 물림률

$$물림률(\varepsilon) = \frac{접촉호의\ 길이}{원주\ 피치의\ 길이}$$

$$= \frac{접근\ 물림\ 길이 + 퇴거\ 물림\ 길이}{법선\ 피치}$$

$$= \frac{물림\ 길이}{법선\ 피치} = 1.2 \sim 1.5$$

여기서, 법선 피치(normal pitch)는 기초원의 원주를 잇수로 나눈 값이다. 기어는 물림률 (ε) >1이다. ε의 값이 클수록 맞물림 잇수가 많아 1개의 이에 걸리는 전달력은 분산되어 소음과 진동이 적고, 강도의 여유가 있어 수명이 길고 회전이 원활하게 된다.

(4) 이의 간섭과 언더컷

① 이의 간섭

2개의 기어가 맞물려서 회전하고 있을 때 한쪽의 이 끝부분이 상대편 기어의 이뿌리 부분에 닿아서 회전할 수 없는 경우를 이의 간섭(interference)이라 한다. 이의 간섭은 다음과 같은 경우에 나타난다.

㉠ 잇수가 너무 적은 경우

㉡ 압력각이 작은 경우

㉢ 이의 유효 높이가 클 경우

㉣ 잇수비(기어비)가 아주 클 경우

② 언더컷

㉠ 래크 공구, 호브 등을 이용하여 피니언을 절삭할 경우 이의 간섭이 일어나면 회전을 방해하여 이뿌리 부분이 깎여 나가 가늘게 되는데, 이러한 현상을 언더컷(undercut)이라 한다.

㉡ 언더컷 현상이 일어나면 이뿌리가 가늘게 되어 이의 강도가 저하되고, 잇면의 유효 부분이 짧게 되어 물림 길이가 감소되며 미끄럼률이 크게 된다. 또한, 원활한 전동이 되지 못해 성능이 많이 떨어진다.

㉢ 언더컷 방지 방법은 다음과 같다.

• 낮은 이(stub gear)를 사용한다.

• 전위 기어를 사용한다.

• 잇수를 한계 잇수 이상으로 한다.

• 압력각을 크게 한다.

㉣ 언더컷을 일으키지 않을 최소 잇수

$$Z \geq \frac{2}{\sin^2\alpha}$$

$\alpha = 14.5°$와 $20°$의 경우 최소 이론적 한계 잇수는 32개, 17개가 된다.

(5) 전위 기어(profile shifted gear)

전위 기어는 언더컷을 방지하기 위해서 치절 공구의 기준 피치선을 표준 기어의 기준 피치원으로부터 반지름 방향으로 xm만큼 떨어지게 전위하고 창성한 기어를 말한다.

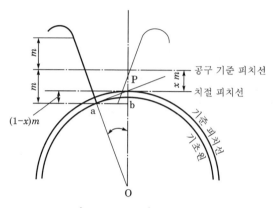

| 그림 5.51 | 전위량

- 양(+)의 전위 : 기준 피치원으로부터 외측에 벗어나 있는 경우
- 음(−)의 전위 : 기준 피치원으로부터 내측에 벗어나 있는 경우

x를 전위계수(addendum modification coefficient), x_m을 전위량이라 하면

$$x = 1 - \frac{Z}{2}\sin^2\alpha$$

$$x_m = xm$$

따라서 언더컷을 일으키지 않으려면 다음과 같아야 한다.

$$x \geqq 1 - \frac{Z}{2}\sin^2\alpha$$

(6) 기어에서 압력각을 증가시킬 때 나타나는 현상

① 언더컷을 일으키는 최소 잇수가 감소
② 베어링에 걸리는 하중 증가
③ 물림률 감소
④ 동시에 물리는 잇수 감소
⑤ 받을 수 있는 접촉면 압력 증가
⑥ 이의 강도가 커짐
⑦ 치면 곡률 반지름이 커짐
⑧ 치면의 미끄럼률이 작아짐

02　각 기어의 설계

1 스퍼 기어(spur gear)의 강도 설계

동력 전달용 기어는 이뿌리부에 발생하는 휨응력에 의한 이의 손실과 잇면의 마멸 및 피팅(pitting ; 점부식) 등에 의해 파손된다. 따라서 이의 강도 설계는 굽힘 강도, 면압 강도, 윤활유 변질에 따른 부식, 마멸, 순간 온도 상승에 대해서는 스코어링 강도 등을 검토해야 한다.

(1) 굽힘 강도

표면 경화한 기어, 특히 모듈이 작은 기어에 대하여 과부하가 작용할 경우에는 주로 이의 굽힘 강도를 기준으로 하여 기어 설계를 한다. 기본 설계식으로 미국의 루이스(Wilfred Lewis)식이 널리 쓰이고 있다.

(2) 루이스식

루이스식은 다음 조건에 의해서 유도된다.
① 맞물림률은 1로 가정한다.
② 전달 토크에 의한 하중이 한 개의 이에 작용한다.
③ 전하중이 이 끝에 작용한다.
④ 이의 모양은 이뿌리의 이뿌리 곡선에 내접하는 포물선을 가로 단면으로 하는 균일 강도의 외팔보로 생각한다.

굽힘 모멘트$(M) = F'l = F_n l \cos\beta = \sigma_b Z$에서 단면 계수 $Z = \dfrac{bs^2}{6}$이므로

$$F\frac{\cos\beta}{\cos\alpha}l = \sigma_b\frac{bs^2}{6}$$

$$F = \sigma_b b\frac{2}{3}x\frac{\cos\alpha}{\cos\beta} = \sigma_b b m y$$

여기서, σ_b : 굽힘 응력[kgf/mm^2]
　　　　b : 이 너비[mm]
　　　　m : 모듈
　　　　y : 치형 계수

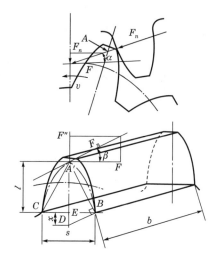

| 그림 5.52 | 이의 굽힘 강도

■2 헬리컬 기어(helical gear)의 강도 설계

(1) 헬리컬 기어의 치형

이의 줄이 나선으로 되어 있는 원통 기어를 헬리컬 기어라 하고, 나선과 피치 원통의 모선이 이루는 각을 나선각(helix angle)이라 하며 추력을 방지하기 위하여 7~15°로 사용한다.

헬리컬 기어는 이의 물림이 나선을 따라 연속적으로 변화한 이가 동시에 맞물림하는 것이 되므로 스퍼 기어에 비하여 맞물림이 훨씬 원활하게 진행되며, 잇면의 마멸로 균일하므로 같은 크기의 피치원이라도 큰 치형을 창성할 수가 있고, 크기에 비하여 큰 동력을 전달할 수 있다. 소음이나 진동이 적기 때문에 고속회전에 적합하나 축방향으로 추력이 발생하는 결점이 있다.

이러한 결점을 없애기 위하여 더블 헬리컬 기어(또는 헬링본 기어 ; herringbone gear)를 사용한다. 헬리컬 기어에는 헬리컬 기어의 정면 압력각, 정면 모듈을 표준 값으로 하는 축직각 방식과 이직각 압력각, 이직각 모듈을 표준 값으로 하는 이직각 방식이 있다.

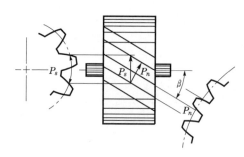

| 그림 5.53 | 축직각 방식과 이직각 방식

(2) 헬리컬 기어의 기본 치수

① 원주 피치

$$p_n = p_s \cos \beta \ \text{ 또는 } \ p_s = \frac{p_n}{\cos \beta}$$

여기서, p_n : 이직각 피치

p_s : 축직각 피치

② 모듈

$$m_n = m_s \cos \beta \ \text{ 또는 } \ m_s = \frac{m_n}{\cos \beta}$$

여기서, m_n : 이직각 모듈

m_s : 축직각 모듈

③ 피치원 지름

$$D_s = m_s Z_s = \frac{m_n}{\cos \beta} Z_s$$

④ 바깥 지름

$$D_k = D_s + 2m_n = Z_s m_s + 2m_n = \frac{Z_s m_n}{\cos \beta} + 2m_n = \left(\frac{Z_s}{\cos \beta} + 2 \right) m_n$$

⑤ 중심 거리

$$C = \frac{D_{s1} + D_{s2}}{2} = \left(\frac{Z_{s1} + Z_{s2}}{2 \cos \beta} \right) m_n$$

⑥ 상당 스퍼 기어(equivalent squr gear)의 잇수

$$Z_e = \frac{Z_s}{\cos^3 \beta}$$

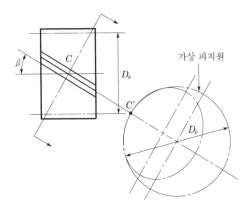

| 그림 5.54 | 상당 스퍼 기어 잇수

3 베벨 기어(bevel gear)의 강도 설계

(1) 베벨 기어의 형식

서로 교차하는 두 축각의 동력 전달용으로 쓰이는 기어로서 원추면상에 방사선으로, 이를 깎으면 우산 꼭지 모양의 기어가 생기며, 이를 베벨 기어 또는 원추형 기어, 우산 기어라고도 한다.

① 축각과 원뿔각에 따라
  ㉠ 보통 베벨 기어(general bevel gear)
  ㉡ 마이터 베벨 기어(miter bevel gear)
  ㉢ 예각 베벨 기어(acute bevel gear)
  ㉣ 둔각 베벨 기어(obtuse bevel gear)
  ㉤ 크라운 베벨 기어(crown bevel gear)
  ㉥ 내접 베벨 기어(internal bevel gear)

② 이의 곡선에 따라
  ㉠ 직선 베벨 기어(straight bevel gear)
  ㉡ 헬리컬 베벨 기어(helical bevel gear)
  ㉢ 더블 헬리컬 베벨 기어(double helical bevel gear)
  ㉣ 스파이럴 베벨 기어(spiral bevel gear)
  ㉤ 인벌류트 곡선 베벨 기어(involute bevel gear)
  ㉥ 원호 곡선 베벨 기어(arc bevel gear)

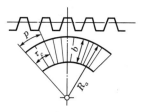

(a) 직선 베벨 기어

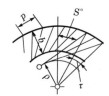

(b) 헬리컬 베벨 기어

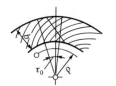

(c) 더블 헬리컬 베벨 기어

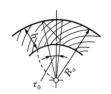

(d) 스파이럴 베벨 기어

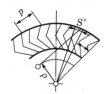

(e) 인벌류트 베벨 기어

(f) 원호 곡선 베벨 기어

| 그림 5.55 | 이의 곡선에 따른 베벨 기어의 형식

(2) 베벨 기어의 기본 치수

① 속도비

$$i = \frac{N_2}{N_1} = \frac{D_1}{D_2} = \frac{Z_1}{Z_2} = \frac{\sin \alpha_1}{\sin \alpha_2}$$

② 바깥 지름

$$D_o = D + 2a \cos \alpha = (Z + 2 \cos \alpha)m$$

③ 원추 거리

$$A = \frac{D}{2 \sin \alpha} = \frac{mZ}{2 \sin \alpha}$$

④ 피치 원추각

$$\tan \alpha_1 = \frac{\sin \phi}{\dfrac{Z_2}{Z_1} + \cos \phi} = \frac{\sin \phi}{\dfrac{1}{i} + \cos \phi}$$

$$\tan \alpha_2 = \frac{\sin \phi}{\dfrac{Z_1}{Z_2} + \cos \phi} = \frac{\sin \phi}{i + \cos \phi}$$

$\alpha_1 = \alpha_2 = 45°$ 일 때($\phi = 90°$) 마이터 기어(miter gear)라 한다.

⑤ 상당 스퍼 기어의 잇수(등가 잇수)

$$Z_e = \frac{Z}{\cos \alpha}$$

(3) 베벨 기어의 강도 계산

굽힘 강도는 다음과 같다.

$$P = f_v \, \sigma_b \, b \, m \, y_e \left(\frac{A - b}{A} \right)$$

여기서, A : 외단 원추 거리[mm]

b : 치폭[mm]

03 마찰차

1 개요

(1) 마찰차의 특성

마찰차는 2개의 바퀴를 직접 접촉시켜 이들 접촉면상에 작용하는 마찰력에 의하여 동력을 전달시키는 장치이다.

① 운전이 정숙하고, 전동의 단속이 무리하지 않다.

② 무단 변속하기 쉬운 구조로 할 수 있다.

③ 경하중용으로 전달 동력이 작고 속도비가 정확하지 않아도 되는 경우에 사용된다.

④ 효율이 떨어진다.

⑤ 일정 속도비를 얻을 수 없다.

⑥ 종동차가 과부하가 생기면 미끄럼에 의하여 과부하가 원동차에 전달되지 않고 손상을 방지할 수 있다.

(2) 마찰차의 응용 범위

① 무단 변속을 하는 경우

② 양 축 사이를 단속할 필요가 있는 경우

③ 회전속비가 커서 보통의 기어를 사용할 수 없는 경우

④ 전달 동력이 그다지 크지 않고, 속도비가 중요하지 않은 경우

(3) 마찰차의 종류

① **원통 마찰차**(cylindrical friction wheel) : 두 축이 평행하고 바퀴는 원통이며, 음반 회전 장치의 회전판 구동부에 쓰인다.

② **원뿔 마찰차**(bevel friction wheel) : 두 축이 어느 각도로 만나며 바퀴는 원뿔형이고, 무단 변속 장치의 변속 기구에 사용된다.

③ **구면 마찰차**(sphere friction wheel) : 두 축이 직각 또는 직선으로 만나는 경우에 쓰이며, 주로 무단 변속 장치의 변속기구에 사용된다.

④ **홈붙이 마찰차**(grooved friction wheel) : 두 축이 평행하고 접촉면에 홈이 있으며 약간의 큰 토크를 전달할 수 있으나 마멸과 소음이 있다.

⑤ **원판 마찰차**(disc friction wheel) : 두 축이 직각으로 만나는 경우에 주로 무단 변속 장치의 변속 기구에 사용된다.

2 마찰차의 동력 전달

(1) 원통 마찰차(cylindrical friction wheel)

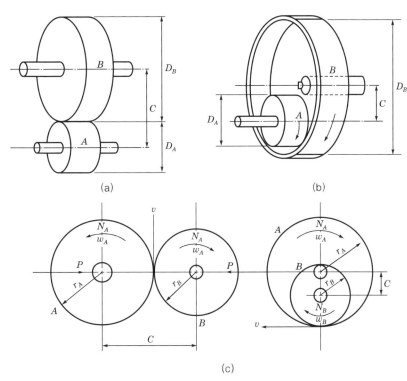

| 그림 5.56 | 원통 마찰차(내접과 외접)

① 속도비(velocity ratio)

$$\omega_A = \frac{2\pi}{60} N_A \, [\text{rad/s}], \quad \omega_B = \frac{2\pi}{60} N_B \, [\text{rad/s}]$$

$$v = \frac{\pi D_A N_A}{60 \times 1,000} = \frac{\pi D_B N_B}{60 \times 1,000} \, [\text{m/s}]$$

$$i = \frac{\omega_B}{\omega_A} = \frac{N_B}{N_A} = \frac{D_A}{D_B} = \frac{r_A}{r_B}$$

여기서, ω_A, ω_B : 원동축, 종동축의 각속도

　　　　　v : 회전 속도[m/s]

　　　　　r_A, r_B : 원동차, 종동차의 반지름

　　　　　N_A, N_B : 원동축, 종동축의 회전수

② 중간차가 있는 경우의 속도비

　　[그림 5.57]과 같이 중간차가 있는 경우 이를 아이들 휠(idle wheel)이라고 한다. 중간차가 있으면 같은 방향, 없거나 짝수이면 종동차는 반대 방향이 된다.

$$i = \frac{N_B}{N_A} = \frac{N_C}{N_A}\frac{N_B}{N_C} = \frac{D_A}{D_C}\frac{D_C}{D_B} = \frac{D_A}{D_B}$$

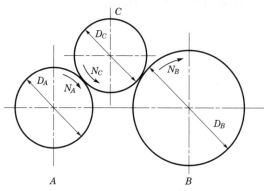

| 그림 5.57 | 중간차가 있는 경우

③ 중심 거리

　두 축의 중심 거리 C는

　㉠ 외접일 경우

$$C = \frac{D_A + D_B}{2} = r_A + r_B$$

　㉡ 내접일 경우

$$C = \frac{D_B - D_A}{2} = r_B - r_A \ (단, \ D_B > D_A)$$

$$C = \frac{D_A - D_B}{2} = r_A - r_B \ (단, \ D_A > D_B)$$

④ 속비와 중심 거리

　㉠ 외접인 경우

$$D_A = \frac{2C}{1 + \dfrac{N_A}{N_B}} = \frac{2C}{1 + \dfrac{1}{i}}$$

$$D_B = \frac{2C}{1 + \dfrac{N_B}{N_A}} = \frac{2C}{1 + i}$$

　㉡ 내접인 경우

$$D_A = \frac{2C}{1 - \dfrac{N_A}{N_B}} = \frac{2C}{1 - i}$$

$$D_B = \frac{2C}{\dfrac{N_B}{N_A} - 1} = \frac{2C}{i - 1}$$

⑤ 밀어붙이는 힘

$$Q \leqq \mu P$$

여기서, P : 양 마찰차를 밀어붙이는 힘[kg]

Q : 전달력[kg]

μ : 마찰계수

⑥ 전달 토크

$$T = Q\frac{D}{2} = \mu P\frac{D}{2}$$

⑦ 전달 동력

$$H_{\mathrm{kW}} = \frac{Qv}{102} = \frac{\mu Pv}{102}\,[\mathrm{kW}]$$

$$H_{\mathrm{PS}} = \frac{Qv}{75} = \frac{\mu Pv}{75}\,[\mathrm{PS}]$$

⑧ 마찰계수와 마찰각

$Q = \mu P$ 라 할 때

$$\mu = \frac{Q}{P} = \tan\rho$$

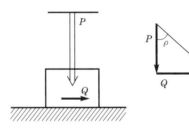

| 그림 5.58 | 마찰각

⑨ 마찰의 폭(너비)[mm]

$$P \leqq b\,p_0$$

$$b \geqq \frac{P}{p_0}$$

여기서, b : 마찰차의 너비

p_0 : 단위 접촉선 길이당 저항 능력[kg/mm]

너비 b 를 너무 크게 하면 마찰차의 균일한 접촉이 어려워지므로 대략 마찰차의 지름 크기 정도로 $b \leqq D$ 가 되도록 한다.

(2) 홈 마찰차(grooved friction wheel)

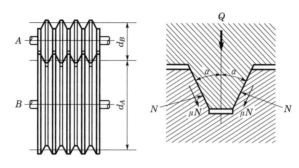

| 그림 5.59 | 홈 마찰차

① 두 바퀴의 미는 힘

$$Q = 2N(\sin \alpha + \mu \cos \alpha)\,[\text{kgf}]$$

② 수직력

두 차를 밀어붙여 홈의 벽에 수직으로 작용하는 힘을 말한다.

$$N = \frac{Q}{2(\sin \alpha + \mu \cos \alpha)}\,[\text{kgf}]$$

③ 회전력으로 작용하는 마찰력

$$P' = 2\mu N = \frac{\mu}{\sin \alpha + \mu \cos \alpha}Q = \mu' Q$$

④ 유효 마찰 계수(등가, 상당 마찰 계수)

$$\mu' = \frac{\mu}{\sin \alpha + \mu \cos \alpha} > \mu$$

⑤ 홈의 깊이와 수

홈의 깊이를 h, 홈의 수를 z, 마찰차가 접촉하는 전체 길이를 l이라 하면

$$h = 0.94\sqrt{\mu' Q}$$

$$l = 2z\frac{h}{\cos \alpha} ≒ 2zh$$

$$z = \frac{l}{2h} = \frac{N}{2hp}$$

⑥ 홈 마찰차와 원통 마찰차의 최대 토크비

$$T' : T = P' : P = \frac{\mu}{\sin \alpha + \mu \cos \alpha} : \mu = \mu' : \mu$$

예를 들면 $2\alpha = 30 \sim 40°$, $\mu = 0.1$일 때 토크비는 $T' : T = 2.8 : 1$로 약 3배의 큰 동력을 전달할 수 있다.

(3) 원뿔 마찰차(베벨 마찰차 : bevel friction wheel)

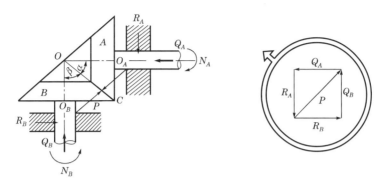

| 그림 5.60 | 원뿔 마찰차

① 속도비

원동차 A, 종동차 B의 꼭지각을 2α, 2β, 회전수 N_A, N_B[rpm], 두 축이 맺는 각을 $\theta = (\alpha + \beta)$[°]라 하면 속도비 i는

$$i = \frac{N_B}{N_A} = \frac{\overline{CO_A}}{\overline{CO_B}} = \frac{\overline{OC}\sin\alpha}{\overline{OC}\sin\beta} = \frac{\sin\alpha}{\sin\beta}$$

$$= \frac{\sin\alpha}{\sin(\theta - \alpha)} = \frac{\sin\alpha}{\sin\theta\cos\alpha - \cos\theta\sin\alpha}$$

$$= \frac{\tan\alpha}{\sin\theta - \cos\theta\tan\alpha}$$

따라서

$$\tan\alpha = \frac{\sin\theta}{\cos\theta + \dfrac{N_A}{N_B}} = \frac{\sin\theta}{\cos\theta + \dfrac{1}{i}}$$

같은 방법으로

$$\tan\beta = \frac{\sin\theta}{\dfrac{N_B}{N_A} + \cos\theta} = \frac{\sin\theta}{i + \cos\theta}$$

$\theta = 90°$이면

$$\tan\alpha = \frac{N_B}{N_A}, \quad \tan\beta = \frac{N_A}{N_B}$$

$\alpha = \beta = 45°$이면 $i = 1$로써 마이터 휠(miter wheel)이라 하며 모양과 크기가 똑같고 방향만 바꾸게 된다.

② 접촉면에 서로 밀어붙이는 힘

$$P = \frac{Q_A}{\sin\alpha} = \frac{Q_B}{\sin\beta}$$

③ 전달 동력

$$H_{\mathrm{kW}} = \frac{\mu P v_m}{102} = \frac{\mu Q_A \, v_m}{102 \sin \alpha} = \frac{\mu Q_B \, v_m}{102 \sin \beta} \, [\mathrm{kW}]$$

$$H_{\mathrm{PS}} = \frac{\mu P v_m}{75} = \frac{\mu Q_A \, v_m}{75 \sin \alpha} = \frac{\mu Q_B \, v_m}{75 \sin \beta} \, [\mathrm{PS}]$$

여기서, v_m : 평균 속도$\left(= \dfrac{\pi D_m \, n_B}{60 \times 1,000} = \dfrac{\pi \left(\dfrac{D_B + D_B{}'}{2} \right) N_B}{60 \times 1,000} \right) [\mathrm{m/s}]$

④ 축방향에 미는 힘

$$Q_A = P \sin \alpha \, [\mathrm{kgf}]$$

$$Q_B = P \sin \beta \, [\mathrm{kgf}]$$

⑤ 베어링에 작용하는 힘(분력)

$$R_A = \frac{Q_A}{\tan \alpha} \, [\mathrm{kgf}]$$

$$R_B = \frac{Q_B}{\tan \beta} \, [\mathrm{kgf}]$$

축각 $\theta = 90°$이면 $\alpha = \beta = 45°$이므로

$$R_A = Q_A \, [\mathrm{kgf}]$$

$$R_B = Q_B \, [\mathrm{kgf}]$$

⑥ 베어링에 작용하는 합성 하중

$$R_A = \sqrt{R_A^{\,2} + (\mu P)^2} \, [\mathrm{kgf}]$$

$$R_B = \sqrt{R_B^{\,2} + (\mu P)^2} \, [\mathrm{kgf}]$$

⑦ 원뿔 마찰차의 너비

$$b = \frac{P}{f} = \frac{Q_A}{f \sin \alpha} = \frac{Q_B}{f \sin \beta}$$

(4) 무단 변속 마찰차

① 한 개의 원판을 이용한 변속

속도비 i 는

$$i = \frac{N_B}{N_A} = \frac{x}{R_B}$$

R_B 는 일정하므로 x 를 변화시키면 i 가 변한다. 양 축의 토크 T_A, T_B 도 변하여 다음 식이 성립된다.

$$\frac{T_A}{T_B} = \frac{x}{R_B}$$

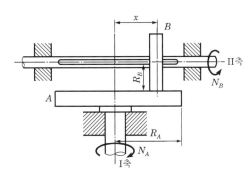

| 그림 5.61 | 한 개의 원판차에 의한 무단 변속 기구

② 두 개의 원판차를 이용한 변속

속도비 i 는

$$i = \frac{N_B}{N_A} = \frac{N_C}{N_A} \frac{N_B}{N_C} = \frac{x}{R_B} \left(\frac{R_C}{a-x} \right) = \frac{x}{a-x}$$

또 접촉면에서 접촉 방향의 힘 F 는

$$F = \frac{T_A}{x} = \frac{T_B}{a-x}$$

양 축의 토크비는

$$\frac{T_A}{T_B} = \frac{x}{a-x}$$

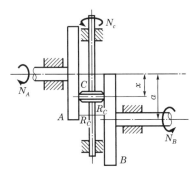

| 그림 5.62 | 두 개의 원판차에 의한 무단 변속 기구

③ 원추 마찰차에 의한 무단 변속

속도비 i 는

$$i = \frac{N_2}{N_1} = \frac{r_1}{r_2} = \frac{R_0 (l_0 + x)}{r_2 l_0}$$

토크비 T_1, T_2 는

$$\frac{T_2}{T_1} = \frac{r_2}{r_1} = \frac{r_2 l_0}{R_0 (l_0 + x)}$$

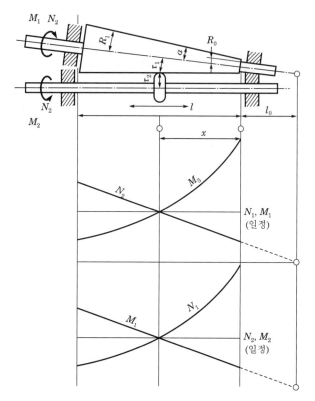

| 그림 5.63 | 원추차에 의한 무단 변속

Chapter 09 스프링

01 개요

(1) 진동

진동(vibration)이란 물체 또는 질점이 외력을 받아 평형 위치에서 요동하거나 떨리는 현상으로, 일정 시간마다 같은 운동이 반복되는 주기 운동 및 비주기적인 과도 운동, 불규칙 운동을 포함한다. 기계나 구조물에서 대부분의 진동은 응력의 증가와 더불어 에너지 손실을 일으킨다. 따라서, 진동원으로부터 진동이 전해지지 않도록 방진, 완충의 조치가 고려되어야 한다.

(2) 스프링

일반적으로 탄성체는 하중을 받으면 하중에 따른 만큼 변형을 하게 되고, 그 일을 탄성 에너지로 흡수·축적하는 특성을 가진다. 따라서, 이 기본 특성에서 동적으로 고유 진동을 가지고 충격을 완화하든지 진동을 방지하는 기능을 가진다. 탄성체가 갖는 특성과 기능을 적극적으로 이용한 기계요소가 스프링(spring)이다.

02 스프링의 분류

스프링은 재료, 하중, 용도, 모양에 따라 분류할 수 있다.

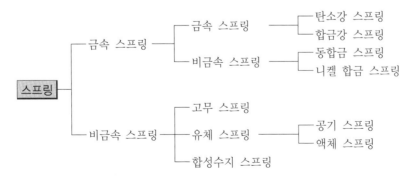

| 그림 5.64 | 스프링의 분류

(1) 사용 재료에 의한 분류
① 금속 스프링(강, 동합금)
② 고무 스프링
③ 유압 스프링
④ 공기압 스프링

(2) 스프링 형상에 의한 분류
① 코일 스프링(coil spring)(원통, 원주, 장고형, 드럼형)
② 겹판 스프링(leaf spring)
③ 벌류트 스프링(volute spring)
④ 타원 스프링
⑤ 태엽 스프링
⑥ 접시 스프링(disc spring)
⑦ 와셔 스프링(washer spring)
⑧ 스냅 스프링(snap spring)
⑨ 토션 바(torsion bar)
⑩ 정지 스프링
⑪ 차외 자리식(외치형, 내치형) 스프링
⑫ 파형 자리식 스프링
⑬ 지그재그 스프링
⑭ 바퀴형 스프링

(3) 스프링의 용도
① 진동 또는 탄성 에너지를 흡수한다.
　예 연결기의 완충 스프링, 전동차, 자동차 등의 대차
② 에너지를 저축하여 놓고 이것을 동력원으로 작동시킨다.
　예 시계, 촬영기의 태엽 스프링
③ 일정한 압력을 가할 때 사용한다.
　예 스프링 와셔, 안전 밸브 스프링
④ 힘의 측정에 사용한다.
　예 스프링, 저울, 각종 압력 게이지

03 스프링의 작용

(1) 하중과 변형

스프링에 하중 $P[\text{kgf}]$가 작용할 때

$P = k\delta\,[\text{kgf}]$

여기서, k : 스프링 상수(spring constant)

$\quad\quad\quad\delta$: 스프링의 변형[mm]

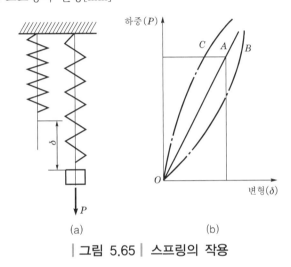

(a)　　　　　　　　　　　(b)

| 그림 5.65 | 스프링의 작용

스프링을 조합하는 방법은 직렬과 병렬이 있으며 각 스프링 상수를 k_1, k_2, k_3, …라면 조합한 스프링 상수 k는

병렬 : $k = k_1 + k_2 + k_3 + \cdots$

직렬 : $\dfrac{1}{k} = \dfrac{1}{k_1} + \dfrac{1}{k_2} + \dfrac{1}{k_3} + \cdots$

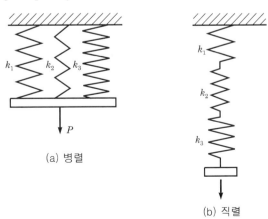

(a) 병렬　　　　　　　　(b) 직렬

| 그림 5.66 | 스프링의 조합

비틀림 스프링에서는 비틀림 모멘트를 $T[\text{kgf}\cdot\text{mm}]$, 비틀림각을 $\theta[\text{rad}]$라 하면

$$T = k\theta$$

여기서, k : 스프링 상수

(2) 스프링의 탄성 변형 에너지

하중이 스프링에 한 일 U는 스프링 내부에 탄성 에너지로써 흡수된다.

$$U = \frac{P\delta}{2} = \frac{k\delta^2}{2}$$

$$U = \frac{T\theta}{2}$$

(3) 충격의 완화

무게 $P_0[\text{kgf}]$의 물체가 속도 $v[\text{m/s}]$로 스프링 상수 k인 스프링에 충돌할 때 스프링의 반력, 즉 충격력의 최대치 $P_{\max}[\text{kgf}]$는

$$P_{\max} = \sqrt{\frac{P_0}{g}}\,kv$$

여기서, g : 중력 가속도($=9,800\text{mm/s}^2$)

k를 작게 함으로써 $P_{\max}$를 작게 하고, 충격력을 완화시킬 수 있다.

(4) 스프링의 고유 진동수

무게 P_0인 물체를 지지한 스프링을 자유 진동시키면 일정의 진동수로 진동한다. 이 진동을 고유 진동이라 하고, 이 진동수 f는

$$f = \frac{1}{2\pi}\sqrt{\frac{kg}{P_0}} = \frac{1}{2\pi}\sqrt{\frac{k}{m}} = \frac{1}{2\pi}\sqrt{\frac{g}{\delta}}$$

브레이크

01 개요

브레이크(brake)는 운동 중의 기계 부분이 가지고 있는 운동 에너지를 변화시키거나 일부 다른 형태의 에너지로 변화시키므로 그 부분의 운동을 정지시키거나 속도를 감소시키는 데 사용한다.

브레이크를 분류하면 다음과 같다.

(1) 마찰 브레이크(friction brake)

① 반경 방향 브레이크
- ㉠ 블록 브레이크(black brake)
- ㉡ 밴드 브레이크(band brake)

② 축압 브레이크
- ㉠ 원판 브레이크(disc brake)
- ㉡ 원추 브레이크(cone brake)

(2) 전기 브레이크(electric brake)

① 전동기를 발전기로 역용하여 운동 에너지를 전기로 바꾸고, 거기서 발생한 전기를 저항기에 의해 열로 방출하는 발전 브레이크이다.

② 발생한 전기를 송전선에 되돌리는 전력 회생(電力回生) 브레이크이다.

③ 차축(車軸)에 장착한 원판 가까이의 전자석에 전기를 걸어 원판에 맴돌이 전류를 일으키게 하여 열로 방출하는 맴돌이 전류 디스크 브레이크이다.

④ 레일에서 일정한 간격을 유지한 전자석에 전기를 걸어 레일에 맴돌이 전류를 생기게 하여 열로 방출시키는 맴돌이 전류식 레일 브레이크(전자기 흡수 브레이크) 등이 있다. 이상은 주로 철도 차량용으로 쓰이며 그 밖에 짐을 운반하는 컨베이어에 맴돌이 전류를 발생시켜 속도를 늦추게 하는 전기 브레이크도 쓰인다.

02 블록 브레이크

블록 브레이크(block brake)는 회전하는 브레이크 드럼(brake drum)에 브레이크 블록을 반경 방향으로 눌러 제동한다.

(1) 단식 블록 브레이크

① 철도 차량이나 하역 기계에 쓰이며, 한 개의 블록으로 눌러 제동하는 방식이다.
[그림 5.67]에서와 같이 $c>0$이면 내작용 선형, $c=0$이면 중작용 선형, $c<0$이면 외작용 선형이며 $\dfrac{a}{b}$의 표준값은 3~6이다.

② 수동의 경우 사람이 줄 수 있는 힘 F는 10~25[kgf]이고, 보통 20[kgf]을 사용한다. 블록과 브레이크 바퀴 사이의 최대 틈새 표준값으로서 2~3[mm] 정도가 적당하다.

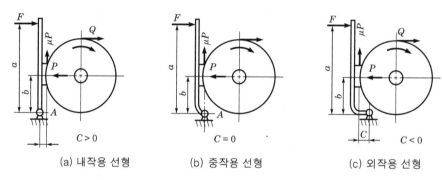

| (a) 내작용 선형   (b) 중작용 선형   (c) 외작용 선형 |

| 그림 5.67 | 단식 블록 브레이크의 형식

③ 브레이크 드럼의 제동력

$$Q = \mu P \,[\text{kgf}]$$

④ 브레이크 축의 토크

$$T = \frac{QD}{2} = \frac{\mu PD}{2}\,[\text{kgf}\cdot\text{mm}]$$

여기서, D : 브레이크 드럼의 지름[mm]
P : 드럼의 원주력[kgf]
μ : 마찰계수
F : 브레이크 레버에 작용하는 힘[kgf]

⑤ 브레이크 레버 끝에 작용하는 힘 F는 [표 5.12]와 같다.

| 표 5.12 | 작동 방식에 따라 레버 끝에 가하는 힘[kgf]

회전 방향	내작용 선형 ($c>0$)	중작용 선형 ($c=0$)	외작용 선형 ($c<0$)
우회전	$F = \dfrac{P(b+\mu c)}{a}$	$F = \dfrac{Pb}{a}$	$F = \dfrac{P(b-\mu c)}{a}$
좌회전	$F = \dfrac{P(b-\mu c)}{a}$		$F = \dfrac{P(b+\mu c)}{a}$

(2) 복식 블록 브레이크

축에 대칭으로 블록을 놓고 브레이크 링을 양쪽으로부터 죈다.

복식은 축에 대칭이므로 굽힘 모멘트가 걸리지 않고, 베어링에도 그다지 하중이 걸리지 않는다. 복식 블록 브레이크에서 레버에 작용하는 조작력 F'는

$$F' = \frac{Fd}{e} = \frac{Qbd}{\mu a}\,[\text{kgf}]$$

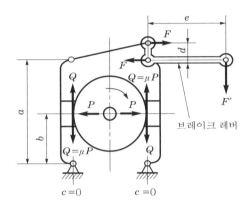

| 그림 5.68 | 복식 블록 브레이크

내부 확장식 브레이크(expansion brake)는 복식 브레이크가 변형된 형식이며, [그림 5.69]와 같이 바깥쪽으로 확장하여 브레이크 드럼에 접촉시켜서 제동을 하게 된다.

이것은 마찰면이 안쪽에 있으므로 먼지와 기름 등이 마찰면에 부착되지 않고, 또 브레이크 드럼의 마찰면에서 열을 발산시키는 데 편리하다. 자동차에 널리 사용된다.

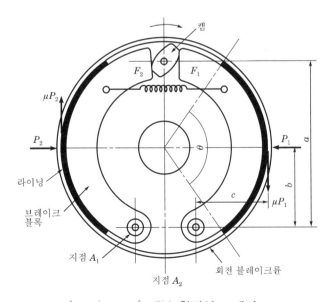

| 그림 5.69 | 내부 확장식 브레이크

① 우회전의 경우

$$F_1 = \frac{P_1}{a}(b - \mu c), \quad F_2 = \frac{P_2}{a}(b + \mu c)$$

여기서 P_1, P_2 : 마찰면에 작용하는 수직력[kgf]

$\quad\quad\quad F_1$, F_2 : 브레이크 블록을 넓히는 데 필요한 힘[kgf]

$\quad\quad\quad \mu$: 마찰계수

$\quad\quad\quad a, b, c$: 브레이크 블록의 치수

② 좌회전의 경우

$$F_1 = \frac{P_1}{a}(b + \mu c), \quad F_2 = \frac{P_2}{a}(b - \mu c)$$

여기서 $\mu < 0.4$이면 $\theta < 90°$, $\mu < 0.2$이면 $\theta < 120°$ 정도로 한다.

③ 브레이크 드럼상의 제동력

$$Q = \mu P_1 + \mu P_2$$

④ 제동 토크

$$T = Q\frac{D}{2} = (\mu P_1 + \mu P_2)\frac{D}{2}$$

(3) 브레이크 용량(capadity of brake)

블록과 브레이크 사이의 제동 압력이다.

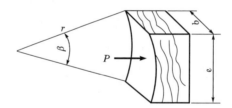

| 그림 5.70 | 브레이크 블록

$$p = \frac{P}{A} = \frac{P}{be} [\text{kgf/mm}^2]$$

마찰에 의한 일량

$$w_f = \mu P v = \mu p b e v [\text{kgf/m·s}]$$

여기서, P : 블록을 밀어붙이는 힘[kgf]

$\quad\quad\quad b, e$: 블록의 너비 및 길이[mm]

$\quad\quad\quad A$: 블록의 마찰 면적[mm^2]

e 의 값은 d 에 대하여 균일하게 되어 좋으나 보통 $\beta \cong 50 \sim 70°$가 되도록 $\frac{e}{d}$ 의 값을 잡는다.

브레이크 용량=마찰계수×브레이크 압력×속도

$$= \frac{Q}{A} = \frac{\mu P v}{A} = \mu p v [\text{kgf/mm}^2 \cdot \text{m/s}]$$

여기서, H : 제동 마력[PS]

$$H_{\text{PS}} = \frac{Qv}{75} = \frac{\mu Pv}{75} = \frac{\mu pv}{75A} \, [\text{PS}]$$

$$H_{\text{kW}} = \frac{Qv}{102} = \frac{\mu Pv}{102} = \frac{\mu pv}{102A} \, [\text{kW}]$$

03 밴드 브레이크

밴드 브레이크(band brake)는 브레이크 드럼의 바깥 둘레에 강철로 된 밴드를 감고, 밴드에 장력을 주어서 밴드와 브레이크 드럼 사이의 마찰에 의하여 제동 작용을 한다. 마찰계수 μ 를 크게 하기 위하여 밴드 안쪽에 나무 조각, 가죽, 석면, 직물 등을 라이닝한다.

밴드가 브레이크 드럼에 감긴 위치로 단동식, 차동식, 합동식의 세 가지 형식으로 나눈다.

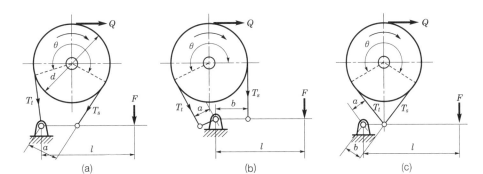

(a)   (b)   (c)

| 그림 5.71 | 밴드 브레이크

04 원판 브레이크

브레이크의 평균 지름 위에 작용하는 힘을 f , 접촉면의 수를 n , 제동 토크를 T_1 이라 하면

$$f = n\mu \frac{\pi}{4} (d_2^2 - d_1^2) p$$

$$T_f = \frac{d}{2} f = \frac{d_1 + d_2}{4} n\mu \frac{\pi}{4} (d_2^2 - d_1^2) p$$

브레이크
디스크

유압 튜브

마찰 패드

| 그림 5.72 | 원판 브레이크

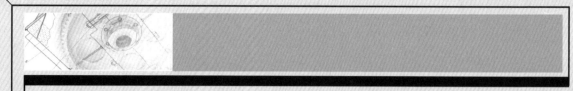

M/ E/ M/ O

P/A/R/T

06

전기 일반

직류 회로

01 전기의 본질

(1) 대전

어떤 물체가 전기를 띤 상태를 말한다.

(2) 전하

대전된 물체가 가지고 있는 전기를 말한다.

(3) 전하량

전하가 가지고 있는 전기의 양으로, 단위는 쿨롱(coulomb)이며 [C]을 사용하고 1개의 전자는 1.602×10^{-19}[C]의 음의 전기량을 가진다.

02 전기 회로의 전압 · 전류

1 전원과 부하

전류가 흐르는 통로를 전기 회로(electric circuit) 또는 회로(circuit)라 하며 회로에 전기 에너지를 공급하는 원천을 전원(electric source)이라 하고 전원에서 전기를 공급받아 어떤 일을 하는 것을 부하(load)라 한다.

2 전류

전기는 양극에서 음극으로 흐르며, 이와 같은 전기의 이동을 전류라 한다. 전류의 단위는 암페어(Ampere, [A])이며, 그 크기는 1초 동안에 도체를 이동한 전기의 양으로 나타낸다.

(1) 전류 계산

$$I = \frac{Q}{t}$$

여기서, Q : 전기량[C], t : 시간[sec]

(2) 1[A]

1초 동안에 1[C]의 전기량이 이동한 것을 말한다.

❸ 전압

물질의 전기적인 높이를 전위라 하고 전류는 높은 곳에서 낮은 곳으로 흐르며, 그 차를 전위차(전압)라 한다. 이들의 단위는 볼트(Volt, [V])이며 그 크기는 1[C]의 전기량이 이동할 때 얼마만큼의 일을 할 수 있는가에 따라 결정된다.

어떤 도체에 Q[C]의 전기량이 이동하여 W[J]의 일을 했다면 이때의 전압 V는 다음과 같다.

$$V = \frac{W}{Q}[\text{V}]$$

여기서, W : 일의 양[J], Q : 전기량[C]

즉 1[C]의 전기량이 두 점 사이를 1[J]의 일을 할 때 이 두 점 사이의 전위차는 1[V]이다. 또 전지와 같이 전위차를 만들어 주는 힘을 기전력이라 한다.

03 옴의 법칙

❶ 전기 저항(R)

전류의 흐름을 방해하는 작용을 전기 저항 또는 저항(resistance)이라 하고 단위는 옴(ohm, [Ω])을 쓴다. 반대로 전류가 흐르기 쉬운 정도를 나타내는 것으로서 컨덕턴스라 하고 단위는 모(mho, [℧])를 쓴다.

R[Ω]의 저항을 가진 어떤 물체의 컨덕턴스 G[℧]는 $G = \dfrac{1}{R}$[℧]로 표시된다. 도체의 전기 저항을 계산하면

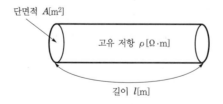

단면적 A[m²]

고유 저항 ρ[Ω·m]

길이 l[m]

| 그림 6.1 | 전기 저항

$$R = \rho \frac{l}{A} = \frac{l}{kA}[\Omega]$$

즉 전기 저항은 고유 저항과 도체의 길이에 비례하고 단면적에 반비례한다.

(1) 고유 저항

길이 1[m], 단면적 1[m²]의 물체의 저항을 물질에 따라 표시한 것을 그 물체의 고유 저항이라 한다.

$$1[\Omega \cdot m] = 10^2[\Omega \cdot cm] = 10^6[\Omega \cdot mm^2/m]$$

(2) 도전율

$$K = \frac{1}{\rho} = \frac{1}{\dfrac{RA}{l}} = \frac{l}{RA}[\text{℧}/m]$$

2 옴의 법칙

도선의 두 점 사이를 흐르는 전류의 세기는 그 두 점 사이의 전위차에 비례하고 전기 저항에 반비례한다. 이것을 옴의 법칙(Ohm's law)이라 한다. 즉 두 점 사이의 전압을 E[V], 그 사이를 흐르는 전류를 I[A], 저항을 R[Ω]이라 하면 다음 식이 성립되며 저항의 단위는 옴(Ohm, [Ω])이다.

$$I = \frac{E}{R}[A] \quad \therefore E = IR[V]$$

| 그림 6.2 | 옴의 법칙

| 표 6.1 | 보조 단위
전류, 전압, 저항 등의 기본 단위에 대해서 실용적으로 더 큰 단위나 작은 단위

명칭	기호	배수	명칭	기호	배수
테라(tera)	T	10^{12}	피코(pico)	p	10^{-12}
기가(giga)	G	10^9	나노(nano)	n	10^{-9}
메가(mega)	M	10^6	마이크로(micro)	μ	10^{-6}
킬로(kilo)	K	10^3	밀리(milli)	m	10^{-3}

04 키르히호프의 법칙

(1) 키르히호프의 제1법칙

회로망에 있어서 임의의 접속점으로 흘러 들어오고 흘러나가는 전류의 대수합은 0이다.

$$\sum I = 0$$

[그림 6.3]에서 $I_1 - I_2 + I_3 - I_4 - I_5 = 0$

| 그림 6.3 | 키르히호프의 제1법칙

(2) 키르히호프의 제2법칙

회로망에서 임의의 한 폐회로의 각 부를 흐르는 전류와 저항과의 곱의 대수합은 그 폐회로 중에 있는 모든 기전력의 대수합과 같다.

$$\sum IR = \sum E$$

[그림 6.4] ①의 폐회로에서는

$$I_1 R_1 + I_1 R_4 - I_2 R_2 = E_1 - E_2$$

[그림 6.4] ②의 폐회로에서는

$$I_2 R_2 + I_3 R_5 - I_3 R_3 = E_2 - E_3$$

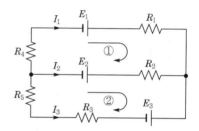

| 그림 6.4 | 키르히호프의 제2법칙

05 도체와 절연체

(1) 도체

전하가 이동하기 쉬운 물질, 즉 전류가 흐르기 쉬운 물질(금속, 염류, 전해 용액)이다.

(2) 절연체(부도체)

전하의 이동을 허용하지 않는 물질, 즉 전류를 거의 통해 주지 않는 물질(공기, 도자기, 운모, 에보나이트, 유리, 고무)이다.

(3) 반도체

저온에서는 전류가 흐르기 힘들어 절연체와 같지만, 온도가 높아지면 도체와 같이 전류가 흐르기 쉬운 물질(셀렌, 게르마늄, 규소)이다.

06 저항 접속

1 직렬 접속

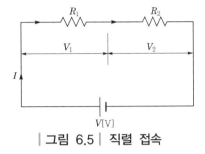

$$V_1 = R_1 I[\text{V}], \quad V_2 = R_2 I[\text{V}]$$
$$V = V_1 + V_2 = R_1 I + R_2 I = (R_1 + R_2) I[\text{V}]$$

| 그림 6.5 | 직렬 접속

(1) 합성 저항

$$R_0 = R_1 + R_2[\Omega]$$

(2) 전류

$$I = \frac{V}{R_1 + R_2}[\text{A}]$$

(3) 분압 법칙(각 저항의 전압 강하)

① $V_1 = R_1 I = R_1 \left(\dfrac{V}{R_1 + R_2} \right) = \left(\dfrac{R_1}{R_1 + R_2} \right) V[\text{V}]$

② $V_2 = R_2 I = R_2 \left(\dfrac{V}{R_1 + R_2} \right) = \left(\dfrac{R_2}{R_1 + R_2} \right) V[\text{V}]$

(4) 배율기

전압계의 측정 범위를 확대하기 위해서 전압계와 직렬로 접속한 저항을 말한다.

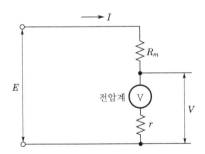

| 그림 6.6 | 배율기

여기서, E : 측정할 전압[V]

V : 전압계의 눈금[V]

r : 전압계 내부 저항[Ω]

R_m : 배율기 저항[Ω]

전압계 전압 $V = \dfrac{r}{R_m + r}$ 에서 $\dfrac{E}{V} = \dfrac{R_m + r}{r} = 1 + \dfrac{R_m}{r}$ 이 된다.

즉 전압계의 최대 눈금의 $m = 1 + \dfrac{R_m}{r}$ 배까지의 전압을 측정할 수 있다.

이때 $m = \dfrac{E}{V} = 1 + \dfrac{R_m}{r}$ 을 배율기의 배율이라고 한다.

2 병렬 접속

$$I_1 = \frac{V}{R_1}[\text{A}], \ I_2 = \frac{V}{R_2}[\text{A}]$$

$$I = I_1 + I_2 = \frac{V}{R_1} + \frac{V}{R_2} = \left(\frac{1}{R_1} + \frac{1}{R_2}\right)V[\text{A}]$$

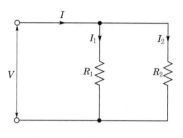

| 그림 6.7 | 병렬 접속

(1) 합성 저항

$$\frac{1}{R_0} = \frac{1}{R_2} + \frac{1}{R_2}[\Omega]$$

$$\therefore \ R_0 = \frac{1}{\dfrac{1}{R_1} + \dfrac{1}{R_2}} = \frac{R_1 R_2}{R_1 + R_2}[\Omega]$$

(2) 전전압

$$V = R_0 I = \left(\frac{R_1 R_2}{R_1 + R_2}\right)I[\text{V}]$$

(3) 분류 법칙(각 저항에 흐르는 전류)

① $I_1 = \dfrac{V}{R_1} = \dfrac{1}{R_1}\left(\dfrac{R_1 R_2}{R_1 + R_2}\right)I = \left(\dfrac{R_2}{R_1 + R_2}\right)I[\text{A}]$

② $I_2 = \dfrac{V}{R_2} = \dfrac{1}{R_2}\left(\dfrac{R_1 R_2}{R_1 + R_2}\right)I = \left(\dfrac{R_1}{R_1 + R_2}\right)I[\text{A}]$

(4) 분류기

전류계의 측정 범위를 확대하기 위해서 전류계와 병렬로 접속한 저항을 말한다.

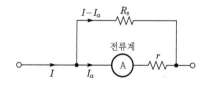

| 그림 6.8 | 분류기

여기서, I : 측정할 전류값[A]

I_a : 전류계의 눈금[A]

r : 전압계 내부 저항[Ω]

R_s : 분류기 저항[Ω]

전류계에 흐르는 전류 $I_a = \left(\dfrac{R_s}{R_s + r}\right)I$ 이므로 분류기의 배율 $m = \dfrac{I}{I_a} = \dfrac{R_s + r}{R_s} = \dfrac{1 + r}{R_s}$ 이 된다.

07 전력과 전력량

(1) 전력

1초 동안에 운반되는 전기 에너지, 즉 전기가 하는 일을 전력이라 하고 와트(watt, [W])라는 단위로 표시한다.

$$P = \frac{W}{t} = \frac{Q}{t} \frac{W}{Q} = VI[\text{W}]$$

$R[\Omega]$의 저항에 전류 $I[\text{A}]$가 흐르고 그 양끝의 전압이 $E[\text{V}]$이면 저항에서 소비되는 전력 $P[\text{W}]$는

$$P = EI = I^2 R = \frac{E^2}{R}[\text{W}]$$

기계적인 동력의 단위로는 마력을 사용하는 일이 많고 와트와의 사이에는 다음과 같은 관계가 있다.

$$1[\text{마력}] = 1[\text{HP}] = 746[\text{W}] \fallingdotseq \frac{3}{4}[\text{kW}]$$

(2) 전력량

어느 일정 시간 동안의 전기 에너지의 총량으로 전력을 $P[\text{W}]$, 시간을 $t[\text{sec}]$, 전력량을 W라 하면

$$W = Pt = VIt[\text{Ws}] = VIt[\text{J}]$$
$$1[\text{kWh}] = 10^3[\text{Wh}] = 10^3 \times 3,600[\text{Ws}] = 3.6 \times 10^6[\text{J}]$$

단위는 [J]보다 [Ws]로 표시하나 실용적으로는 [Wh], [kWh]로 사용한다.

(3) 효율

출력 에너지와 입력 에너지의 비로서, 손실로 에너지를 얼마나 잃었는지, 즉 얼마나 입력 에너지가 유효하게 작용하는지를 나타내는 것을 말한다.

$$\text{효율}(\eta) = \frac{\text{출력}}{\text{입력}} \times 100[\%] = \frac{\text{입력} - \text{손실}}{\text{입력}} \times 100[\%]$$

08 전열

(1) 줄의 법칙

도선에 전류가 흐르면 열이 발생하게 되는데 이 열은 저항과 전류의 제곱 및 흐른 시간에 비례한다. 이 법칙을 줄의 법칙(Joule's law)이라 한다.

열량 $H = 0.24I^2Rt\,[\text{cal}]$, $\quad W = Pt = I^2Rt\,[\text{J}]$

$1[\text{J}] = 0.24[\text{cal}]$, $\quad 1[\text{cal}] = 4.186[\text{J}]$

(2) 전열의 발생

$P[\text{kW}]$의 전력을 t[시간]를 써서 발생하는 열량 $Q[\text{kcal}]$는 1[kWh]=860[kcal]이므로

$Q = 860Pt\,[\text{kcal}]$

(3) 열 절연체와 전기 절연체

전열기의 절연 재료는 고온에서 잘 견디고 고온에서도 전기 저항이 커야 한다. 석면(800[℃]), 유리(400[℃]), 운모(500~900[℃]), 사기, 내화 벽돌 등은 열 절연체이면서 전기 절연체이다.

01 사인파 교류

1 교류

(1) 정의

시간의 변화에 따라 크기와 방향이 주기적으로 변화하는 전류·전압을 교류 전류, 교류 전압이라 한다. 반대로 크기와 방향이 변화하지 않고 흐르는 방향이 일정한 것을 직류 전류, 직류 전압이라 한다.

(2) 사인파 교류의 발생 원리 : 발전기

자장 안에 도체를 놓고 도체의 축을 회전시키면 자속을 도체가 끊으면서 기전력을 발생한다.

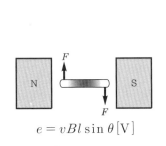

$$e = vBl \sin \theta [\mathrm{V}]$$

| 그림 6.9 | 플레밍의 오른손 법칙

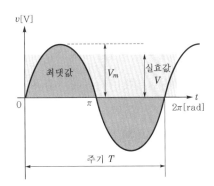

| 그림 6.10 | 사인파 교류

2 주기와 주파수

(1) 주기(T)

1주파의 변화에 요하는 시간을 주기라 한다. 단위는 [sec]이다.

(2) 주파수(f)

1초 동안에 변화하는 주파의 수를 주파수라 한다. 단위는 [Hz]이다.

(3) 주기와 주파수 사이의 관계

$$T = \frac{1}{f}\,[\text{sec}], \quad f = \frac{1}{T}\,[\text{Hz}]$$

(4) 각주파수(ω)

시간에 대한 각도의 변화율로 $\omega = \dfrac{\theta}{t} = \dfrac{2\pi}{T} = 2\pi f\,[\text{rad/s}]$이다.

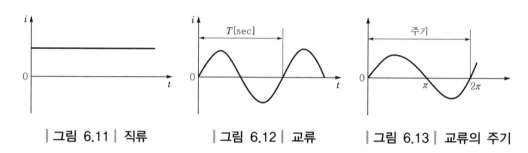

| 그림 6.11 | 직류 | 그림 6.12 | 교류 | 그림 6.13 | 교류의 주기

3 평균값

교류의 순시값이 0이 되는 순간에서 다음 0으로 되기까지의 양(+)의 반주기에 대한 순시값의 평균을 평균값이라고 하며, 평균값 E_{av}와 최댓값 E_m와의 사이에는

$$E_{av} = \frac{2}{\pi} E_m \coloneqq 0.637 E_m\,[\text{V}]$$

의 관계가 있다.

4 파고율과 파형률

파고율과 파형률은 교류의 파형(전압, 전류 등이 시간의 흐름에 따라 변화하는 모양)이 어떤 형태를 이루고 있는지를 분석하기 위하여 사용되는 것으로서 다음 식으로 구해진다.

(1) 파형률

실효값을 평균값으로 나눈 값으로 파의 기울기 정도

$$파형률 = \frac{실효값}{평균값}$$

(2) 파고율

최댓값을 실효값으로 나눈 값으로 파두(wave front)의 날카로운 정도

$$파고율 = \frac{최댓값}{실효값}$$

02 교류의 크기

1 순시값

교류는 시간에 따라 변하고 있으므로 임의의 순간에 있어서의 크기를 교류의 순시값이라고 한다.

$$V = V_m \sin \omega t \,[\text{V}]$$

여기서, V : 전압의 순시값

V_m : 전압의 최댓값

ω : 각속도

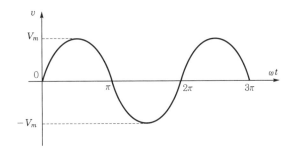

| 그림 6.14 | 교류의 순시값

2 실효값

교류의 크기를 그것과 같은 일을 하는 직류의 크기로 바꿔 놓은 값을 실효값이라 한다.

(1) 정의

일반적으로 사용되는 값으로, 교류의 순시값의 제곱에 대한 1주기의 평균의 제곱근을 실효값(effective value)이라 한다.

$$I = \sqrt{i^2 \text{의 1주기 평균값}} \,[\text{A}]$$

$$V = \sqrt{v^2 \text{의 1주기 평균값}} \,[\text{V}]$$

사인파의 실효값 V는 최댓값 V_m의 $\dfrac{1}{\sqrt{2}}$[배], 즉 $V = \dfrac{1}{\sqrt{2}} V_m$ 이다.

(2) 실효값과 최댓값과의 관계

사인파 전압의 순시값 v를 실효값 V를 사용하여 표시하면 다음과 같다.

$$v = V_m \sin \omega t = \sqrt{2}\, V \sin \omega t \,[\text{V}]$$

03   사인파 교류와 벡터

1 회전 벡터

① 크기 및 방향을 가진 양을 벡터량이라 하고 크기만 가진 양을 스칼라량이라고 한다.
② 벡터량은 화살표로서 방향과 크기를 표시한다.
③ 벡터에는 정지 벡터와 회전 벡터가 있다.
④ 사인파 교류는 회전 벡터로 표시할 수 있다.

2 정지 벡터

다음과 같이 표시되는 교류 $v = 50\sqrt{2}\sin\omega t\,[\text{V}]$은 $i = 100\sqrt{2}\sin\left(\omega t + \dfrac{\pi}{3}\right)[\text{A}]$의 실효값 정지 벡터의 표시는 각각 $\dot{V} = 50\underline{/0}\,,\ \dot{I} = 100\underline{\bigg/\dfrac{\pi}{3}}$ 로 표시한다.

3 사인파 교류의 벡터에 의한 계산법

(1) 벡터 합의 계산

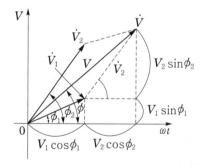

| 그림 6.15 | 벡터 합의 계산

$$V = \sqrt{(V_1\cos\phi_1 + V_2\cos\phi_2)^2 + (V_1\sin\phi_1 + V_2\sin\phi_2)^2}\,[\text{V}]$$
$$= \sqrt{V_1^{\,2} + V_2^{\,2} + 2V_1V_2\cos\phi}$$

여기서 ϕ는 벡터 합의 위상각(편각)이다.

$$\phi = \tan^{-1}\frac{V_1\sin\phi_1 + V_2\sin\phi_2}{V_1\cos\phi_1 + V_2\cos\phi_2}\,[\text{rad}]$$

(2) 벡터 차의 계산

$$V = \sqrt{(V_1\cos\phi_1 - V_2\cos\phi_2)^2 + (V_1\sin\phi_1 - V_2\sin\phi_2)^2}\,[\text{V}]$$
$$= \sqrt{V_1{}^2 + V_2{}^2 - 2V_1V_2\cos\phi}$$

04 교류 회로의 복소수 표시

1 개요

(1) 복소수의 일반 표시

$$\dot{Z} = a + jb$$

여기서, a : 실수부, b : 허수부

(2) 허수 단위 j의 값

$$j = \sqrt{-1},\ j^2 = -1,\quad j^3 = j^2 \times j = -j,\ j^4 = j^2 \times j^2 = 1$$

(3) 공액 복소수

허수의 부호가 서로 다른 복소수이다. 즉 $\dot{Z} = a + jb$와 $\overline{\dot{Z}} = a - jb$는 서로 공액 복소수 이다.

2 벡터의 복소수 표시

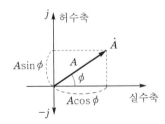

| 그림 6.16 | 벡터의 복소수 표시

(1) 직각 좌표 표시

$$\dot{A} = a + jb,\ \text{절댓값}\ A = |\dot{A}| = \sqrt{a^2 + b^2},\ \text{편각}\ \phi = \tan^{-1}\frac{b}{a}$$

(2) 극좌표 표시

$a = A\cos\phi,\ b = A\sin\phi$이므로

$$\dot{A} = A\cos\phi + jA\sin\phi = A(\cos\phi + j\sin\phi) = A\underline{/\phi}$$

(3) 지수 함수 표시

$$\dot{A} = A\varepsilon^{j\phi} = A(\cos\phi + j\sin\phi)$$

여기서, ε : 자연 로그의 밑수

3 복소수의 계산

(1) 복소수의 곱셈

$$\dot{A} = \dot{A_1}\dot{A_2} = (A_1\underline{/\theta_1})(A_2\underline{/\theta_2}) = A_1A_2\underline{/\theta_1 + \theta_2}$$

(2) 복소수의 나눗셈

$$\dot{A} = \frac{\dot{A_1}}{\dot{A_2}} = \frac{A_1\underline{/\theta_1}}{A_2\underline{/\theta_2}} = \frac{A_1}{A_2}\underline{/\theta_1 - \theta_2}$$

05 단상 회로

1 단일 소자 회로의 전압과 전류

(1) 저항만의 회로

[그림 6.17] (a)와 같이 저항 $R[\Omega]$만의 회로에 교류 전압 $v = \sqrt{2}\,V\sin\omega t[\text{V}]$의 기전력을 가하면 전류 $i[\text{A}]$는 다음과 같이 된다.

$$i = \frac{v}{R} = \frac{\sqrt{2}\,V\sin\omega t}{R} = \sqrt{2}\,I\sin\omega t\,[\text{A}]$$

여기서, $I = \frac{V}{R}$

따라서 전압 v와 전류 i는 동상으로서 그 실효값 I는 옴의 법칙이 그대로 성립한다([그림 6.17] (b) 참조).

(a)   (b)

| 그림 6.17 | 저항만의 회로

(2) 인덕턴스만의 회로

인덕턴스 L[H]의 회로에 교류 전압 $v = \sqrt{2}\,V\sin\omega t$[V]의 기전력을 가하면 전류 i는

$$i = \sqrt{2}\,I\sin\left(\omega t - \frac{\pi}{2}\right)[\mathrm{A}]$$

여기서, $I = \dfrac{V}{\omega L} = \dfrac{V}{X_L}$[A]

X_L : 유도 리액턴스[Ω]

$$X_L = \omega L = 2\pi f L\,[\Omega]$$

전류가 전압보다 $\dfrac{\pi}{2}$[rad]만큼 뒤진다([그림 6.18] (b) 참조).

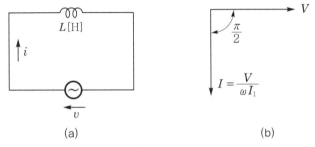

(a)   (b)

| 그림 6.18 | 인덕턴스만의 회로

(3) 정전 용량만의 회로

정전 용량 C[F]의 콘덴서에 $v = \sqrt{2}\,V\sin\omega t$[V]의 교류 전압을 가하면 전류 i는

$$i = \sqrt{2}\,I\sin\left(\omega t + \frac{\pi}{2}\right)[\mathrm{A}]$$

여기서, $I = \dfrac{V}{\dfrac{1}{\omega C}} = \dfrac{V}{X_C}$[A]

X_C : 용량 리액턴스[Ω]

$$X_C = \frac{1}{\omega C} = \frac{1}{2\pi f C}\,[\Omega]$$

전류가 전압보다 $\dfrac{\pi}{2}$[rad]만큼 앞선다([그림 6.19] (b) 참조).

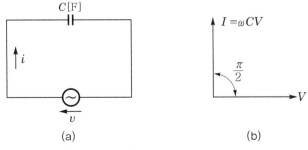

(a)   (b)

| 그림 6.19 | 정전 용량만의 회로

2 교류 회로의 기호법 표시

(1) R만의 회로

저항 $R[\Omega]$의 회로에 전압 $\dot{V}[V]$를 가할 때 흐르는 전류를 $\dot{I}[A]$라 하면

$$\dot{I} = \frac{\dot{V}}{R}, \ \dot{V} = R\dot{I}$$

(2) L만의 회로

$$\dot{I} = \frac{\dot{V}}{j\omega L} = -j\frac{\dot{V}}{\omega L} = -j\frac{\dot{V}}{X_L}, \ \dot{I}는 \ \dot{V}보다 \ \frac{\pi}{2}만큼 뒤진다.$$

(3) C만의 회로

$$\dot{I} = \frac{\dot{V}}{-j\frac{1}{\omega C}} = j\omega C\dot{V} = j\frac{\dot{V}}{X_C}, \ \dot{I}는 \ \dot{V}보다 \ \frac{\pi}{2}만큼 앞선다.$$

06 $R-L-C$의 직·병렬 회로

1 $R-L$ 직렬 회로

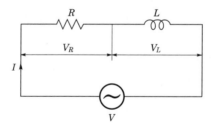

| 그림 6.20 | 직렬 회로

(1) R 양단 전압

$V_R = IR[V]$, V_R은 전류 I와 동상이다.

(2) L 양단 전압

$V_L = X_L I = \omega L I[V]$, V_L은 전류 I보다 $\frac{\pi}{2}[rad]$만큼 앞선 위상이다.

(3) 전압

$$V = \sqrt{V_R^2 + V_L^2} = I\sqrt{R^2 + X_L^2} = I\sqrt{R^2 + (\omega L)^2} \ [V]$$

(4) 전류

$$I = \frac{V}{\sqrt{R^2 + X_L^2}} [A]$$

(5) 위상차

$$\theta = \tan^{-1} \frac{X_L}{R} = \tan^{-1} \frac{\omega L}{R} [rad]$$

(6) 임피던스

교류에서 전류의 흐름을 방해하는 R, L, C의 벡터적인 합이다.

$$Z = \sqrt{R^2 + (\omega L)^2} [\Omega]$$

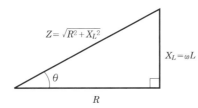

| 그림 6.21 | 임피던스 삼각형

(7) 전류는 전압보다 $\theta[rad]$만큼 위상이 뒤진다.

2 $R - L$ 병렬 회로

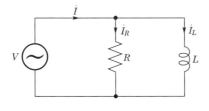

| 그림 6.22 | 병렬 회로

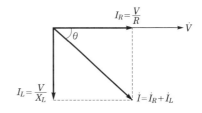

| 그림 6.23 | 벡터도

(1) 전류

$$I = \sqrt{I_R^2 + I_L^2} = \sqrt{\left(\frac{V}{R}\right)^2 + \left(\frac{V}{\omega L}\right)^2} = \sqrt{\left(\frac{1}{R}\right)^2 + \left(\frac{1}{\omega L}\right)^2} \, V[A]$$

(2) 어드미턴스

$$Y = \sqrt{\left(\frac{1}{R}\right)^2 + \left(\frac{1}{\omega L}\right)^2} [\mho]$$

(3) 위상차

$$\theta = \tan^{-1} \frac{R}{\omega L}$$

07 직렬 공진과 병렬 공진

1 직렬 공진

(1) 공진 조건

$\dot{Z} = R + j\left(\omega L - \dfrac{1}{\omega C}\right) = R + jX\,[\Omega]$에서 $X = 0$, 즉 $\omega L = \dfrac{1}{\omega C}$ 이면 Z가 최소가 되고 I는

최대가 된다.

(2) 공진 임피던스

$Z = R\,[\Omega]$

(3) 공진 시 전류

$I_0 = \dfrac{V}{R}\,[\mathrm{A}]$

(4) 직렬 공진 시 임피던스와 전류

직렬 공진일 때 임피던스 $Z = R$이 되어 임피던스는 최소, 전류는 최대가 된다.

(5) 공진 주파수

$f_o = \dfrac{1}{2\pi\sqrt{LC}}\,[\mathrm{Hz}]$

(6) 공진 곡선

공진 회로에서 주파수에 대한 전류 변화를 나타낸 곡선을 말한다.

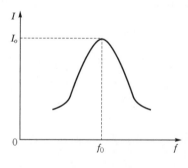

| 그림 6.24 | 직렬 공진 곡선

(7) 선택도

회로에서 원하는 주파수와 원하지 않는 주파수를 분리하는 것을 말한다.

$$Q = \frac{1}{R}\sqrt{\frac{L}{C}}$$

2 병렬 공진

(1) 공진 조건

어드미턴스의 허수부가 0이 되는 경우이며 Z가 무한대가 되고 I는 최소가 된다.

(2) 공진 어드미턴스

$$Y = \frac{1}{R}[\text{℧}]$$

(3) 공진 주파수

$$f_o = \frac{1}{2\pi\sqrt{LC}}[\text{Hz}]$$

08 전력과 역률

(1) 유효 전력

$$P = EI\cos\theta = I^2 R = \frac{V^2}{R}[\text{W}]$$

(2) 무효 전력

$$P_r = EI\sin\theta = I^2 X = \frac{V^2}{X}[\text{Var}]$$

(3) 피상 전력

$$P_a = EI = I^2 Z$$

참고

유효 · 무효 · 피상 전력의 관계

$$P^2 + P_r^{\,2} = (EI)^2(\cos^2\theta + \sin^2\theta) = (EI)^2 = P_a^{\,2}$$
$$\therefore P_a = \sqrt{P^2 + P_r^{\,2}}$$

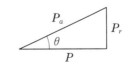

〈전력 삼각형〉

(4) 역률

$$\cos\theta = \frac{P}{P_a} = \frac{R}{Z}$$

(5) 무효율

$$\sin\theta = \frac{P_r}{P_a} = \frac{X}{Z}$$

(6) 복소 전력

$$\dot{P}_a = \overline{E}\dot{I} = P \pm jP_r[\text{VA}], \ \ P_a = |\dot{P}_a| = \sqrt{P^2 + P_r^{\ 2}}\,[\text{VA}]$$

여기서, $+P_r$의 경우는 앞선 전류의 무효 전력(용량성 부하)

$-P_r$의 경우는 뒤진 전류의 무효 전력(유도성 부하)

3상 교류 회로

01 3상 교류

1 3상 교류의 발생

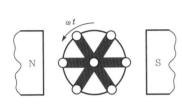

(a) 코일들의 배치

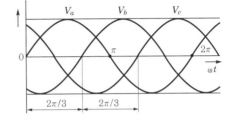

(b) 각 코일에 발생되는 전압

| 그림 6.25 | 3상 교류의 발생

(1) 3상 교류

주파수가 동일하고 위상이 $\dfrac{2\pi}{3}$[rad]만큼씩 다른 3개의 파형을 말한다.

(2) 상(phase)

3상 교류를 구성하는 각 단상 교류이다.

(3) 상순

3상 교류에서 발생하는 전압들이 최댓값에 도달하는 순서이다.

2 3상 교류의 순시값 표시

(1) 3상 교류의 순시값

$$V_a = \sqrt{2}\, V \sin \omega t [\text{V}]$$

$$V_b = \sqrt{2}\, V \sin\left(\omega t - \frac{2\pi}{3}\right)[\text{V}]$$

$$V_c = \sqrt{2}\, V \sin\left(\omega t - \frac{4\pi}{3}\right)[\text{V}]$$

(2) 대칭 3상 교류

크기가 같고 서로 $\dfrac{2\pi}{3}$[rad]만큼의 위상차를 가지는 3상 교류이다.

3 3상 교류의 벡터 표시

(1) 벡터 표시

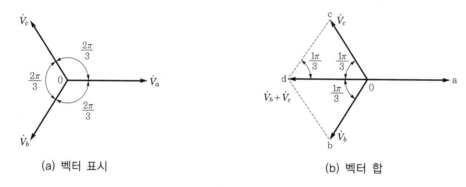

| 그림 6.26 | 3상 교류의 벡터 표시 및 벡터 합

(2) 전압의 벡터 합

$$\dot{V}_a + \dot{V}_b + \dot{V}_c = 0$$

(3) 기호법에 의한 대칭 3상 교류의 표시

① 기호법에 의한 표시

사인파 교류를 복소수로 나타내어 교류 회로를 계산하는 방법

$$\dot{V}_a = V\,[\text{V}]$$

$$\dot{V}_b = V\left(-\dfrac{1}{2} - j\,\dfrac{\sqrt{3}}{2}\right)[\text{V}]$$

$$\dot{V}_c = V\left(-\dfrac{1}{2} + j\,\dfrac{\sqrt{3}}{2}\right)[\text{V}]$$

② 극좌표 표시

$$\dot{V}_a = V\underline{/0}\,[\text{V}], \quad \dot{V}_b = V\underline{/-\dfrac{2\pi}{3}}\,[\text{V}], \quad \dot{V}_c = V\underline{/-\dfrac{4\pi}{3}}\,[\text{V}]$$

02 3상 결선과 전압·전류

1 성형 결선(Y결선)

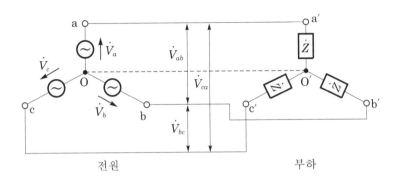

| 그림 6.27 | 성형 결선

(1) 상전압

각 상에 걸리는 전압을 말한다.

(2) 선간 전압

부하에 전력을 공급하는 선들 사이의 전압을 말한다.

(3) 상전압과 선간 전압의 관계

선간 전압이 상전압보다 $\dfrac{\pi}{6}$ 만큼 앞선다.

(4) 선간 전압의 크기

선간 전압을 V_l[V], 상전압을 V_p[V]라 하면

$$V_l = \sqrt{3}\ V_p$$

🔢 환상 결선(△결선)

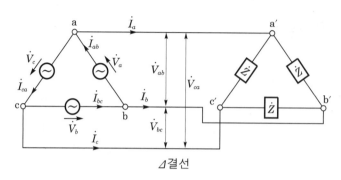

| 그림 6.28 | 환상 결선

(1) 상전압(V_p)과 선간 전압(V_l) 사이의 관계

$$\dot{V}_a = \dot{V}_{ab}, \ \ \dot{V}_b = \dot{V}_{bc}, \ \ \dot{V}_c = \dot{V}_{ca} \qquad \therefore \ \dot{V}_l = \dot{V}_p$$

(2) 상전류와 선전류 사이의 관계

$$I_l = \sqrt{3}\, I_p$$

🔢 V결선

△결선의 3상 회로에서 한 상의 기전력 또는 임피던스가 없는 경우를 V결선이라 한다.

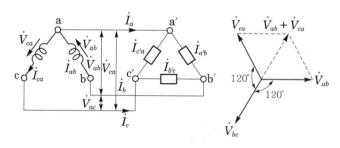

| 그림 6.29 | V결선

(1) V결선의 출력

V결선의 출력은

$$P_v = \sqrt{3}\, EI\cos\theta[\mathrm{W}]$$

또한 피상 전력 P_a 및 무효 전력 P_r은

$$P_a = \sqrt{3}\,EI$$

$$P_r = \sqrt{3}\,EI\sin\theta$$

(2) V결선 변압기의 이용률과 출력비

$$\text{이용률}(U) = \frac{\text{V결선으로서의 용량}}{2\text{대의 허용 용량}} = \frac{\sqrt{3}\,EI}{2EI} = 0.867$$

$$\text{출력비} = \frac{\text{V결선의 출력(변압기 2대)}}{\Delta\text{결선의 출력(변압기 3대)}} = \frac{\sqrt{3}\,EI}{3EI} ≒ 0.577$$

즉 변압기를 V결선으로 하였을 때 출력은 57.7[%]로 감소된다.

03 △부하와 Y부하의 변환

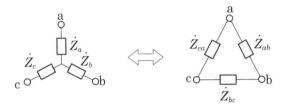

| 그림 6.30 | △부하와 Y부하의 변환

(1) △부하를 Y부하로 환산

$$\dot{Z}_a = \frac{\dot{Z}_{ab}\dot{Z}_{ca}}{\dot{Z}_{ab} + \dot{Z}_{bc} + \dot{Z}_{ca}}\,[\Omega]$$

$$\dot{Z}_b = \frac{\dot{Z}_{bc}\dot{Z}_{ab}}{\dot{Z}_{ab} + \dot{Z}_{bc} + \dot{Z}_{ca}}\,[\Omega]$$

$$\dot{Z}_c = \frac{\dot{Z}_{ca}\dot{Z}_{bc}}{\dot{Z}_{ab} + \dot{Z}_{bc} + \dot{Z}_{ca}}\,[\Omega]$$

만일, $\left.\begin{array}{l}\dot{Z}_a = \dot{Z}_b = \dot{Z}_c = \dot{Z}_Y \\ \dot{Z}_{ab} = \dot{Z}_{bc} = \dot{Z}_{ca} = \dot{Z}_\Delta\end{array}\right\}$ 이면 $\dot{Z}_Y = \dfrac{\dot{Z}_\Delta}{3}$

(2) Y부하를 △부하로 환산

$$\dot{Z}_{ab} = \frac{\dot{Z}_a\dot{Z}_b + \dot{Z}_b\dot{Z}_c + \dot{Z}_c\dot{Z}_a}{\dot{Z}_c}\,[\Omega]$$

$$\dot{Z}_{bc} = \frac{\dot{Z}_a\dot{Z}_b + \dot{Z}_b\dot{Z}_c + \dot{Z}_c\dot{Z}_a}{\dot{Z}_a}\,[\Omega]$$

$$\dot{Z}_{ca} = \frac{\dot{Z}_a\dot{Z}_b + \dot{Z}_b\dot{Z}_c + \dot{Z}_c\dot{Z}_a}{\dot{Z}_b}\,[\Omega]$$

만일, $\left.\begin{array}{l} \dot{Z}_a = \dot{Z}_b = \dot{Z}_c = \dot{Z}_Y \\ \dot{Z}_{ab} = \dot{Z}_{bc} = \dot{Z}_{ca} = \dot{Z}_\Delta \end{array}\right\}$ 이면 $\dot{Z}_\Delta = 3\dot{Z}_Y$

04 3상 전력

3상의 전력 P는 Y결선, 또는 △결선일지라도 전력 $P[\text{W}]$는 같다.

$$P = 3E_p I_p \cos\theta = \sqrt{3}\,E_l I_l \cos\theta\,[\text{W}]$$

3상 무효 전력 $P_r = \sqrt{3}\,E_l I_l \sin\theta$

3상 피상 전력 $P_a = \sqrt{3}\,E_l I_l$

$$\therefore P_a = 3E_p I_p = \sqrt{3}\,E_l I_l = \sqrt{P^2 + P_r^2}$$

전기와 자기

1 정전기의 성질

(1) 대전

유리 막대를 옷감에 마찰시키면 종이 같은 가벼운 물체를 끌어당긴다는 것은 이미 알고 있다. 이것은 유리와 옷감에 전기가 생긴 것으로서, 이러한 경우 유리 막대와 옷감은 대전되었다고 한다.

(2) 전기량 또는 전하

대전한 전기의 양을 전기량 또는 전하라 하며, 같은 부호의 전하끼리는 서로 반발하고, 다른 부호의 전하끼리는 흡인한다.

(3) 쿨롱의 법칙

두 점전하 사이에 작용하는 정전력의 크기는 두 전하(전기량)의 곱에 비례하고, 전하 사이의 거리의 제곱에 반비례한다.

$$F = \frac{1}{4\pi\varepsilon_o}\frac{Q_1 Q_2}{\varepsilon_s \, r^2} = 9 \times 10^9 \frac{Q_1 Q_2}{\varepsilon_s \, r^2}\,[\text{N}]$$

$$\varepsilon_o\,\mu_o = \frac{1}{C^2}$$

여기서, F : 정전력[N]

　　　　Q_1, Q_2 : 전기량[C]

　　　　r : 두 전하 사이의 거리[m]

　　　　ε_o : 진공의 유전율($= 8.85 \times 10^{-12}[\text{F/m}]$)

　　　　ε_s : 비유전율(진공 중에서 1, 공기 중에서 약 1)

　　　　μ_o : 진공의 투자율[H/m]

　　　　C : 빛의 속도($= 3 \times 10^8[\text{m/s}]$)

(4) 정전 유도

대전하지 않은 물체에 대전체를 가까이 하면 대전체에 가까운 끝에 대전체와는 다른 종류의 전하가 모이고 먼 끝에는 같은 종류의 전하가 나타나는데, 이와 같은 현상을 정전 유도라 한다.

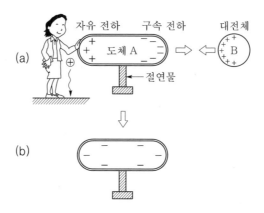

| 그림 6.31 | 자유 전하와 구속 전하

2 전장

(1) 전장의 세기

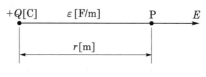

| 그림 6.32 | 전장의 세기

$$E = \frac{1}{4\pi\varepsilon_o}\frac{Q}{\varepsilon_s\,r^2} = 9\times 10^9 \times \frac{Q}{\varepsilon_s\,r^2}\,[\text{V/m}]$$

$$F = EQ\,[\text{N}]$$

여기서, E : 전장의 세기[V/m]

$\quad\quad\quad Q$: 전기량[C]

$\quad\quad\quad r$: 전하로부터의 거리[m]

(2) 전기력선의 성질

① 양전하에서 나와 음전하에서 끝난다.

② 전기력선의 접선 방향이 전장의 방향이다.

③ 전기력선에 수직한 단면적 1[m^2]당 전기력선의 수가 그 곳의 전장의 세기와 같다.

(3) 가우스의 정리

전체 전하량 $Q[\mathrm{C}]$을 둘러싼 폐곡면을 통하고 밖으로 나가는 전기력선의 총수 N은 $\dfrac{Q}{\varepsilon}$개, 즉 $\dfrac{Q}{\varepsilon_o\,\varepsilon_s}$개이다.

(4) 전장의 계산

① 균일하게 대전한 구에 의한 전장

$$E = \frac{Q}{4\pi\varepsilon_o\varepsilon_s r^2}[\mathrm{V/m}]$$

② 균일하게 대전한 무한히 긴 원통에 의한 전장

$$E = \frac{Q_1}{2\pi r\varepsilon_o\varepsilon_s}[\mathrm{V/m}]$$

③ 균일하게 대전한 무한히 넓은 평면에 의한 전장

$$E = \frac{\sigma}{2\varepsilon_o\varepsilon_s}[\mathrm{V/m}]$$

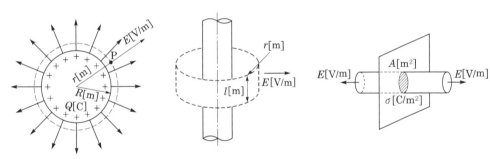

| 그림 6.33 | 대전한 구에 의한 전장　　| 그림 6.34 | 대전한 무한히 긴 원통에 의한 전장　　| 그림 6.35 | 무한히 넓은 평면에 의한 전장

④ 균일하게 대전한 무한히 넓은 평행판에 의한 전장

$$E = \frac{\sigma}{\varepsilon_o\varepsilon_s}[\mathrm{V/m}]$$

⑤ 대전한 도체 표면의 전장

$$E = \frac{\sigma}{\varepsilon_o\varepsilon_s}[\mathrm{V/m}]$$

　　　　여기서, E : r점에 있어서의 전장의 세기[V/m]
　　　　　　　　r : 도체구의 중심으로부터의 거리[m]
　　　　　　　　Q : 대전한 구의 전기량[C]
　　　　　　　　Q_1 : 원통 길이 1[m]당 전하[C/m]
　　　　　　　　σ : 면적 1[m²]당 전하[C/m²]

(5) 전속

$Q\,[\mathrm{C}]$의 전하에서 $Q\,[\mathrm{C}]$의 전속이 나온다.

$$D = \frac{Q}{4\pi r^2} = \varepsilon E = \varepsilon_o \varepsilon_s E$$

여기서, D : 전속 밀도$[\mathrm{C/m^2}]$

r : 구의 반지름$[\mathrm{m}]$

E : 전장의 세기$[\mathrm{V/m}]$

Q : 전기량$[\mathrm{C}]$

(6) 콘덴서의 접속

① 병렬 접속 : $C = C_1 + C_2 + C_3 + \cdots + C_n\,[\mathrm{F}]$

② 직렬 접속 : $C = \dfrac{1}{\dfrac{1}{C_1} + \dfrac{1}{C_2} + \dfrac{1}{C_3} + \cdots + \dfrac{1}{C_n}}\,[\mathrm{F}]$

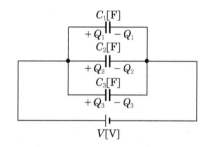

| 그림 6.36 | 콘덴서의 병렬 접속

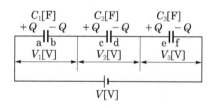

| 그림 6.37 | 콘덴서의 직렬 접속

(7) 콘덴서에 저축되는 에너지

$$W = \frac{1}{2}VQ = \frac{1}{2}CV^2\,[\mathrm{J}]$$

여기서, C : 정전 용량$[\mathrm{F}]$

Q : 전기량$[\mathrm{C}]$

V : 전위차$[\mathrm{V}]$

(8) 단위 체적당 저장되는 에너지

$$W = \frac{1}{2}ED = \frac{1}{2}\varepsilon_o \varepsilon_s E^2\,[\mathrm{J/m^3}]$$

여기서, E : 전장의 세기$[\mathrm{V/m}]$

D : 전속 밀도$[\mathrm{C/m^2}]$

02 자기

1 자석에 의한 자기 현상

(1) 자성체

자장에 의하여 자화되는 물체를 말한다.

① 상자성체

  ㉠ 자성체가 자석과 다른 자극으로 자화되는 물질

  ㉡ Al, Pt, Sn, Ir, O, 공기

② 반자성체

  ㉠ 자극으로 자화되는 물질

  ㉡ Bi, C, P, Au, Ag, Cu, Sb, Zn, Pb, Hg, H, N, Ar, H_2SO_4, HCl

③ 강자성체 : Ni, Co, Mn, Fe

(2) 분자 자석설

물질은 많은 분자 자석(작은 영구 자석)의 임의 배열로 구성되어 있으나, 자화되면 자장의 방향으로 규칙적으로 배열되어 자기적 성질을 나타낸다(1852년 Weber의 학설).

(3) 쿨롱의 법칙

두 자극 간에 작용하는 힘 F는 각 자극의 세기 m_1, m_2의 곱에 비례하고, 자극 간의 거리 r의 제곱에 반비례한다.

$$F = K \frac{m_1 m_2}{r^2} = \frac{1}{4\pi\mu} \frac{m_1 m_2}{r^2} = 6.33 \times 10^4 \frac{m_1 m_2}{\mu_s r^2} \, [\text{N}]$$

여기서, μ : 투자율$(=\mu_o \mu_s)[\text{H/m}]$

  μ_o : 진공의 투자율$(= 4\pi \times 10^{-7}[\text{H/m}])$

  μ_s : 비투자율(진공 중에서는 1)

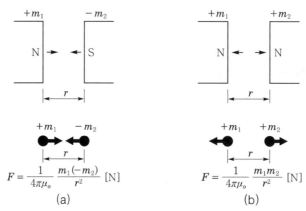

| 그림 6.38 | 쿨롱의 법칙

(4) 자장의 세기

$$H = \frac{1}{4\pi\mu_o}\frac{m_1}{r^2} = 6.33 \times 10^4 \frac{m_1}{r^2}[\text{AT/m}]$$

$$F = m_2 H[\text{N}]$$

총 자력선 수 $N = 4\pi r^2 H = 4\pi r^2 \dfrac{m}{4\pi\mu_o r^2} = \dfrac{m}{\mu_o} = \dfrac{10^7}{4\pi}m$

(5) 자기 모멘트

① 자기 모멘트

$$M = ml[\text{Wb}\cdot\text{m}]$$

② 자석의 토크

$$T = MH\sin\theta[\text{N}\cdot\text{m}]$$

③ 지구 자기의 3요소 : 편각, 복각, 수평 분력

(6) 자속과 자속 밀도

① 자속

$m[\text{Wb}]$ 자극(자하)이 이동할 수 있는 선을 가상으로 그려 놓은 선 자극에서 나오는 전체의 자기력선의 수를 말한다. 기호는 ϕ이고, 단위는 [Wb]이다.
자석의 내부를 통과하는 자화선 수와 자속 수는 같다.

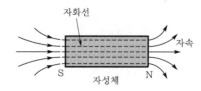

| 그림 6.39 | 자성체

② 자속 밀도

자속의 방향에 수직인 단위 면적 1[m²]를 통과하는 자속 수(크기)를 말한다.

$$B = \frac{\phi}{A} = \frac{\phi}{4\pi r^2} \, [\text{Wb/m}^2]$$

자속 밀도와 자기장의 관계는 다음과 같다.

$$B = \mu H = \mu_0 \mu_s H \, [\text{Wb/m}^2]$$

2 전류에 의한 자기 현상

(1) 전류에 의한 자장의 발생과 방향

앙페르의 오른나사의 법칙(Ampere's right-handed screw rule)은 전류에 의한 자기장의 방향을 결정하는 법칙이다.

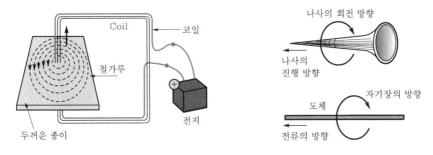

| 그림 6.40 | 앙페르의 오른나사의 법칙

① 전류의 방향 : 오른나사의 진행 방향
② 자기장의 방향 : 오른나사의 회전 방향
③ 전선에 전류가 흐르면 주위에 자기장이 발생하는데 전류의 방향을 나사의 진행 방향으로 하면 나사의 회전 방향이 자기장의 방향이 된다.

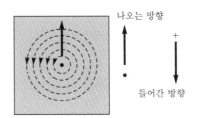

| 그림 6.41 | 전류에 의한 자장의 방향

(2) 전류에 의한 자장의 세기

① 직선 전류에 의한 자장의 세기

$$H = \frac{I}{2\pi r}[\text{AT/m}]$$

② 원형 코일의 중심 자장의 세기

$$H = \frac{NI}{2r}[\text{AT/m}]$$

③ 환상 솔레노이드 내부의 자장의 세기

$$H = \frac{NI}{l} = \frac{NI}{2\pi r}[\text{AT/m}]$$

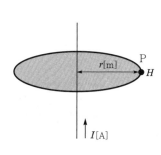

| 그림 6.42 | 직선 전류

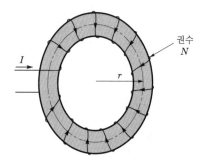

| 그림 6.43 | 환상 솔레노이드

3 전자 유도

(1) 전자 유도 현상

코일에 전류를 흘려주면 자속이 발생하는데 자속의 변화에 따라 기전력이 발생하는 현상을 말한다.

크기를 정의한 것은 패러데이 법칙이고, 방향을 정의한 것은 렌츠의 법칙이다.

① 패러데이의 전자 유도 법칙

자속 변화에 의한 유도 기전력의 크기를 결정하는 법칙이다.

유도 기전력의 크기는 권선 수가 N[T]이라면 e = 코일의 권수×매초 변화하는 자속이다.

$$e = N\frac{d\phi}{dt}[\text{V}]$$

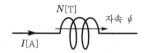

| 그림 6.44 | 유도 기전력의 크기

② 렌츠의 법칙

　ⓐ 자속 변화에 의한 유도 기전력의 방향 결정, 즉 유도 기전력은 자신의 발생 원인이
　　되는 자속의 변화를 방해하려는 방향으로 발생한다.

　ⓑ 유도 기전력은 코일을 지나는 자속이 증가될 때에는 자속을 감소시키는 방향으로,
　　또 감소될 때에는 자속을 증가시키는 방향으로 발생한다.

$$e = - N \frac{d\phi}{dt} [\text{V}]$$

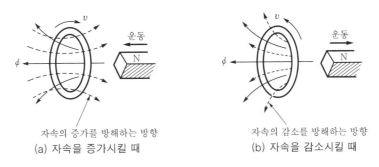

| 그림 6.45 | 유도 기전력의 방향

(2) 발전기에 의한 기전력의 크기와 방향

① 자장 내에 도체를 놓고 회전을 시키면 도체가 자속을 끊어 주면서 기전력을 발생한다.

② 플레밍의 오른손 법칙

　도체 운동에 의한 유도 기전력의 방향을 결정하는 법칙이다.

　ⓐ 엄지 : 도체의 운동 방향($V[\text{m/s}]$)

　ⓑ 검지 : 자기장의 방향($B[\text{Wb/m}^2]$)

　ⓒ 중지 : 유도 기전력의 방향($e[\text{V}]$)

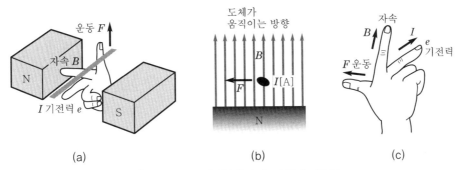

| 그림 6.46 | 플레밍의 오른손 법칙

1 직류 발전기

(1) 직류 발전기의 원리

자장 속에 코일을 놓고 전류를 흐르게 하면 전자력에 의해 코일이 회전하게 되나 전류 흐름 방향이 일정하면 중심부에서 정지하게 된다. 따라서 반회전한 후 전류 방향을 바꾸게 하여 회전력을 계속 유지시키도록 한 것이 직류 발전기이다.

(2) 직류 발전기의 구조

① 계자

자극과 계철로 되어 있으며 자속을 만들어 주는 부분으로 계자 철심은 0.8~1.6[mm]의 연강판을 성층하고 전기자와의 공극은 3~8[mm]이다.

② 전기자

0.35~0.5[mm]의 연강판으로 성층(맴돌이 전류와 히스테리시스손의 손실을 감소시키기 위한 규소 함량 1~1.4[%] 정도의 규소 강판)한 전기자 철심과 전기자 권선으로 되어 있으며 자속을 끊어 기전력을 유기시킨다.

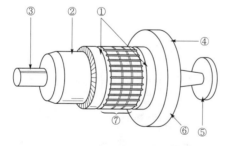

① 바인드선(강선)
② 정류자
③ 축
④ 통풍 날개
⑤ 커플링
⑥ 쐐기
⑦ 성층 철심

| 그림 6.47 | 전기자의 겉모양

③ 정류자

브러시와 접촉하면서 교류를 직류로 변환하는 부분으로 두께 0.8[mm]의 마이카로 정류자편 사이를 절연한다.

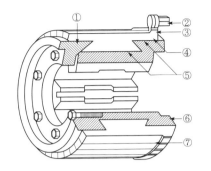

① 죔 고리
② 코일 인출선
③ 라이저
④ 정류자편
⑤ 마이카 절연
⑥ 정류자 통
⑦ 편간 마이카

| 그림 6.48 | 정류자의 구조

④ 브러시

탄소, 전기 흑연, 금속 흑연 브러시가 있으나 접촉 저항이 크고, 전기적 저항이 작고 기계적 강도가 큰 전기 흑연 브러시가 많이 사용된다. 기울기는 회전 방향이 바뀌면 수직, 일정 방향의 기계는 회전 방향으로 $10 \sim 35°$, 역방향으로는 $10 \sim 15°$이다. 또 압력은 보통 $0.1 \sim 0.25[\mathrm{kgf/cm^2}]$, 전철용은 $0.35 \sim 0.4[\mathrm{kgf/cm^2}]$ 정도이다.

(3) 전기자 반작용

전기자 전류(I_a)에 의한 자속이 주자속에 영향을 주는 현상으로 편자 작용과 감자 작용으로 전기적 중성축 이동, 정류자 사이에 불꽃을 발생시키는 원인이 되므로 보상 권선을 설치한다.

① 영향

ㄱ 주자속 감소

ㄴ 유도 기전력 감소

ㄷ 전기적 중성축 이동

ㄹ 브러시에 불꽃 발생

② 방지 대책

ㄱ 보상 권선 설치(효과가 가장 크다)

ㄴ 보극 설치

ㄷ 전기자 기자력보다 상대적으로 계자 기자력을 크게 함

(4) 직류 발전기의 종류

① 타여자 발전기

다른 직류 전원으로부터 여자 전류를 받아 계자 자속을 만드는 발전기이다.

② 자여자 발전기

주자극의 계자 전류를 전기자에 발생한 기전력으로 계자 권선에 전류를 흘리는 것으로 전기자와 계자 권선의 접속 방법에 따라 분권, 직권, 복권 발전기로 나눈다.

ⓐ 직권 발전기 : 전기자와 계자 권선이 직렬 접속

ⓑ 분권 발전기 : 전기자와 계자 권선이 병렬 접속

ⓒ 복권 발전기 : 전기자와 계자 권선이 직·병렬 접속

　• 가동 복권(두 개의 자속이 쇄교), 차동 복권(두 개의 자속이 상쇄)

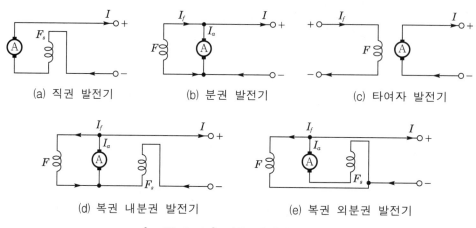

(a) 직권 발전기　　　(b) 분권 발전기　　　(c) 타여자 발전기

(d) 복권 내분권 발전기　　　(e) 복권 외분권 발전기

| 그림 6.49 | 직류 발전기의 종류

(5) 직류 발전기의 특성

① 무부하 특성 곡선 : 유기 기전력 E와 계자 전류 I_f 의 관계 곡선

② 부하 특성 곡선 : 단자 전압 V와 계자 전류 I_f 의 관계 곡선

③ 외부 특성 곡선 : 단자 전압 V와 부하 전류 I 의 관계 곡선

(6) 직류 발전기의 병렬 운전 조건

① 각 발전기의 정격 단자 전압이 같을 것

② 각 발전기의 극성이 같을 것

③ 각 발전기의 외부 특성 곡선이 일치하고, 약간의 수하 특성을 가질 것

2 직류 전동기

(1) 직류 전동기의 구조

직류 전동기는 플레밍의 왼손 법칙을 이용한 것으로, 그 구조는 다음과 같다.

① 계자(field magnet) : 자속을 얻기 위한 자장을 만들어 주는 부분으로 자극, 계자 권선, 계철로 되어 있다.

② 전기자(armature) : 회전하는 부분으로 철심과 전기자 권선으로 되어 있다.

③ 정류자(commutator) : 전기자 권선에 발생한 교류 전류를 직류로 바꾸어 주는 부분이다.

④ 브러시(brush) : 회전하는 정류자 표면에 접촉하면서 전기자 권선과 외부 회로를 연결
하여 주는 부분이다.

(2) 직류 전동기의 종류

① 타여자 전동기(separately excited motor)

② 분권 전동기(shunt motor)

③ 직권 전동기(series motor)

④ 복권 전동기(compound motor) : 가동 복권, 차동 복권

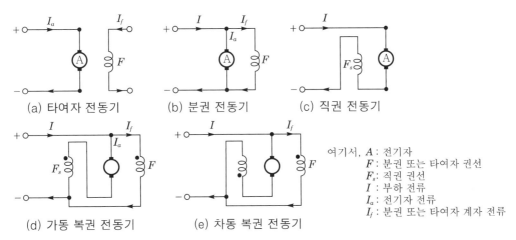

여기서, A : 전기자
F : 분권 또는 타여자 권선
F_s : 직권 권선
I : 부하 전류
I_a : 전기자 전류
I_f : 분권 또는 타여자 계자 전류

| 그림 6.50 | 여러 가지 직류 전동기의 접속

(3) 직류 전동기의 단자 전압

$$V = E_c + I_a R_a \,[\text{V}]$$

$$I_a = \frac{V - E}{R_a} \,[\text{A}]$$

여기서, V : 단자 전압[V]

E_c : 역기전력$\left(= \dfrac{Z}{a} \dfrac{N}{60} P\phi \right)$[V]

I_a : 전기자 전류[A]

R_a : 전기자 저항[Ω]

(4) 직류 전동기의 특성

① 토크와 회전수 : 직류 전동기의 토크 T와 회전수 N과의 계산은 다음과 같다.

$$T = k_1 \phi I \,[\text{N} \cdot \text{m}]$$

$$N = k_3 \left(\frac{V - IR}{\phi} \right) [\text{rpm}]$$

여기서, T : 토크[N·m]

　ϕ : 한 자극에서 나오는 자속[Wb]

　N : 회전수

　R : 전기자 회로의 저항[Ω]

　I : 전기자 전류

② 속도 제어 : 계자, 저항, 전압 제어가 있으며, 그 식은 다음과 같다.

$$N = k_3 \left(\frac{V - IR}{\phi} \right)$$

③ 정격과 효율

　㉠ 정격 : 전기 기계는 부하가 커지면 손실로 된 열에 의하여 기계의 온도가 높아지고, 절연물이 열화되어 권선의 소손 등이 발생한다. 그러므로 기계를 안전하게 운전할 수 있는 최대 한도의 부하를 요구하는데, 이것을 정격(rating)이라 한다.

　㉡ 효율 $= \dfrac{출력}{입력} \times 100 = \dfrac{출력}{출력+손실} \times 100\%[\%]$

02 교류기

1 유도 전동기

(1) 유도 전동기의 종류

① 단상 유도 전동기

분상 기동형, 콘덴서 기동형, 반발 기동형, 셰이딩 코일형

② 3상 유도 전동기

농형(보통, 특수), 권선형(저압, 고압)

(2) 유도 전동기의 구조

① 고정자

고정자 철심 두께는 0.35~0.5[mm](변압기에는 0.35[mm])의 성층 철심, 권선법은 2층, 중권의 3상 권선(분포권, 단절권)으로, 1극 1상의 홈수는 $N_{sp} = \dfrac{홈수}{극수 \times 상수}$ 이다(소형 기는 보통 4극 24홈이고 극수가 많은 것도 표준 전동기이면 N_{sp}는 거의 2~3개이다).

② 회전자

농형 회전자, 권선형 회전자가 있다.

㉠ 농형 회전자 : 구조가 간단하고 견고하며 운전 중 성능은 좋으나 기동 때의 성능은 불량하다.

㉡ 권선형 회전자 : 효율은 농형에 비하여 저하되나 기동 및 속도 제어는 좋은 기능을 가진다.

㉢ 공극 : 0.3~2.5[mm](직류기는 3~8[mm])

(3) 동기 속도와 슬립

① 동기 속도

$$N_s = \frac{120f}{P} [\text{rpm}]$$

여기서, P : 극수

f : 주파수[Hz]

② 슬립(slip)

$$s = \frac{N_s - N}{N_s}$$

$$N = (1-s)N_s = (1-s)\frac{120f}{P}$$

여기서, N : 회전자 회전 속도

㉠ 전 부하 시의 슬립 : 소용량기 5~10[%], 중·대용량기 2.5~5[%]

㉡ 회전자 정지 시 : $s = 1$

㉢ 동기 속도일 때 : $s = 0$

㉣ $s \begin{cases} \text{유도 전동기} : 1 > s > 0 \\ \text{유도 발전기} : 0 > s \end{cases}$

(4) 유도 전동기의 운전

① 농형 유도 전동기의 기동법

㉠ 전전압 기동 : 5[kW] 이하의 소용량에 쓰이며 기동 전류는 정격 전류의 600[%] 정도이다.

㉡ $Y-\Delta$ 기동법 : 10~15[kW] 이하의 전동기에 쓰이며 보통 기동 전류는 정격 전류의 300[%] 이하이다.

㉢ 기동 보상기법 : 15[kW] 이상의 것이나 고압 전동기에 사용되며 기동 전압은 보통 전전압의 0.5 이상 정도이다.

② 권선형 유도 전동기의 기동법(2차 저항법)

2차 회로에 가변 저항기를 접속하고 비례 추이의 원리에 의하여 큰 기동 토크를 얻고 기동 전류도 억제한다.

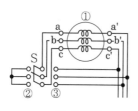

① 고정자
② 기동 쪽
③ 운전 쪽

| 그림 6.51 | Y−△ 기동법

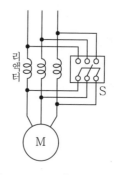

| 그림 6.52 | 리액터 기동

(5) 속도 제어

① 전원 주파수, 극수 변환법

$$N = N_s(1-s) = \frac{120f}{P}(1-s)$$에서 N, P를 이용한다.

② 2차 저항법

권선형의 비례 추이를 이용한다.

③ 2차 여자법

권선형에서 2차의 슬립 주파수의 전압을 외부에서 가하는 법이다.

④ 역전

3상 단자 중 2단자의 접속을 바꾼다.

(6) 제동

유도 발전기의 회생 제동, 전차용 전동기와 같은 발전 제동, 역전의 역상 제동, 1차를 단상 교류로 여자하는 단상 제동이 있다.

■2 동기기

(1) 동기 발전기의 동기 속도

$$N_s = \frac{120f}{P}[\text{rpm}]$$

여기서, f : 주파수[Hz]
P : 극수

(2) 유도 기전력

$$E = 4.44k_w f n\phi = 4.44k_d k_p f n\phi[\text{V}]$$

여기서, E : 1상의 기전력[V]

ϕ : 1극의 자속[Wb]

n : 직렬로 접속된 코일의 권수

$$k_w = k_d k_p$$

여기서, k_w : 권선 계수(0.9~0.95)

k_d : 분포 계수

k_p : 단절 계수

(3) 동기기의 분류

① 회전자형에 의한 분류

㉠ 회전 계자형 : 고전압, 대전류용, 구조 간단

㉡ 회전 전기자형 : 저전압, 소용량의 특수 발전기용

㉢ 유도자형 : 수백~수천[Hz] 정도의 고주파 전기로용 발전기

② 원동기에 의한 분류

㉠ 수차 발전기 : 100~150[rpm], 1,000~1,200[rpm]

㉡ 터빈 발전기 : 1,500~3,600[rpm]

㉢ 기관 발전기 : 100~1,000[rpm]

(4) 동기 전동기

① 동기 전동기의 토크

$$\tau = \frac{V_l E_l}{\omega x_s} \sin \delta_m [\mathrm{N \cdot m}]$$

$$\tau' = \frac{\tau}{9.8} [\mathrm{kg \cdot m}]$$

여기서, V_l : 선간 전압

E_l : 선간 기전력

ω : 각속도$\left(= \dfrac{2\pi N_s}{60}\right)$[rad]

δ_m : 부하각

② 위상 특선 곡선(V 곡선) : 부하를 일정하게 하고, 계자 전류의 변화에 대한 전기자 전류의 변화를 나타낸 곡선으로 V 곡선이라고도 한다.

③ 동기 전동기의 특징

㉠ 장점

• 효율이 좋다.

• 정속도 전동기이다.

• 역률을 1 또는 앞서는 역률로 운전할 수 있다.
• 공극이 넓으므로 기계적으로 튼튼하고 보수가 용이하다.
ⓛ 단점
• 기동 토크가 작고 기동하는 데 손이 많이 간다.
• 직류 여자가 필요하다.
• 난조가 일어나기 쉽다.

④ 동기기의 정격 출력
㉠ 3상 동기 발전기의 정격 출력(피상 전력)

$$P = \sqrt{3}\, V_n I_n \times 10^{-3} [\text{kVA}]$$

여기서, V_n : 정격 전압[V], I_n : 정격 전류[A]

㉡ 3상 동기 발전기가 낼 수 있는 전력

$$P = \sqrt{3}\, V_n I_n \cos\theta \times 10^{-3} [\text{kW}]$$

여기서, $\cos\theta$: 부하 역률

3 변압기

(1) 변압기의 원리

변압기의 원리는 상호 유도 작용을 이용한 것이다. 이것은 철심과 1차, 2차 권선으로 되어 있으며 1차, 2차의 권수비에 의해 전압을 변동시킬 수 있는 것이다.

$$\frac{E_1}{E_2} = \frac{N_1}{N_2}$$

여기서, E_1 : 1차 전압, E_2 : 2차 전압
N_1 : 1차 권수, N_2 : 2차 권수

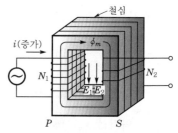

| 그림 6.53 | 변압기의 원리

즉 1차 및 2차 권선의 전압은 권수비에 비례한다.

(2) 변압기의 종류

① 누설 변압기 : 2차측에 큰 전류가 흐르면 전압이 떨어져 전력 소모가 일정하게 된다.
② 단권 변압기 : 권선의 일부가 1차와 2차를 겸한 것이다.
③ 3상 변압기 : 3개의 철심에 각각 1차와 2차의 권선을 감은 것이다.

(3) 변압기의 결선

단상 변압기 3대 또는 2대를 사용하여 3상 교류를 변압할 때의 결선 방법은 다음과 같다.
① $\Delta - \Delta$ 결선 : 3대의 단상 변압기의 1차와 2차 권선을 각각 Δ 결선한 것이다. 배전반용

으로 많이 쓰이며, 전체 용량은 변압기 1대의 용량의 3배이다.

② △ − Y 결선 : 1차를 △ 결선, 2차를 Y결선한 것이다. 특별 고압 송전선의 송전 측에 쓰인다.

③ V − V 결선 : 단상 변압기 2대로 3상 교류를 변압하는 방법이다. 전용량은 변압기 1대 용량의 $\sqrt{3}$ 배이다.

(4) 변압기 효율과 전압 변동률

① **변압기 효율** : 변압기의 입력에 대한 출력량의 비를 말하며, 출력이 클수록 효율이 좋다.

$$효율(\eta) = \frac{출력}{입력} \times 100 = \frac{출력}{출력 + 철손 + 동손} \times 100$$

$$= \frac{E_2 I_2 \cos\theta_2}{E_2 I_2 \cos\theta_2 + P_i + P_c} \times 100[\%]$$

② **전압 변동률** : 변압기에 부하를 걸어 줄 때 2차 단자 전압이 떨어지는 비율을 말한다.

$$전압 변동률 = \frac{E_0 - E}{E} \times 100[\%]$$

여기서, E_0 : 무부하 단자 전압

E : 전부하 단자 전압

(5) 병렬 운전 조건

① 1차, 2차의 정격 전압 및 극성이 같을 것
② 각기의 임피던스가 용량에 반비례할 것(임피던스 전압이 같을 것)
③ 각기의 저항과 누설 리액턴스의 비가 같을 것. 단, 3상 변압기군 또는 3상 변압기의 병렬 운전은 위 조건 외에 각변위가 같을 것

┃ 표 6.2 ┃ **변압기군의 병렬 운전 조합**

병렬 운전 가능	병렬 운전 불가능
△ − △와 △ − △	△ − △와 △ − Y
△ − △와 Y − Y	Y − Y와 △ − Y
Y − Y와 Y − Y	
Y − △와 Y − △	
△ − Y와 △ − Y	
△ − Y와 Y − △	

(6) 계기용 변성기

① **계기용 변압기(PT)** : 1차 측을 피측정 회로에, 2차 측에는 전압계 또는 전력계의 전압 코일을 접속하며 정격 전압은 110[V]이다.

② 변류기(CT) : 1차 측은 피측정 회로에 직렬로, 2차 측은 전류계 또는 전력계의 전류 코일로써 단락한다.

  ㉠ CT의 정격 전류는 5[A]가 표준이다.

  ㉡ CT는 사용 중 2차 회로를 열면 안 되므로 계기를 떼어낼 때는 먼저 2차 단자를 단락하여야 한다.

  ㉢ CT의 극성은 일반적으로 감극성이고, 1차, 2차가 서로 대하는 단자가 같은 극이다.

4 정류기

(1) 정류 소자

① 다이오드(diode)

  PN 접합 → 다이오드(정류 작용)

  ㉠ P형 반도체 : 진성 반도체에 3가의 Ga, In 등 억셉터를 넣어 만든 반도체

  ㉡ N형 반도체 : 진성 반도체에 5가의 Sb, As 등 도너를 넣어 만든 반도체

  ㉢ 항복 전압 : 역 바이어스 전압이 어떤 임계값에 전류가 급격히 증가하여 전압 포화 상태를 나타내는 임계값으로 온도 증가 시 항복 전압도 증가하게 된다.

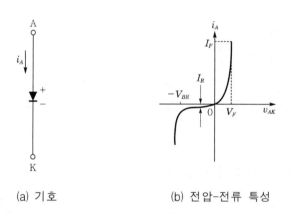

(a) 기호   (b) 전압-전류 특성

| 그림 6.54 | 다이오드

② 제너 다이오드

  ㉠ 목적 : 전원 전압을 안정하게 유지(정전압 정류 작용)

  ㉡ 효과 : Cut in voltage(순방향에 전류가 현저히 증가하기 시작하는 전압)

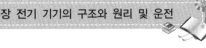

5 특수 반도체

(1) 사이리스터(thyristor)

다이오드(정류 소자)에 제어 단자인 게이트 단자를 추가하여 정류기와 동시에 전류를 ON/OFF 하는 제어 기능을 갖게 한 반도체 소자이다.

(2) 종류

① SCR(Silicon Controlled Rectifier)

    ㉠ 게이트 작용 : 통과 전류 제어 작용

    ㉡ 이온 소멸 시간이 짧다.

    ㉢ 게이트 전류에 의해서 방전 개시 : 전압을 제어할 수 있다.

    ㉣ PNPN 구조로서 부성(−) 저항 특성이 있다.

② GTO SCR(Gate Turn Off SCR)

③ LA SCR(Lighting Activated SCR) : 빛에 의해 동작

④ SCS(Silicon Controlled Switch) : 2개의 게이트를 갖고 있는 4단자 단방향성 사이리스터

⑤ SSS(Silicon Symmetrical Switch) : 게이트가 없는 2단자 양방향성 사이리스터

⑥ TRIAC(Triode AC Switch)

    ㉠ 쌍방향 3단자 소자이다.

    ㉡ SCR 역병렬 구조와 같다.

    ㉢ 교류 전력을 양극성 제어한다.

    ㉣ 포토 커플러+트라이액 : 교류 무접점 릴레이 회로 이용

⑦ DIAC(Diode AC Switch)

    ㉠ 쌍방향 2단자 소자

    ㉡ 소용량 저항 부하의 AC 전력 제어 G. SUS(Silicon Unilateral Switch) SCR과 제너 다이오드의 조합

| 그림 6.55 | SCS | 그림 6.56 | DIAC

시퀀스 제어

01 접점의 종류 및 유접점 기본 회로

1 시퀀스 제어

일반적으로 자동 제어는 피드백 제어와 시퀀스 제어로 나누며, 피드백 제어는 원하는 시스템의 출력과 실제의 출력과의 차에 의하여 시스템을 구동함으로써 자동적으로 원하는 바에 가까운 출력을 얻는 것이다.

시퀀스 제어는 미리 정해놓은 순서에 따라 제어의 각 단계를 차례차례 행하는 제어를 말한다. 시퀀스 제어(sequence control)의 제어 명령은 'ON', 'OFF', 'H'(High level), 'L'(Low level), '1', '0' 등 2진수로 이루어지는 정상적인 제어이다.

(1) 릴레이 시퀀스(relay sequence)

기계적인 접점을 가진 유접점 릴레이로 구성되는 시퀀스 제어 회로이다.

(2) 로직 시퀀스(logic sequence)

제어계에 사용되는 논리 소자로서 반도체 스위칭 소자를 사용하여 구성되는 무접점 회로이다.

(3) PLC(Programmable Logic Controller) 시퀀스

제어반의 제어부를 마이컴 컴퓨터로 대체시키고 릴레이 시퀀스, 논리 소자를 프로그램화하여 기억시킨 것으로, 무접점 시퀀스 제어 기기의 일종이다.

2 접점의 종류

접점의 종류에는 a접점, b접점, c접점이 있다.

(1) a접점

a접점이란 상시 상태에서 개로된 접점을 말하며 arbeit contact란 두 문자 a를 딴 것이며 반드시 소문자 'a'로 표시한다.

| 그림 6.57 | 상시에는 개로 동작 시 폐로되는 접점

(2) b접점

상시 상태에서 폐로된 접점을 말하며, break contact란 두 문자 b를 딴 것이며 반드시 소문자 'b'로 표시한다.

| 그림 6.58 | 상시에는 폐로 동작 시 개로되는 접점

(3) c접점

a접점과 b접점이 동시에 동작(가동 접점부 공유)하는 것이며, 이것을 절체 접점(change-over contact)이라고 한다. 두 문자 c를 딴 것이며 반드시 소문자 'c'로 표시한다.

| 그림 6.59 | a접점과 b접점을 동시에 동작하는 접점

3 유접점을 구성하는 시퀀스 제어용 기기

(1) 조작용 스위치

① 복귀형 수동 스위치

조작하고 있는 동안에만 접점이 ON·OFF하고, 손을 떼면 조작 부분과 접점은 원래의 상태로 되돌아가는 것으로 푸시 버튼 스위치(push button switch)가 있다.

㉠ a접점 : 조작하고 있는 동안에만 접점이 닫힌다. 즉 ON 조작하면 접점이 ON이 되며 손을 떼면 OFF가 되는 접점이다.

ⓛ b접점 : 조작하고 있는 동안에만 접점이 열린다. 즉 ON 조작하면 접점이 OFF가 되고 손을 떼면 ON이 되는 접점이다.

ⓒ c접점 : 절환 접점으로 a접점과 b접점을 공유하고 있는 접점이다.

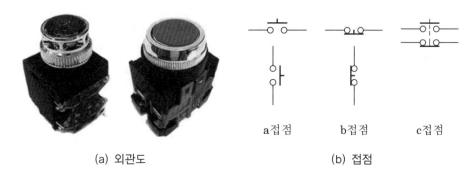

(a) 외관도   (b) 접점

| 그림 6.60 | 복귀형 수동 스위치

② 유지형 수동 스위치

조작 후 손을 떼어도 접점은 그대로의 상태를 계속 유지하나 조작 부분은 원래의 상태로 되돌아 가는 접점이다.

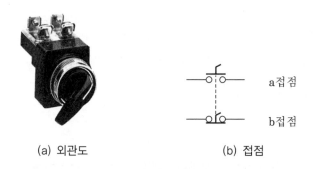

(a) 외관도   (b) 접점

| 그림 6.61 | 유지형 수동 스위치

참고

전자 계전기(electro-magnetic relay)

철심에 코일을 감고 전류를 흘리면 철심은 전자석이 되어 가동 철심을 흡인하는 전자력이 생기며, 이 전자력에 의하여 접점을 ON·OFF하는 것을 전자 계전기 또는 relay(유접점)이라 한다. 이 전자 계전기, 즉 전자석을 이용한 것으로는 보조 릴레이, 전자 개폐기 (MS : Magnetic Switch), 전자 접촉기(MC : Magnetic Contact), 타이머 릴레이(Timer Relay), 솔레노이드(SOL : Solenoid) 등이 있다.

(2) 보조 계전기

코일 X에 전류를 흘리면(이를 여자라고 함) 철심이 전자석으로 되어 가동 철편을 끌어당기면 스프링에 의하여 접점이 개 · 폐된다. 즉 b접점은 열리고, a접점은 닫힌다.

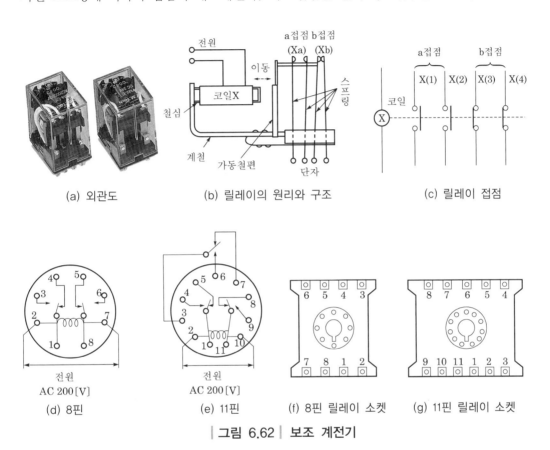

| 그림 6.62 | 보조 계전기

(3) 전자 개폐기

전자 개폐기(magnetic switch)는 전자 접촉기(MC : Magnetic Contact)에 열동 계전기(THR : Thermal Relay)를 접속시킨 것이며, 주 회로의 개 · 폐용으로 큰 접점 용량이나 내압을 가진 릴레이이다.

그림에서 단자 b, c에 교류 전압을 인가하면 MC 코일이 여자되어 주접점과 보조 접점이 동시에 동작한다. 이와 같이 주회로는 각 선로에 전자 접촉기의 접점을 넣어서 모든 선로를 개 · 폐하며, 부하의 이상에 의한 과부하 전류가 흐르면 이 전류로 열동 계전기(THR)가 가열되어 바이메탈 접점이 전환되어 전자 접촉기 MC는 소자되며 스프링(spring)의 힘으로 복구되어 주회로는 차단된다.

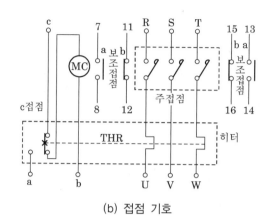

| (a) 외관도 | (b) 접점 기호 |

| 그림 6.63 | 전자 개폐기

(4) 기계적 접점

① 리밋 스위치(limit switch)

물체의 힘에 의하여 동작부(actuator)가 눌려서 접점이 ON · OFF한다.

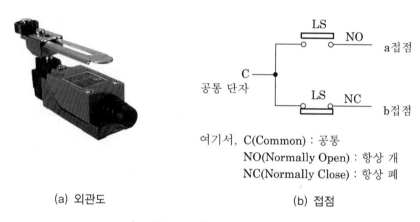

여기서, C(Common) : 공통
NO(Normally Open) : 항상 개
NC(Normally Close) : 항상 폐

| (a) 외관도 | (b) 접점 |

| 그림 6.64 | 리밋 스위치

② 광전 스위치(PHS : PHotoelectric Switch)

빛을 방사하는 투광기와 광량의 변화를 전기 신호로 변환하는 수광기 등으로 구성되며 물체가 광로를 차단하는 것에 의하여 접점이 ON · OFF하며 물체에 접촉하지 않고 검지한다.

③ 기타

이 밖에도 압력 스위치(PRS : PRessure Switch), 온도 스위치(THS : THermal Switch) 등이 있다. 이들 스위치는 a, b접점을 갖고 있으며 기계적인 동작에 의하여 a접점은 닫히며 b접점은 열리고 기계적인 동작에 의해 원상 복귀하는 스위치로 검출용 스위치이기 때문에 자동화 설비의 필수적인 스위치이다.

(5) 타이머(한시 계전기)

시간 제어 기구인 타이머는 어떠한 시간차를 만들어서 접점이 개·폐 동작을 할 수 있는 것으로 시한 소자(time limit element)를 가진 계전기이다. 요즘에는 전자 회로에 CR의 시 정수를 이용하여 동작 시간을 조정하는 전자식 타이머와 IC 타이머가 사용되고 있다.

타이머에는 동작 형식의 차이에서 동작 시간이 늦은 한시 동작 타이머(ON delay timer), 복귀 시간이 늦은 한시 복귀 타이머(OFF delay timer), 동작과 복귀가 모두 늦은 순 한시 타이머(ON OFF delay timer) 등이 있다.

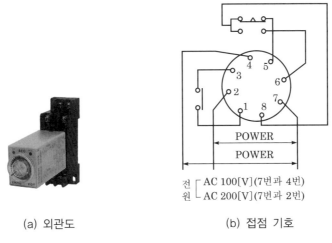

(a) 외관도 (b) 접점 기호

| 그림 6.65 | 한시 계전기

① 한시 동작 타이머

전압을 인가하면 일정 시간이 경과하여 접점이 닫히고(또는 열리고), 전압이 제거되면 순시에 접점이 열리는(또는 닫히는) 것으로 온 딜레이 타이머(ON delay timer)이다.

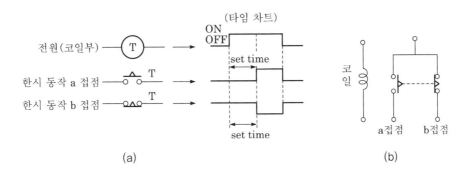

(a) (b)

| 그림 6.66 | 한시 동작 타이머

② 한시 복귀 타이머

전압을 인가하면 순시에 접점이 닫히고(또는 열리고), 전압이 제거된 후 일정 시간이 경과하여 접점이 열리는(또는 닫히는) 것으로 오프 딜레이 타이머(OFF delay timer)이다.

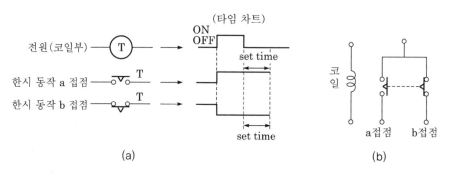

| 그림 6.67 | 한시 복귀 타이머

③ 순 한시 타이머(뒤진 회로)

전압을 인가하면 일정 시간이 경과하여 접점이 닫히고(또는 열리고), 전압이 제거되면 일정 시간이 경과하여 접점이 열리는(또는 닫히는) 것으로 온·오프 딜레이 타이머, 즉 뒤진 회로라 한다.

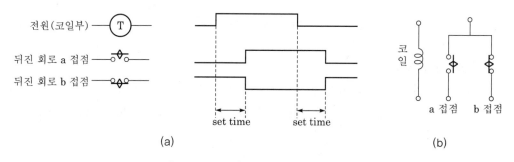

| 그림 6.68 | 순 한시 타이머

4 유접점 기본 회로

(1) 자기 유지 회로

전원이 투입된 상태에서 PB를 누르면 릴레이 X가 여자되고 X-a 접점이 닫혀 PB에서 손을 떼어도 X여자 상태가 유지된다.

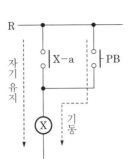

| 그림 6.69 | 자기 유지 회로

(2) 정지 우선 회로

PB$_1$을 ON하면 릴레이 X가 여자되어 X의 a접점에 의해 자기 유지된다.

PB$_2$를 누르면 X가 소자되어 자기 유지 접점 X-a가 개로되어 X가 소자된다.

PB$_1$, PB$_2$를 동시에 누르면 릴레이 X는 여자될 수 없는 회로로 정지 우선 회로라 한다.

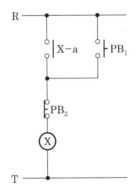

| 그림 6.70 | 정지 우선 회로

(3) 기동 우선 회로

PB$_1$을 ON하면 릴레이 X가 여자되어 X의 a접점에 의해 자기 유지된다.

PB$_2$를 누르면 X가 소자되어 자기 유지 접점 X-a가 개로되어 X가 소자된다.

PB$_1$, PB$_2$를 동시에 누르면 릴레이 X는 여자되는 회로로 기동 우선 회로라 한다.

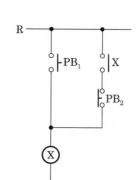

│ 그림 6.71 │ 기동 우선 회로

(4) 인터록 회로(병렬 우선 회로)

PB_1과 PB_2의 입력 중 PB_1을 먼저 ON하면 MC_1이 여자된다.

MC_1이 여자된 상태에서 PB_2를 ON하여도 MC_{1-b} 접점이 개로되어 있기 때문에 MC_2는 여자되지 않은 상태가 되며 또한 PB_2를 먼저 ON하면 MC_2가 여자된다. 이때 PB_1을 ON하여도 MC_{2-b} 접점이 개로되어 있기 때문에 MC_1은 여자되지 않는 회로를 인터록 회로라 한다. 즉 상대 동작 금지 회로이다.

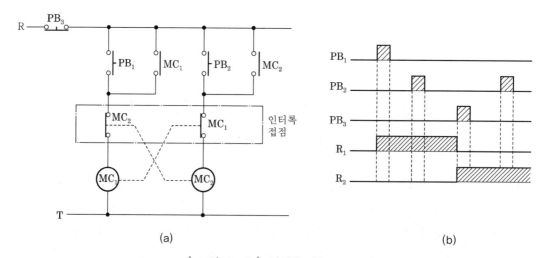

(a)   (b)

│ 그림 6.72 │ 인터록 회로

02 논리 회로

1 AND 회로

입력 접점 A, B가 모두 ON되어야 출력이 ON되고, 그 중 어느 하나라도 OFF되면 출력이 OFF되는 회로를 말한다.

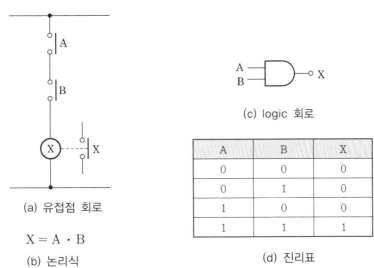

(c) logic 회로

(a) 유접점 회로

$$X = A \cdot B$$

(b) 논리식

A	B	X
0	0	0
0	1	0
1	0	0
1	1	1

(d) 진리표

| 그림 6.73 | AND 회로

2 OR 회로

입력 접점 A, B 중 어느 하나라도 ON되면 출력이 ON되고 A, B 모두가 OFF되어야 출력이 OFF되는 회로를 말한다.

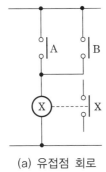

(c) logic 회로

(a) 유접점 회로

$$X = A + B$$

(b) 논리식

A	B	X
0	0	0
0	1	1
1	0	1
1	1	1

(d) 진리표

| 그림 6.74 | OR 회로

3 NOT 회로

입력이 ON되면 출력이 OFF되고, 입력이 OFF되면 출력이 ON되는 회로를 말한다.

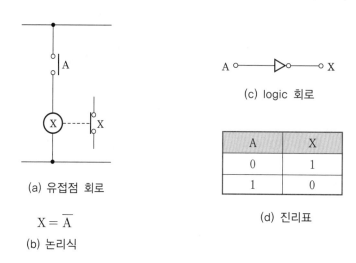

(a) 유접점 회로

$$X = \overline{A}$$

(b) 논리식

(c) logic 회로

A	X
0	1
1	0

(d) 진리표

| 그림 6.75 | NOT 회로

4 NAND 회로

AND 회로의 부정 회로로 입력 접점 A, B 모두가 ON되어야 출력이 OFF되고, 그 중 어느
하나라도 OFF되면 출력이 ON되는 회로를 말한다.

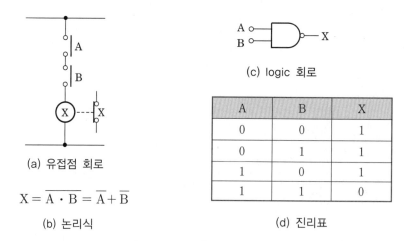

(a) 유접점 회로

$$X = \overline{A \cdot B} = \overline{A} + \overline{B}$$

(b) 논리식

(c) logic 회로

A	B	X
0	0	1
0	1	1
1	0	1
1	1	0

(d) 진리표

| 그림 6.76 | NAND 회로

 **5** NOR 회로

OR 회로의 부정 회로로 입력 접점 A, B 중 어느 하나라도 ON되면 출력이 OFF되고, 입력 접점 A, B 전부가 OFF되면 출력이 ON되는 회로를 말한다.

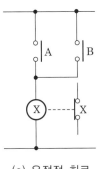

(a) 유접점 회로

$$X = \overline{A + B} = \overline{A} \cdot \overline{B}$$

(b) 논리식

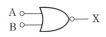

(c) logic 회로

A	B	X
0	0	1
0	1	0
1	0	0
1	1	0

(d) 진리표

| 그림 6.77 | NOR 회로

6 Exclusive OR 회로(배타 OR 회로, 반일치 회로)

입력 접점 A, B 중 어느 하나만 ON될 때 출력이 ON 상태가 되는 회로를 말한다.

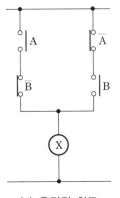

(a) 유접점 회로

$$X = A\overline{B} + \overline{A}B = \overline{AB}(A + B)$$

(b) 논리식

$$X = A \oplus B$$

(c) 간이화된 논리식

(d) logic 회로

(e) 간이화된 논리 회로

A	B	X
0	0	0
0	1	1
1	0	1
1	1	0

(f) 진리표

| 그림 6.78 | Exclusive OR 회로

7 Exclusive NOR 회로(배타 NOR 회로, 일치 회로)

입력 접점 A, B가 모두 ON되거나 모두 OFF될 때 출력이 ON 상태가 되는 회로를 말한다.

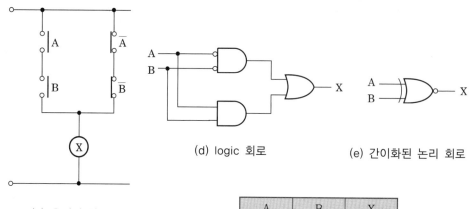

(a) 유접점 회로

(d) logic 회로

(e) 간이화된 논리 회로

$$X = AB + \overline{A}\,\overline{B}$$

(b) 논리식

$$X = A \odot B$$

(c) 간이화된 논리식

A	B	X
0	0	1
0	1	0
1	0	0
1	1	1

(f) 진리표

| 그림 6.79 | Exclusive NOR 회로

8 정지 우선 회로의 논리 회로

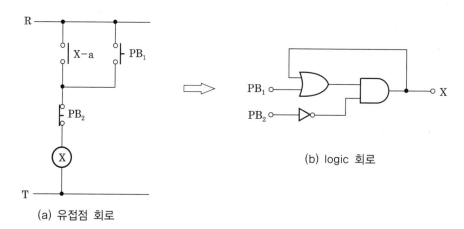

(a) 유접점 회로

(b) logic 회로

| 그림 6.80 | 정지 우선 회로의 논리 회로

9 2입력 인터록 회로의 논리 회로

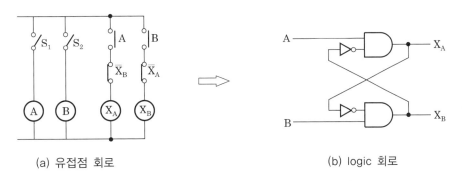

(a) 유접점 회로

(b) logic 회로

| 그림 6.81 | 2입력 인터록 회로의 논리 회로

10 타이머 논리 회로

입력 신호의 변화 시간보다 정해진 시간만큼 뒤져서 출력 신호의 변화가 나타나는 회로를 한시 회로라 하며 접점이 일정한 시간만큼 늦게 개·폐되는데 여기서는 [표 6.3]처럼 논리 심벌과 동작에 관하여 정리해 보았다.

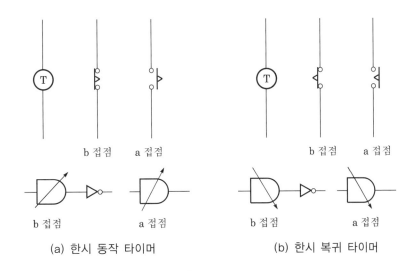

(a) 한시 동작 타이머

(b) 한시 복귀 타이머

| 그림 6.82 | 타이머 논리 회로

| 표 6.3 | 신호에 따른 심벌과 동작

신호			접점 심벌	논리 심벌	동작
입력 신호(코일)					여자 / 소자 / 여자
출력 신호	보통 릴레이 순시 동작 순시 복귀	a접점			닫힘 / 열림 / 닫힘
		b접점			
	한시 동작 회로	a접점			t
		b접점			
	한시 복귀 회로	a접점			t
		b접점			
	뒤진 회로	a접점			t t
		b접점			

03 논리 연산

논리 게이트(logic gates)는 2진수(binary numbers)로 구성되며 이 논리 구성과 식을 간소화하기 위해 불 함수(Boolean Functions), 드 모르간(De Morgan) 법칙, 카르노 맵(Karnaugh Map) 등이 있으며, 문자 수가 가장 적은 합의 곱형이나 곱의 합형으로 된 것을 가장 간소화된 대수적 표현이라 할 수 있다.

1 불 대수의 가설과 정리

① • $A + 0 = A$

OR :
$$\frac{A}{0}$$
$\Rightarrow$
A

• $A \cdot 1 = A$

$$AND : \quad \overset{A}{\circ\!\!-\!\!\circ} \quad \overset{1}{\circ\!\!-\!\!\circ} \quad \Rightarrow \quad \overset{A}{\circ\!\!-\!\!\circ}$$

② • $A + \overline{A} = 1$

$$OR : \quad \overset{A}{\underset{\overline{A}}{}} \quad \Rightarrow \quad \overset{1}{\circ\!\!-\!\!\circ}$$

• $A \cdot \overline{A} = 0$

$$AND : \quad \overset{A}{\circ\!\!-\!\!\circ} \quad \overset{\overline{A}}{\circ\!\!-\!\!\circ} \quad \Rightarrow \quad \overset{0}{\circ \quad \circ}$$

③ • $A + A = A$

$$OR : \quad \overset{A}{\underset{A}{}} \quad \Rightarrow \quad \overset{A}{\circ\!\!-\!\!\circ}$$

• $A \cdot A = A$

$$AND : \quad \overset{A}{\circ\!\!-\!\!\circ} \quad \overset{A}{\circ\!\!-\!\!\circ} \quad \Rightarrow \quad \overset{A}{\circ\!\!-\!\!\circ}$$

④ • $A + 1 = 1$

$$OR : \quad \overset{A}{\underset{1}{}} \quad \Rightarrow \quad \overset{1}{\circ\!\!-\!\!\circ}$$

• $A \cdot 0 = 0$

$$AND : \quad \overset{A}{\circ\!\!-\!\!\circ} \quad \overset{0}{\circ \quad \circ} \quad \Rightarrow \quad \overset{0}{\circ \quad \circ}$$

⑤ 2중 NOT는 긍정이다.

$$\overline{\overline{A}} = A, \quad \overline{\overline{A \cdot B}} = A \cdot B, \quad \overline{\overline{A + B}} = A + B, \quad \overline{\overline{\overline{A \cdot B}}} = \overline{A} \cdot B$$

2 교환, 결합, 분배 법칙

(1) 교환 법칙

① $A + B = B + A$

② A · B=B · A

(2) 결합 법칙

① (A+B)+C=A+(B+C)

② (A · B) · C=A · (B · C)

(3) 분배 법칙

A · (B+C)=AB+AC

3 De Morgan의 법칙

$\overline{A+B}=\overline{A} \cdot \overline{B}$, $\overline{A \cdot B}=\overline{A}+\overline{B}$, $A+B=\overline{\overline{A} \cdot \overline{B}}$, $A \cdot B=\overline{\overline{A}+\overline{B}}$

전기 측정

01 전기 측정의 기초

1 계기 오차

(1) 오차($= M - T$)

$$\text{오차율 } \varepsilon = \frac{M - T}{T} \times 100[\%]$$

여기서, M : 계기의 측정값

T : 참값

(2) 보정률

$$\delta = \frac{T - M}{M} \times 100[\%]$$

(3) 오차의 분류

$$\begin{cases} \text{계통적 오차} \begin{cases} \text{이론적 오차} \\ \text{기기적 오차} \\ \text{개인적 오차} \end{cases} \\ \text{우발적 오차} \begin{cases} \text{과실적 오차} \\ \text{우발적 오차} \end{cases} \end{cases}$$

☑ 계측 설비

| 표 6.4 | 전기 계기의 동작 원리

종류	기호	사용 회로	주요 용도	동작 원리의 개요
가동 코일형		직류	전압계 전류계 저항계	영구 자석에 의한 자계와 가동 코일에 흐르는 전류와의 사이에 전자력을 이용한다.
가동 철편형		교류 (직류)	전압계 전류계	고정 코일 속의 고정 철편과 가동 철편과의 사이에 움직이는 전자력을 이용한다.
전류력계형		교류 직류	전압계 전류계 전력계	고정 코일과 가동 코일에 전류를 흘려 양 코일 사이에 움직이는 전자력을 이용한다.
정류형		교류	전압계 전류계 저항계	교류를 정류기로 직류로 변환하여 가동 코일형 계기로 측정한다.
열전형		교류 직류	전압계 전류계 전력계	열선과 열전대의 접점에 생긴 열기전력을 가동 코일형 계기로 측정한다.
정전형		교류 직류	전압계 저항계	2개의 전극 간에 작용하며, 정전력을 이용한다.
유도형		교류	전압계 전류계 전력량계	고정 코일의 교번 자계로 가동부에 와전류를 발생시켜 이것과 전계와의 사이의 전자력을 이용한다.
진동편형		교류	주파수계 회전계	진동편의 기계적 공진 작용을 이용한다.

02 전기 측정

☑ 전압 측정

(1) 전압계

전압을 측정하는 계기로, 병렬로 회로에 접속하며 가동 코일형은 직류 측정에 사용된다.

(2) 배율기

전압의 측정 범위를 넓히기 위해 전압계에 직렬로 저항을 접속한다.

$$배율(m) = \frac{R_v + R_m}{R_v} = 1 + \frac{R_m}{R_v} \quad (여기서, \ R_v : 전압계 \ 내부 \ 저항)$$

$$\therefore \ R_m = (m-1)R_v$$

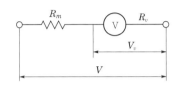

| 그림 6.83 | 배율기

2 전류 측정

(1) 전류계

전류의 세기를 측정하는 계기로, 직렬로 회로에 접속하며 내부 저항이 전압계보다 작다.

(2) 분류기

전류계의 측정 범위를 넓히기 위해 전류계에 병렬로 저항을 접속한다.

$$배율(m) = \frac{R_a + R_s}{R_s} \quad (여기서, \ R_a : 전압계 \ 내부 \ 저항)$$

$$\therefore \ R_s = \frac{R_a}{m-1}$$

| 그림 6.84 | 분류기

3 저항 측정

(1) 저저항(1[Ω] 이하) 측정법

① 전압 강하법

② 전위차계법

③ 휘트스톤 브리지법 : $X = \dfrac{P}{Q} R[\Omega]$

④ 켈빈 더블 브리지법 : $X = \dfrac{N}{M} R[\Omega]$

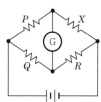

| 그림 6.85 | 휘트스톤 브리지법

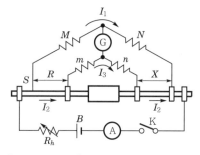

| 그림 6.86 | 켈빈 더블 브리지법

(2) 중저항(1[Ω]~1[MΩ]) 측정법

① 전압 강하법

② 휘트스톤 브리지법

(3) 고저항(1[MΩ] 이상) 측정법

① 직접 편위법

② 전압계법

③ 콘덴서의 충·방전에 의한 측정

4 전력 측정

(1) 전류계 및 전압계에 의한 측정

① 전류계 전력 : $P = VI - I^2 R_a$ [W]

② 전압계 전력 : $P = VI - \dfrac{V^2}{R_v} = V\left(I - \dfrac{V}{R_v}\right)$ [W]

여기서, R : 부하 저항

R_a : 전류계 내부 저항

R_v : 전압계 내부 저항

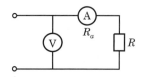

| 그림 6.87 | 전류계에 의한 측정

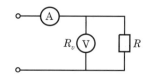

| 그림 6.88 | 전압계에 의한 측정

(2) 3전류계법에 의한 측정

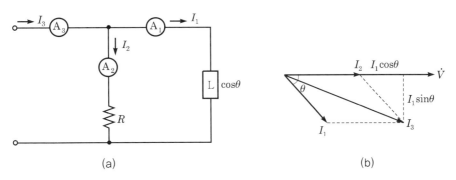

| 그림 6.89 | 3전류계법에 의한 측정

$$I_3^2 = (I_2 + I_1 \cos \theta)^2 + (I_1 \sin \theta)^2 = I_1^2 + I_2^2 + 2 I_1 I_2 \cos \theta$$

$$\therefore \ \cos \theta = \frac{I_3^2 - I_1^2 - I_2}{2 I_1 I_2}, \quad V = I_2 R$$

3전류계 전력 $P = V I_1 \cos \theta = I_2 R I_1 \left(\dfrac{I_3^2 - I_1^2 - I_2^2}{2 I_1 I_2} \right) = \dfrac{R}{2} (I_3^2 - I_1^2 - I_2^2) \, [\text{W}]$

(3) 3전압계법에 의한 측정

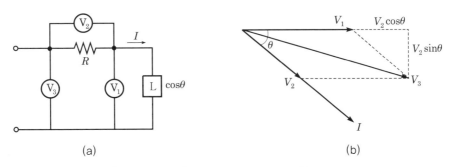

| 그림 6.90 | 3전압계법에 의한 측정

$$V_2 = IR$$

$$V_3^2 = (V_1 + V_2 \cos \theta)^2 + (V_2 \sin \theta)^2 = V_1^2 + V_2^2 + 2 V_1 V_2 \cos \theta$$

$$\therefore \ \cos \theta = \frac{V_3^2 - V_1^2 - V_2^2}{2 V_1 V_2}$$

3전압계 전력 $P = V_1 I \cos \theta = V_1 \dfrac{V_2}{R} \left(\dfrac{V_3^2 - V_1^2 - V_2^2}{2 V_1 V_2} \right) = \dfrac{1}{2R} (V_3^2 - V_1^2 - V_2^2) \, [\text{W}]$

M/ E/ M/ O

P/A/R/T

부록

관련 자료

01 고장에 따른 설비보전형태와 보전방식

　설비고장이 발생하면 설비를 원래 상태로 복원시키기 위하여 보전조치가 이루어져야 하며, 설비의 가용도(Availability)를 늘리기 위하여 다양한 설비보전방식을 채택할 수 있다. 보전방식에 대하여 분류하면 [그림 1]과 같다. 요구되는 보전기능(function)에 따라 차이가 있으며, 예방보전(preventive maintenance)은 고장예방을 위하여 정기적으로 일정을 설정하여 수행하는 것이며, 계획보전(scheduled maintenance)은 미리 정해진 일정에 따라 수행되는 점에서 차이가 있다. 감시보전(monitored maintenance)은 설비의 정기적인 점검상태에 따라 조치가 이루어진다. 개량보전(corrective maintenance)은 고장에 대한 일괄조치(부품일괄교체 등)를 취하는 것이며, 정규개량보전(normal corrective maintenance)은 예방보전이 보전정책규정에 의하여 수행되지 않은 품목의 고장에 대한 조치이다.

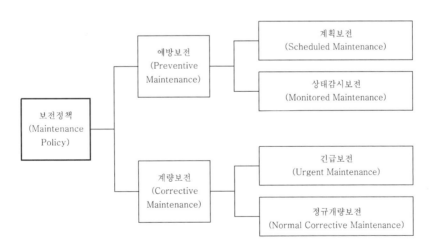

| 그림 1 | 보전방식의 분류

　다양한 설비에 따라 행해질 수 있는 보전방식은 고장형태, 고장률, 가용도와 경제성을 고려하여 고장을 방지하며 돌발고장으로 인한 손실을 최소로 하는 방식을 채택하게 된다.
　① **시간기준보전**(Time Based Maintenance) : 일상점검을 하지 않고 일정기간마다 수리 복원하는 것, 즉 고장실적, 정비공사실적 및 법규제에 기준하여 일정주기로 검사 및 교체를 계획·실시하는 보전형태이다.

② **고장기준보전**(Failure Based Maintenance) : 고장(failure/breakdown)발생 후 수행되는 방식으로 개량보전(corrective maintenance)이라고도 한다. 순순히 랜덤고장 및 낮은 고장비용발생의 경우 비용효과면에서 유리한 보전방식이다.

③ **상태기준보전**(Condition Based Maintenance) : 정해진 시스템 성능(performance)을 측정할 수 있는 성능파라미터값이 표준치 또는 기준치(threshold value)에 도달 혹은 넘어갔을 때 조치를 취하는 방식이다. CBM은 고장행태(behaviour)를 예측할 수 있는 열화파라미터(진동, 소음 등)가 존재한다는 가정하에 수행된다. 이것도 예방보전이 사후보전보다 경제적인 경우에 유리하다.

④ **사후보전**(Break Down Maintenance) : 일상점검을 하지 않고 설비가 기능저하 내지는 기능정지(고장)된 후에 수리교체를 실시하는 보전형태이다.

⑤ **사용기준보전**(Use Based Maintenance) : 일정사용횟수 또는 시간에 도달한 사건에 의해 트리거(trigger)하는 방식이다. 이 방식은 설비의 고장행동(behaviour)이 알려져 있고, 고장형태가 고장률이 증가하는 것을 가정하여 예방보전이 개량보전보다 경제적인 경우에 사용된다.

종래에는 고장이 발생하면 그에 대처하여 보전작업을 행하는 수동적 보전방식(Reactive Maintenace)인 사후보전(Breakdown Maintenance)방식을 채택하여 고장시간을 예측할 필요 없이 고장에 따른 부품이나 보전인원에 대한 무계획으로 설비의 가용도가 낮게 운영된다. 이러한 단점을 보완하기 위하여 능동적 보전방식(Proactive)이 채택되어 사용되고 있는데, [그림 1]의 보전방식분류가 그러한 고장에 미리 대처하여 미리 방지하여 가용도를 늘리기 위한 방안으로 행해지는데, 비용효과와 설비의 가용도면에서 가장 효과가 있는 것이 상태기준보전방식이다.

02 CBM

CBM(Conditon Based Maintenance : 상태기준보전)방식은 설비상태를 정상가동으로 유지할 수 있도록 정기적인 상태진단을 통해 향후의 설비성능 저하를 예측하여 고장이 나기 직전에 예측보전이 가능하게 함으로써 주요 설비부품을 최대수명까지 사용가능하게 하며, 불필요한 예방보전을 줄여서 보전을 위한 가동 정지에 따른 생산손실을 최대로 줄이는 것이다. 설비의 고장예측에 필수적인 요소가 설비상태정보의 획득이며, 이를 위해서는 설비진단기술을 필연적으로 요구하게 된다.

① **설비진단기술** : 설비상태진단기술(Machine Condition Diagnosis Technique)이란 설비를 가동시키면서 온라인(on line)으로 설비고장 및 열화를 검지하는 기술이며, 고장

에 대한 설비부위의 열화(마모) 정도를 인식하면서 열화에 대해서는 설비의 수명 및 신뢰성을 예측하는 것이다. 설비의 성능을 측정할 수 있는 열화되는 성능파라미터의 계측된 정보를 이용하는 진동법, 음향법, 온도법, 초음파, X선 등의 비파괴검사, 절연진단법, 전기진단법, 압력법 등의 설비진단방법이 있다. 이에 의하여 고장 유무를 사전에 판단하여 조치함으로써 고장으로 인한 생산 저하 또는 재해유발가능성을 방지할 수 있다.

　설비진단기술은 고장 여부와 아울러 왜 고장이 발생하였는가를 파악하여 이를 개선하도록 한다. 설비진단기술(CDT)이란 설비의 상태, 즉 설비에 부하된 응력(stress)의 검출, 열화와 고장의 검출, 강도와 성능의 검출, 결함원인 및 정도에 따라서 고장의 종류, 위치, 위험도 등을 식별, 평가하고 불확실한 열화상태를 예측하여 수리 및 복원방법을 결정한다. 설비상태를 정확하게 또는 과학적으로 파악한 기술적 근거를 기초로 하여 분해정비나 정기정비의 주기결정 및 주기연장의 검토가 필요함에 따라 이상이나 고장이 발생하였을 경우 원인을 추정하는 데는 매우 전문적인 지식과 오랜 경험이 필요하다. 그리고 설비특성의 중요도에 따라 보전방식이 검토되어야 하며 설비운영데이터의 집계, 분석 및 평가, 설비열화의 상황에 대한 기록 및 해석에 대한 데이터베이스의 유지가 필수이다.

② **설비진단기술의 종류** : 설비진단기술은 매우 광범위한 기술분야를 다루고 있으며 진단설비가 Ball & Bearing, 기어박스, 회전체(rotor), 유체설비(펌프, 팬, 압축기, 제어밸브) 등 설비특성에 따라 [표 1]과 같은 진단방법이 활용된다.

③ **CBM에서의 설비상태측정** : 설비의 상태를 나타낼 수 있는 성능파라미터가 설정된 설비가 유지해야 하는 표준치/기준치를 넘게 되는 시점이 고장이 발생하였다고 할 수 있는데, 이러한 경우 성능파라미터가 클수록 좋다면 [그림 2]의 (b)의 경우처럼 성능파라미터값은 사용시간에 따라 점점 열화되어 기준치에 도달하게 되면 고장이 발생하게 되며, 이러한 점은 성능곡선의 경향(Trend)곡선을 추적함으로써 고장시점 전에 경고관리한계선을 설정하며 품질관리에서 많이 쓰이는 관리도법을 이용하여 고장시점을 유추하게 된다.

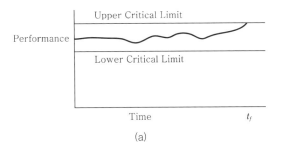

(a)

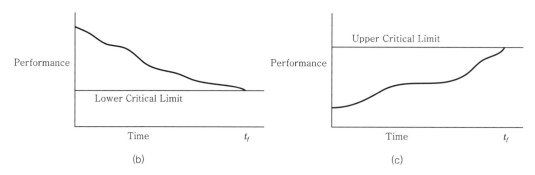

| 그림 2 | 파라미터의 종류에 따른 고장시점

| 표 1 | 설비진단방법의 종류

진단방법	진단내용	적용대상
온도법	• 온도를 측정함으로써 설비진단을 실시하는 방법으로 온도의 변화를 판독하여 설비의 이상을 파악한다.	• 유압탱크, 유압단위, 기어박스, PCB 등
진동법	• 설비 각 부위의 진동을 측정함으로 설비진단을 실시하는 방법으로 변위량, 가속도를 검출하여 설비의 결함을 파악한다(현재의 진단기술 중 가장 폭넓게 이용).	• 회전기계(베어링 등) • 유압장치 • 일정부하설비
음향법	• 전부 등의 운동상태를 파악하기 위하여 음의 크기를 진동수와 진폭을 이용하여 Microphtone 등으로 측정하여 결함 부위의 크기를 측정한다.	• 송풍기 • 크레인
유분석법	• 설비에 사용되고 있는 작동유, 윤활유, 전열유 등을 분석함으로써 마모상태나 열화상태를 파악한다.	• 금속의 마모상황
응력법	• 설비구조물의 균열발생이 문제가 되는데, 이에 대하여 실제 응력을 측정하고 분포를 해석하여 변형 여부를 측정한다.	• 설비구조물 • 설비 본체
누수탐지법 (leak detection)	• 초음파, 할로겐가스 등을 사용하여 설비의 결함상태 탐지 및 누수량을 측정하여 결합(sealing)부의 결함상태를 파악한다.	• 탱크 • 배관
균열탐지법 (crack detection)	• 자분탐상검사 : 금속재료와 자화시킨 후 자분을 뿌려 결함 부위에서 집결상태로 파악한다. • 형광액침투검사 : 형광액을 금속표면에 도포 후 균열 부위의 결함상태를 진단하는 방법이다.	• 레일 • 프레스
부식진단법	• 배관 내에 금속표면의 부식 및 열화상태를 파악한다.	• 수처리설비 • 공조기

03   CBM의 전제조건 및 적용

CBM에 의한 고장을 예측하기 위해서는 상태감시(Monitoring), 이상상태감지(Detection), 진단(Diagonosis), 예지(Prognosis), 잔여수명의 예측에 의한 보전할 시점 결정(Decision to act)의 과정을 거치며 다음과 같은 조건이 선행되어야 하는데, 그 조건은 다음과 같다.

① 고장이 시작되고 있는 시점을 인지할 수 있어야 한다.
② 고장형태를 구분할 수 있어야 한다.
③ 현 상태조건에서의 설비의 잔여수명을 비교적 정확히 예측할 수 있어야 한다.
④ 설비운전자에게 설비상태를 정상상태로 회복시키기 위하여 해결책을 제시할 수 있어야 한다.
⑤ 설비를 필요할 때 제어할 수 있는 시스템이 구축되어야 한다.
⑥ 설비보전요원의 피드백을 설비운전정보에 고려하여야 한다.

CBM은 정기적 또는 연속감시시스템으로부터의 설비상태정보를 이용하여 계획보전을 실시하는 것으로서 종전의 계획보전사이클보다 불필요한 계획보전을 줄임으로써 여러 이점이 있는 보전방식이며, 이를 이용하여 현재 설비의 상태정보로부터 고장시점을 예측하게 되면 그 시점 바로 직전에 계획보전을 행할 수 있게 해준다. [그림 3]은 CBM을 적용하여 실시하기 위한 개념도로, 이를 상태감시(Condition Mornitoring)와 결합하여 시행하게 된다. 설비의 고장을 예측하기 위해서는 설비를 이루는 시스템(System), 서브시스템(Sub-system), 부분품(Part), 부품(Component), 요소(Element) 등 기본단위에 대한 고장의 명확한 정의(Clear Definition of Failure)가 되어 있어야 하며, 이들의 고장형태(Failure Mode), 고장물성(Failure Physics), 고장거동(Failure Behavior)과 고장률(Hazard Rate/Instanteneous Failure Rate)에 대한 이해를 필요로 하며, 이에 대한 기본적인 데이터를 요구하게 된다. 이의 체계적인 수집을 위해서는 설비보전 및 수리기록 또는 A/S로부터 축적된 데이터베이스의 구축이 요구된다.

축적된 데이터베이스에는 고장시간, 운영조건, 설비보전 및 보수정보와 설비의 상태정보가 병행되어 관리되어야 하는데, 이는 고장예측에는 종래의 시간 위주의 설비의 유용한 잔여수명(Usefull Remaining Life)을 예측하고자 할 때 다른 모든 조건이 동일하다는 전제하에서 수명분포를 추정하였기 때문에 추정치에는 많은 변이를 수반하여 정확한 예측을 불가능하게 했다. 고장예측은 객관적인 설비의 수명에 대한 분포를 추정하고, 이로부터 현재시점에서의 고장 나지 않고 사용할 확률과 이를 시간으로 환산한 잔여수명을 예측하게 된다. 그러나 각 설비를 구성하고 있는 시스템단위수준이냐, 서브시스템수준이냐, 부품수준이냐에 따라서 고장률이 달라지고, 이들 시스템을 구성방식에 따라서 다시 말하면 직렬방식이냐, 병렬방식이냐, 그 이외의 시스템구성방식에 따라서 다른 고장률을 나타내고, 설비를 운영하는 운영조건(Operating Condition), 환경조건(Environment Condition)에 따라서 다르기 때문에 기본적인 고장률(Basic Failure Rate)에 부가하여 이러한 상이한 조건들을 고려하는 요인에 대한 고장률을 고려하는 형태의 고장률을 가지고 고장시간을 예측하게 된다. 고장으로 인한 설비를 원래 상태로 회복시키기 위해서는 어느 부품은 수리가능(Reapairable)하지만 수리불가능(Non-repairable)부품은 교체하게 되기 때문에 이러한 차이점으로 인해서 고장예측모델이 다르게 된다. 대부분의 경우 전자부품들은 고장률이 일정한 형태를 띠고 기계부품들은 마모로 인한 열화특성 때문에 고장률이 증가하는 형태를 갖는다.

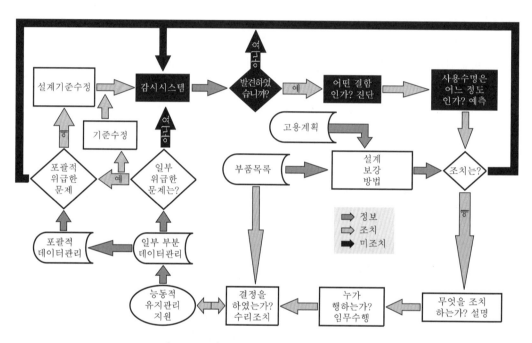

| 그림 3 | CBM기술의 적용 개념도

위험성분석과 안전성평가

01 위험성분석

시스템에 대한 안전활동 중 핵심 부분에 대한 위험성을 분석하고 시스템의 위험상태를 파악하여 위험성 여부확인 후 대책을 마련하는 것이며, 분석방법은 정성적 평가법(도표, 점검표 활용)과 정량적 평가법(컴퓨터, 수치 활용)이 있다.

(1) 정성적 분석기법

① **예비위험성분석**(PHA : Preliminary Hazard Analysis) : 시스템안전프로그램 중 최초 단계의 분석으로 시스템의 구상단계에서 예상되는 시스템 고유의 위험상태평가, 재해위험수준을 결정하며 FTA(결함수목분석)위험성분석을 위한 기본자료, 타 부서와의 절충연구촉진자료, 안전현황 조기결정자료로 활용한다.

② **고장모드 및 영향분석**(FMEA : Failure Models and Effects Analysis) : 전형적 귀납적 분석방법으로 하나의 부품이 고장 났을 경우 그 고장을 모드별로 분류하여 전체시스템, 사용작업자, 임무완수에 미치는 영향을 도표화하여 분석하는 기법으로 분석 전에 신뢰도자료(설계사양, 도면, 구성부품 등)분석이 선행되어야 하고 분석수준 결정, 고장구분 설정 및 블록다이어그램작업 등이 필수적이다.

(2) 정량적 분석기법

① **치명도분석**(CA : Criticality Analysis) : 시스템 안전상 높은 위험성을 갖는 요소(시스템 손상, 인간 사상 초래)의 고장이 시스템에 미치는 영향 정도를 분석하는 것으로 분석단위는 고장발생건수/100만시간 혹은 100만회이다.

② **사상수목분석**(ETA : Event Tree Analysis) : 재해요인발생사상의 확률을 이용하여 시스템의 안전도를 평가하는 시스템분석법으로 재해발생과정의 시작부터 재해까지 연쇄적 전개를 나뭇가지형태로 표현한다.

③ **결함수목분석**(FTA : Fault Tree Analysis) : 시스템고장과 재해발생요인 간의 상호관계를 나무모양의 도표로 표현하는 분석방법으로 불대수의 수학적 이론을 활용하여 시스템안전 확보를 위한 최소집합, 시스템 내 각 부품의 상대적 중요도 파악하고 재해요인의 정성적·정량적 분석이 동시에 가능하다. 절단집합은 분석을 위해 나눈 집합단위를 의미하며, 정상사상을 발생시키는 기본사상들의 집합으로서 최소한의 집합을 최소

절단집합(가장 하부의 절단집합)이라 한다. 최소절단집합의 관리를 통해 정상사상(재해사고)을 예방할 수 있으며, 최소절단집합의 발생확률, 평균고장률 및 평균수리시간 등을 이용하여 중간사상(최소절단집합과 정상사상 사이의 절단집합)과 정상사상의 발생확률, 평균고장률 및 평균수리시간 계산이 가능하고 기본사상의 중요도는 최소절단집합의 발생이 정상사상의 발생에 미치는 영향을 정량적으로 표시한 것으로 기본사상 중요도의 종류는 다음과 같다.

㉠ 구조중요도 : 시스템구조에 따른 시스템고장의 영향을 평가
㉡ 확률중요도 : 시스템고장확률에 따른 부품고장확률의 기여도를 평가
㉢ 치명중요도 : 부품개선난이도가 시스템고장확률에 미치는 부품고장확률의 기여도를 평가

02 안전성평가

(1) 안전성평가의 의의

안전성평가(위험성평가)란 시스템의 위험수준을 허용수준 이하로 유지하기 위한 안전활동이다.

(2) 위험수준 기준설정(시스템 내 잠재위험과 잠재영향범위를 모형화)

① Risk＝발생확률×피해의 크기
② 발생확률＝사고건수/단위시간
③ 피해크기＝영향 정도/사고건수

(3) 안전성평가의 진행순서

안전성평가의 진행순서는 다음과 같다.

① 제1단계 : 자료의 수집 및 정비

이는 해당 공사에 대한 신기술, 신공법 기계 및 설비의 안전성에 관한 것, 작업공정 및 배치의 적정 등의 검토에 필요한 자료를 수집·정비한다.

② 제2단계 : 정성적 평가의 실시

이는 공법 및 기계·설비의 안전성 확보, 계획된 작업공정의 적정 여부 및 위험성을 파악하기 위한 정성적 평가를 실시한다.

③ 제3단계 : 정량적 평가의 정량화

이 단계는 제반 위험성의 정도(중요도)의 파악을 위하여 정량적인 평가를 실시한다.

④ 제4단계 : 위험성에 대한 안전대책의 검토

　이 단계는 정량적 평가결과의 위험도에 따라 기술적인 대책과 관리적인 대책의 종합적인 안전대책을 수립한다.

⑤ 제5단계 : 안전대책의 재평가

　이 단계에서는 제4단계에서 수립된 안전대책을 동종의 재해정보 등 관련 자료를 활용하여 재평가를 실시한다.

⑥ 제6단계 : 결함수분석(FTA)에 의한 재평가

　이 단계는 FTA(Falut Tree Analysis)의 기법에 의하여 재평가를 실시하는데 필요시에만 적용·실시한다.

국제단위계

01 SI단위의 탄생

모든 나라가 공통으로 사용하기에 적합한 실용적인 측정단위를 확립하기 위해서는 상거래, 보건, 안전 및 환경 등 일상생활에서 이루어지고 있는 계량 및 측정은 공통적이고 정확한 크기(양)로 정의된 단위에 기초해야 한다는 것은 신뢰할 수 있는 사회생활을 영위함에 있어서 필수 불가결한 요소이다.

국제단위계(The International System of Units)의 필요성은 19세기 서양에서 산업혁명이 확산되고 과학기술이 발전하면서부터 제기되었다. 초기에는 국가단위의 개념이 정립되었으나, 19세기 후반에 국가 간의 문물교류와 과학기술 정보교환이 활발해지면서 국제표준으로 이어지게 되었다. 그 결과 1875년에 파리에서 국제미터협약이 조인됨으로서 오늘날의 범세계적인 국제단위계의 기틀이 다져지게 된 것이다.

이에 따라 국제적으로 효율적이고 신뢰할 수 있는 길이(m), 질량(kg), 시간(s), 온도(K), 광도(cd), 전류(A), 물질량(mol) 등 물상상태의 양을 결정할 때 공통적으로 적용해야 할 기준으로 SI단위가 1960년 제11차 국제도량형총회(CGPM)에서 채택되었으며, 국가측정표준을 정하는 단위의 체계로서 세계 대부분의 나라에서 법제화를 통하여 이를 공식적으로 채택하고 있다.

우리나라에서도 국가표준기본법 제10조~제12조 규정에 의거 SI단위를 법정단위로 채택하고 있다

02 SI단위의 분류

SI단위는 크게 기본단위와 유도단위로 분류된다. 과학적인 관점에서 볼 때 SI단위를 이와 같이 두 부류로 나누는 것은 어느 정도 임의적이다. 왜냐하면 그러한 분류가 물리학적으로 꼭 필요한 것은 아니기 때문이다. 그럼에도 불구하고 국제도량형총회는 국제관계, 교육 및 과학적 연구활동에 있어 실용적이고 범세계적인 단일 단위체계가 갖는 이점을 고려하여 독립된 차원을 가지는 것으로 간주되는 7개의 명확하게 정의된 단위들을 선택하여 국제단위계의 바탕을 삼기로 결정하였다. 즉 미터, 킬로그램, 초, 암페어, 켈빈, 몰, 칸델라의 7개 단위가 그것이다. 이 SI단위를 기본단위라고 부른다.

SI단위의 두 번째 부류는 유도단위이다. 즉 이들은 관련된 양들을 연결시키는 대수관계에 따라 여러 기본단위들이 조합하여 형성되는 단위이다. 이렇게 기본단위로 형성된 어떤 단위의 명칭과 기호는 특별한 명칭과 기호로 대치될 수 있고, 이들은 또한 다른 유도단위의 표현과 기호를 형성하는데 사용될 수 있다.

이 두 부류의 SI단위들은 일관성 있는 단위의 집합을 형성한다. 즉 1이 아닌 어떠한 수치적 인자 없이 순전히 곱하기와 나누기의 규칙에 의하여 서로 연관되는 단위의 체계라는 특별한 의미로서 "일관성"이란 표현이 사용된다. 여기서 중요하게 강조되어야 할 사실은 하나의 SI단위가 몇 가지 다른 형태로 표기될 수는 있어도 각각의 물리량은 단 하나의 SI단위만을 가진다는 것이다. 하지만 그 역은 성립하지 않는다. 즉 어떤 경우에는 동일한 SI단위가 몇 개의 다른 양의 값을 표현하는데 사용될 수 있다.

03 SI 기본단위

(1) 단위의 정의

① **길이의 단위(미터)** : 백금-이리듐의 국제원기에 기초를 둔 1889년 미터의 정의는 제11차 국제도량형총회(1960)에서 크립톤 86원자($^{88}K_r$)의 복사선 파장에 근거를 둔 정의로 대체되었다. 이 정의는 미터 현시의 정확도를 향상시키기 위하여 채택되었다. 이 정의는 1983년의 제17차 국제도량형총회에서 다시 다음과 같이 대체되었다.

미터는 빛이 진공에서 1/299792458초 동안 진행한 경로의 길이이다.

② **질량의 단위(킬로그램)** : 백금-이리듐으로 만들어진 국제원기는 1889년 제1차 국제도량형총회에서 지정한 상태 하에 국제도량형국(BIPM)에 보관되어 있으며, 당시 국제도량형총회는 국제원기를 인가하고 다음과 같이 선언하였다.

이제부터는 이 원기를 질량의 단위로 삼는다. 킬로그램은 질량의 단위이며, 국제킬로그램원기의 질량과 같으며 그 기호는 "kg"으로 한다.

③ **시간의 단위(초)** : 예전에는 시간의 단위인 초를 평균태양일의 1/86400로 정의하였다. 그러나 지구 자전주기의 불규칙성 때문에 이 정의를 우리가 요구하는 정확도로 실현할 수 없다는 것이 측정에 의해 밝혀졌다. 이후 시간의 단위를 원자나 분자의 두 에너지 준위 사이의 전이에 기초를 둔 원자시간 표준이 실현가능하고 훨씬 더 정밀하게 재현될 수 있다는 것이 실험에 의해 증명됨에 따라 1968년 제13차 국제도량형총회에서 초의 정의를 다음과 같이 바꾸었다.

초는 세슘 133원자($^{133}C_s$)의 바닥상태에 있는 두 초미세준위 사이의 전이에 대응하는 복사선의 9192631770주기의 지속시간이며, 그 기호는 "s"로 한다.

④ **전류의 단위(암페어)** : 전류와 저항에 대한 소위 국제전기단위는 1893년 국제전기협의회에서 최초로 도입되었고, 1948년 제9차 국제도량형총회에서 전류의 단위인 암페어를 다음과 같이 정의하였다.

암페어는 무한히 길고 무시할 수 있을 만큼 작은 원형단면적을 가진 두 개의 평행한 직선도체가 진공 중에서 1미터의 간격으로 유지될 때 두 도체 사이에 매 미터당 2×10^{-7}뉴턴(N)의 힘을 생기게 하는 일정한 전류이다.

⑤ **열역학적 온도의 단위(켈빈)** : 열역학적 온도의 단위는 실질적으로 1954년 제10차 국제도량형총회에서 정해졌는데, 여기서 물의 삼중점을 기본 고정점으로 선정하고 이 고정점의 온도를 정의에 의해서 273.16K로 정했다. 이후 1968년 제13차 국제도량형총회에서 "켈빈도"(기호 °K) 대신 켈빈(기호 K)이라는 명칭을 사용하기로 채택하였고, 열역학적 온도의 단위를 다음과 같이 정의하였다.

켈빈은 물의 삼중점에 해당하는 열역학적 온도의 1/273.16이며, 그 기호는 "K"로 한다. 다만, 온도를 다음과 같이 섭씨온도로 표시할 수 있다.

㉠ 섭씨온도의 기호는 t로 표시하고, $t = T - T_o$ 식으로 정의된다.

㉡ 섭씨온도는 기호 T로 표시하는 열역학적 온도와 물의 어는점인 기준온도 $T_o = 273.15\,K$와의 차이로 나타낸다.

㉢ 온도차이 또는 온도간격은 켈빈이나 섭씨도로 표현할 수 있으며, $t/\text{℃} = T/K - 273.15$로 정의된다.

㉣ 섭씨온도의 단위는 섭씨도(기호 ℃)이며, 그 크기는 켈빈과 같다.

⑥ **물질량의 단위(몰)** : 국제순수응용물리학연맹, 국제순수응용화학연맹, ISO의 제안에 따라 국제도량형총회에서는 1971년에 "물질량"이란 양의 단위의 명칭은 몰(기호 mol)로 정하고 몰의 정의를 다음과 같이 채택하였다.

몰은 탄소 12의 0.012킬로그램에 있는 원자의 개수와 같은 수의 구성요소를 포함한 어떤 계의 물질량이다. 그 기호는 "mol"이다.

⑦ **광도의 단위(칸델라)** : 1948년 이전에는 광도의 단위를 불꽃이나 백열 필라멘트 표준에 기초를 두고 사용하였으나, 이후 백금 응고점에 유지된 플랑크복사체(흑체)의 광휘도에 기초를 둔 "신촉광(新燭光)"으로 대치되었다. 그러나 고온에서 플랑크복사체를 현시하기에 어려움이 많아 1979년 제16차 국제도량형총회에서 다음과 같은 새로운 정의를 채택하였다.

칸델라는 진동수 540×10^{12}헤르츠인 단색광을 방출하는 광원의 복사도가 어떤 주어진 방향으로 매 스테라디안당 1/683와트일 때 이 방향에 대한 광도이다.

(2) 기본단위의 기호

국제도량형총회에서 채택한 기본단위의 명칭과 기호는 [표 2]와 같다.

| 표 2 | SI 기본단위의 기호

기본량	SI 기본단위	
	명칭	기호
길이	미터	m
질량	킬로그램	kg
시간	초	s
전류	암페어	A
열역학적 온도	켈빈	K
물질량	몰	mol
광도	칸델라	cd

04 SI 유도단위

(1) 유도단위의 분류

유도단위는 기본단위들을 곱하기와 나누기의 수학적 기호로 연결하여 표현되는 단위이다. 어떤 유도단위에는 특별한 명칭과 기호가 주어져 있고, 이 특별한 명칭과 기호는 그 자체가 기본단위나 다른 유도단위와 조합하여 다른 양의 단위를 표시하는데 사용되기도 한다.

| 표 3 | 기본단위로 표시된 SI 유도단위의 예

유도량	SI 유도단위	
	명칭	기호
넓이	제곱미터	m^2
부피	세제곱미터	m^3
속력, 속도	미터 매 초	m/s
가속도	미터 매 초 제곱	m/s^2
파동수	역미터	m^{-1}
밀도, 질량밀도	킬로그램 매 세제곱미터	kg/m^3
비(比)부피	세제곱미터 매 킬로그램	m^3/kg
전류밀도	암페어 매 제곱미터	A/m^2
자기장의 세기	암페어 매 미터	A/m
(물질량의) 농도	몰 매 세제곱미터	mol/m^3
광휘도	칸델라 매 제곱미터	cd/m^2
굴절률	하나(숫자)	$1^{(가)}$

※ (가) "1"은 숫자와 조합될 때에는 일반적으로 생략된다.

[표 4]에 열거되어 있는 어떤 유도단위들은 편의상 특별한 명칭과 기호가 주어져 있다. 이 명칭과 기호는 그 자체가 다른 유도단위를 표시하는데 사용되기도 한다. [표 5]에 몇 가지 그러한 예를 보이고 있다. 이 특별한 명칭과 기호는 자주 사용되는 단위를 표시하기 위

하여 간략한 형태로 되어 있다. 이러한 명칭과 기호 중에서 [표 4]의 마지막 3개의 단위는 특별히 인간의 보건을 위하여 국제도량형총회에서 승인된 양이다.

| 표 4 | **특별한 명칭과 기호를 가진 SI 유도단위**

유도량	SI 유도단위			
	명칭	기호	다른 SI단위로 표시	SI 기본단위로 표시
평면각	라디안$^{(가)}$	rad		$m \cdot m^{-1} = 1^{(나)}$
입체각	스테라디안$^{(가)}$	sr$^{(다)}$		$m^2 \cdot m^{-2} = 1^{(나)}$
주파수	헤르츠	Hz		s^{-1}
힘	뉴턴	N		$m \cdot kg \cdot s^{-2}$
압력, 응력	파스칼	Pa	N/m^2	$m^{-1} \cdot kg \cdot s^{-2}$
에너지, 일, 열량	줄	J	$N \cdot m$	$m^2 \cdot kg \cdot s^{-2}$
일률, 전력	와트	W	J/s	$m^2 \cdot kg \cdot s^{-3}$
전하량, 전기량	쿨롱	C		$s \cdot A$
전위차, 기전력	볼트	V	W/A	$m^2 \cdot kg \cdot s^{-3} \cdot A^{-1}$
전기용량	패럿	F	C/V	$m^{-2} \cdot kg^{-1} \cdot s^4 \cdot A^2$
전기저항	옴	Ω	V/A	$m^2 \cdot kg \cdot s^{-3} \cdot A^{-2}$
전기전도도	지멘스	S	A/V	$m^{-2} \cdot kg^{-1} \cdot s^3 \cdot A^2$
자기선속	웨버	Wb	$V \cdot s$	$m^2 \cdot kg \cdot s^{-2} \cdot A^{-1}$
자기선속밀도	테슬라	T	Wb/m^2	$kg \cdot s^{-2} \cdot A^{-1}$
인덕턴스	헨리	H	Wb/A	$m^2 \cdot kg \cdot s^{-2} \cdot A^{-2}$
섭씨온도	섭씨도$^{(라)}$	℃		K
광선속	루멘	lm	$cd \cdot sr^{(다)}$	$m^2 \cdot m^{-2} \cdot cd = cd$
조명도	럭스	lx	lm/m^2	$m^2 \cdot m^{-4} \cdot cd$ $= m^{-2} \cdot cd$
(방사능핵종의) 방사능	베크렐	Bq		s^{-1}
흡수선량, 비(부여)에너지, 커마	그레이	Gy	J/kg	$m^2 \cdot s^{-2}$
선량당량, 환경선량당량				
방향선량당량				
개인선량당량				
조직당량선량	시버트	Sv	J/kg	$m^2 \cdot s^{-2}$

※ (가) 라디안과 스테라디안은 서로 다른 성질을 가지나 같은 차원을 가진 양들을 구별하기 위하여 유도단위를 표시하는데 유용하게 쓰일 수 있다. 유도단위를 구성하는데 이들을 사용한 몇 가지 예가 [표 5]에 있다.

※ ㈏ 실제로 기호 rad와 sr은 필요한 곳에 쓰이나 유도단위 "1"은 일반적으로 숫자와 조합하여 쓰일 때 생략된다.

※ ㈐ 광도측정에서는 보통 스테라디안(기호 sr)이 단위의 표시에 사용된다.

※ ㈑ 이 단위는 SI접두어와 조합하여 쓰이고 있다. 그 한 예가 밀리섭씨도, m·℃이다.

| 표 5 | 명칭과 기호에 특별한 명칭과 기호를 가진 SI 유도단위의 예

유도량	SI 유도단위		
	명칭	기호	SI 기본단위로 표시
점성도	파스칼 초	Pa·s	$m^{-1}\cdot kg\cdot s^{-1}$
힘의 모멘트	뉴턴 미터	N·m	$m^2\cdot kg\cdot s^{-2}$
표면장력	뉴턴 매 미터	N/m	$kg\cdot s^{-2}$
각속도	라디안 매 초	rad/s	$m\cdot m^{-1}\cdot s^{-1}=s^{-1}$
각가속도	라디안 매 초 제곱	rad/s²	$m\cdot m^{-1}\cdot s^{-2}=s^{-2}$
열속밀도, 복사조도	와트 매 제곱미터	W/m²	$kg\cdot s^{-3}$
열용량, 엔트로피	줄 매 켈빈	J/K	$m^2\cdot kg\cdot s^{-2}\cdot K^{-1}$
비열용량, 비엔트로피	줄 매 킬로그램 켈빈	J/(kg·K)	$m^2\cdot s^{-2}\cdot K^{-1}$
비에너지	줄 매 킬로그램	J/kg	$m^2\cdot s^{-2}$
열전도도	와트 매 미터 켈빈	W/(m·K)	$m\cdot kg\cdot s^{-3}\cdot K^{-1}$
에너지밀도	줄 매 세제곱미터	J/m³	$m^{-1}\cdot kg\cdot s^{-2}$
전기장의 세기	볼트 매 미터	V/m	$m\cdot kg\cdot s^{-3}\cdot A^{-1}$
전하밀도	쿨롱 매 세제곱미터	C/m³	$m^{-3}\cdot s\cdot A$
전기선속밀도	쿨롱 매 제곱미터	C/m²	$m^{-2}\cdot s\cdot A$
유전율	패럿 매 미터	F/m	$m^{-3}\cdot kg^{-1}\cdot s^4\cdot A^2$
투자율	헨리 매 미터	H/m	$m\cdot kg\cdot s^{-2}\cdot A^{-2}$
몰에너지	줄 매 몰	J/mol	$m^2\cdot kg\cdot s^{-2}\cdot mol^{-1}$
몰엔트로피, 몰열용량	줄 매 몰 켈빈	J/(mol·K)	$m^2\cdot kg\cdot s^{-2}\cdot K^{-1}\cdot mol^{-1}$
(X선 및 γ선의) 조사선량	쿨롱 매 킬로그램	C/kg	$kg^{-1}\cdot s\cdot A$
흡수선량률	그레이 매 초	Gy/s	$m^2\cdot s^{-3}$
복사도	와트 매 스테라디안	W/sr	$m^4\cdot m^{-2}\cdot kg\cdot s^{-3}=m^2\cdot kg\cdot s^{-3}$
복사휘도	와트 매 제곱미터 스테라디안	W/(m²·sr)	$m^2\cdot m^{-2}\cdot kg\cdot s^{-3}=kg\cdot s^{-3}$

이미 언급한 바와 같이 하나의 SI단위가 몇 개의 다른 물리량에 대응할 수 있다. 그에 대한 여러 가지 예가 [표 5]에 나와 있는데 여기 나와 있는 양들이 그 전부는 아니다. 줄 매 켈빈(J/K)은 엔트로피뿐만 아니라 열용량의 SI단위이며, 또한 암페어(A)는 유도물리량인

기자력뿐만 아니라 기본량인 전류의 SI단위이기도 하다. 그러므로 어떤 양을 명시하기 위하여 그 단위만을 사용해서는 안 된다. 이러한 규칙은 비단 과학기술서적뿐만 아니라 예를 들자면 측정장비에도 적용된다(즉 측정장비는 단위와 측정된 물리량을 모두 표시해야 한다).

유도단위는 기본단위의 명칭과 유도단위의 특별한 명칭을 조합하여 여러 가지 다른 방법으로 표현될 수 있다. 그러나 이것은 일반 물리적인 개념을 고려하여 대수학적으로 자유롭게 표현할 수 있다. 예를 들어, 줄(J) 대신에 뉴턴 미터(N・m) 혹은 킬로그램 미터제곱 매 초제곱($kg・m^2・s^{-2}$)이 사용될 수도 있다.

그러나 어떤 경우에는 특정한 표현식이 다른 것들보다 더 유용할 수도 있다. 실제로는 같은 단위를 갖는 양들의 구별을 용이하게 하기 위하여, 어떤 양들에 대해서는 어떤 특별한 단위명 혹은 단위의 조합을 선호하여 사용한다. 예를 들면, 주파수의 SI단위로 역초(s-1) 대신에 헤르츠(Hz)가 명칭으로 지정되어 있고, 각속도의 SI단위도 역초보다는 라디안 매 초(rad/s)가 지정되어 있다

[비고] 이 경우 라디안이란 단어를 그대로 사용하는 이유는 각속도가 2π와 회전주파수의 곱이라는 것을 강조하기 위함이다. 이와 유사하게 힘의 모멘트에 대한 SI단위로는 줄(J) 대신에 뉴턴 미터(N・m)가 지정되어 있다.

전리방사선분야에서도 이와 비슷하게 방사능의 SI단위로 역초보다는 베크렐(Bq)을, 흡수선량과 선량당량의 SI단위로 줄 매 킬로그램(J/kg)보다는 각각 그레이(Gy)나 시버트(Sv)가 사용된다. 특별한 명칭인 베크렐, 그레이, 시버트는 역초나 줄 매 킬로그램의 단위를 사용함으로써 일어날 수 있는 과오로 인한 사람의 건강에 대한 위험도 때문에 특별히 도입된 양들이다.

(2) 무차원 양의 단위, 차원 1을 가지는 양

일부 물리량은 같은 종류의 두 물리량의 비로써 정의되며, 따라서 숫자 1로 표현되는 차원을 가지게 된다. 이러한 물리량의 단위는 필연적으로 다른 SI단위들과 일관성을 갖는 유도단위가 된다. 그리고 두 동일한 SI단위의 비로 구성되기 때문에 이 단위도 숫자 1로 표시될 수 있다. 따라서 차원적으로 곱한 결과가 1로 주어지는 모든 물리량의 SI단위는 숫자 1이다. 굴절률, 상대투자율, 마찰계수 등이 이러한 물리량의 예이다. 단위 1을 가지는 다른 물리량에는 프란틀(Prandtl) 숫자 $\eta c_p/\lambda$ 같은 "특성숫자"와 분자수나 축퇴(에너지준위의 수), 통계역학의 분배함수와 같이 계수를 나타내는 숫자 등이 있다.

이런 모든 물리량은 무차원 또는 차원 1인 것으로 기술되며, SI단위는 1이다. 이런 물리량들의 값은 단지 숫자로 주어지며, 일반적으로 단위 1은 구체적으로 표시되지 않는다. 그러나 몇 가지의 경우에는 이런 단위에 특별한 명칭이 주어지는데, 이는 주로 일부의 복합유도단위 사이의 혼란을 피하기 위해서이다. 이에 해당되는 예로 라디안, 스테라디안, 네퍼 등이 있다.

05   SI단위의 십진 배수 및 분수

(1) SI 접두어

국제도량형총회는 SI단위의 십진 배수 및 분수에 대한 명칭과 기호를 구성하기 위하여 10^{-24}부터 10^{24}범위에 대하여 일련의 접두어와 그 기호들은 채택하였다. 이 접두어의 집합을 SI 접두어라고 명명하였다. 현재까지 승인된 모든 접두어와 기호는 [표 6]과 같다.

| 표 6 | SI 접두어

인자	접두어	기호	인자	접두어	기호
10^{24}	요타	Y	10^{-1}	데시	d
10^{21}	제타	Z	10^{-2}	센티	c
10^{18}	엑사	E	10^{-3}	밀리	m
10^{15}	페타	P	10^{-6}	마이크로	μ
10^{12}	테라	T	10^{-9}	나노	n
10^{9}	기가	G	10^{-12}	피코	p
10^{6}	메가	M	10^{-15}	펨토	f
10^{3}	킬로	k	10^{-18}	아토	a
10^{2}	헥토	h	10^{-21}	젭토	z
10^{1}	데카	da	10^{-24}	욕토	y

(2) 킬로그램

국제단위계의 기본단위 가운데 질량의 단위(킬로그램)만이 역사적인 이유로 그 명칭이 접두어를 포함하고 있다. 질량단위의 십진 배수 및 분수에 대한 명칭 및 기호는 단위명칭 "그램"에 접두어 명칭을 붙이고, 단위기호 "g"에 접두어 기호를 붙여서 사용한다.

- 표시 예 : $10^{-6}\text{kg} = 1\text{mg}$(1밀리그램)이며, $1\mu\text{kg}$(1마이크로킬로그램)이 아님

06   SI 이외의 단위

(1) 개요

SI단위는 과학, 기술, 상업 등의 전반에 걸쳐 사용이 권고되고 있다. 이 단위는 국제도량형총회에 의하여 국제적으로 인정되었으며, 현재 이를 기준으로 그 밖의 모든 단위들이 정의되고 있다. SI 기본단위와 특별한 명칭을 가진 것들을 포함한 SI 유도단위는 물리량 항을 갖는 방정식에서 그 항에 특정값을 대입할 때 단위환산이 필요치 않은 일관된 틀을 형성한다는 중요한 장점을 가지고 있다.

그럼에도 불구하고 몇몇 SI 이외의 단위들이 아직도 과학, 기술, 상업 관련 문헌에서 광범위하게 나타나고 있고, 그 몇 가지는 아마 여러 해 동안 계속 사용될 것으로 보인다. 시간

의 단위와 같은 몇몇 국제단위계 이외의 단위들은 일상생활에서 매우 넓게 사용되고 있고 인류의 역사와 문화에 아주 깊이 새겨져 있어서 이들은 당분간 계속 사용될 것이다.

(2) SI와 함께 사용이 용인된 단위

국제도량형총회에서는 SI의 사용자들이 SI에 속하지는 않지만 중요하고 널리 사용되는 몇 가지의 단위를 쓰고 싶어한다는 것을 인정하여 SI 이외의 단위를 3가지로 분류하여 열거하였다.

① 유지되어야 할 단위
② 잠정적으로 묵인되어야 할 단위
③ 취소해야 할 단위

이 분류를 재검토하면서 1996년 국제도량형총회에서는 SI 이외의 단위를 새로운 항목으로 분류하는데 동의하였다. 이들은 SI와 함께 사용되는 것이 용인된 [표 7]의 단위, 그 값이 실험적으로 얻어지며 SI와 함께 사용되는 것이 용인된 [표 8]의 단위, 특별한 용도의 필요성을 만족시키기 위하여 SI와 함께 사용되는 것이 현재 용인된 [표 9]의 단위들이다.

SI와 함께 사용되는 것이 용인된 SI 이외의 단위들이 [표 7]에 열거되어 있다. 매일 계속해서 사용하는 단위, 특히 시간과 각에 대한 전통적인 단위 및 기술적으로 중요성을 가진 그 밖의 몇 가지 단위들이 [표 7]에 포함되어 있다.

| 표 7 | 국제단위계와 함께 사용되는 것이 용인된 SI 이외의 단위

명칭	기호	SI단위로 나타낸 값
분	min	$1\min = 60s$
시간[가]	h	$1h = 60\min = 3,600s$
일	d	$1d = 24h = 8,6400s$
도[나]	°	$1° = (\pi/180)\text{rad}$
분	′	$1′ = (1/60)° = (\pi/10800)\text{rad}$
초	″	$1″ = (1/60)′ = (\pi/648000)\text{rad}$
리터[다]	l, L	$1L = 1dm^3 = 10^{-3}m^3$
톤[라, 마]	t	$1t = 10^3 kg$
네퍼[바, 아]	Np	$1Np = 1$
벨[사, 아]	B	$1B = (1/2)\ln 10(\text{Np})$ [자]

※ [가] 이 단위의 기호는 제9차 국제도량형총회(1948 ; CR, 70)의 결의사항 7에 있다.
※ [나] ISO 31은 분과 초를 사용하는 대신에 도를 십진 분수의 형태로 사용할 것을 권고한다.
※ [다] 이 단위와 그 기호 1은 1879년 CIPM(PV, 1879, 41)에서 채택되었다. 또 다른 기호 L은 제16차 국제도량형총회(1979, 결의사항 6; CR, 101 및 Metrologia, 1980, 16, 56~57)에서 글자 "l"과 숫자 "1"과의 혼동을 피하기 위해 채택되었다. 리터의 현재 정의는 제12차 국제도량형총회(1964 ; CR, 93)의 결의사항 6에 있다.
※ [라] 이 단위와 그 기호는 1879년 CIPM(PV, 1879, 41)에서 채택되었다.
※ [마] 몇몇 영어사용국가에서 이 단위는 "메트릭톤"이라 불린다.
※ [바] 네퍼는 마당준위, 일률준위, 음압준위, 로그 감소 같은 로그량의 값을 표현하는데 사용된다. 네퍼로 표현된 양의 값을 얻기 위하여 자연로그가 사용된다. 네퍼는 SI와 일관성을 갖지만 아직 국제도량형총회에서 SI단위로 채택되지 아니하였다. 자세한 내용은 국제표준 ISO 31 참조.

※ (사) 벨은 마당준위, 일률준위, 음압준위, 감쇠 같은 로그량의 값을 표현하는데 사용된다. 벨로 표현된 양의 값을 얻기 위하여 밑이 10인 로그가 사용된다. 분수인 데시벨, dB가 보통 사용된다. 자세한 내용은 국제표준 ISO 31 참조.

※ (아) 이 단위를 사용할 때 양을 명시하는 것이 특히 중요하다. 단위가 양을 의미하기 위하여 사용되어서는 안 된다.

※ (자) 네퍼가 SI와 일관성을 갖을지라도 아직 국제도량형총회에서 채택되지 아니하였기 때문에 Np에는 괄호를 하였다.

[표 8]에는 SI와 함께 사용되는 것이 용인된 SI 이외의 단위 3개를 열거하였으며, SI단위로 표현된 그 값들은 실험적으로 얻어져야 하므로 정확히 알려져 있지 않다. 그 값들은 합성표준불확도(포함인자 $k=1$)와 함께 주어지는데, 그 불확도는 마지막 두 자릿수에 적용되며 괄호 속에 나타내었다. 이 단위들은 어떤 특정한 분야에서 흔히 사용된다.

| 표 8 | 국제단위계와 함께 사용되는 것이 용인된 SI 이외의 단위

명칭	기호	정의	SI단위로 나타낸 값
전자볼트(가)	eV	(나)	$1\text{eV}=1.60217733(49)\times10^{-19}\text{J}$
통일원자질량단위(가)	u	(다)	$1\text{u}=1.6605402(10)\times10^{-27}\text{kg}$
천문단위(가)	ua	(라)	$1\text{ua}=1.49597870691(30)\times10^{11}\text{m}$

※ (가) 전자볼트와 통일원자질량단위에 대한 값은 CODATA Bulletin, 1986, No. 63에서 인용되었다. 천문단위로 주어진 값은 IERS회의록(1996), D.D. McCarthy ed., IERS Technical Note 21, Observatoire de Paris, July 1996에서 인용된 것이다.

※ (나) 전자볼트는 하나의 전자가 진공 중에서 1볼트의 전위차를 지날 때 얻게 되는 운동에너지이다.

※ (다) 통일원자질량단위는 정지상태에 있으며, 바닥상태에 있는 속박되지 않은 ^{12}C핵종 원자질량의 1/12과 같다. 생화학분야에서 통일원자질량단위는 또한 달톤(기호 Da)으로 불린다.

※ (라) 천문단위는 지구−태양의 평균거리와 거의 같은 길이의 단위이다. 이 값이 태양계에서 물체의 운동을 표현하는데 사용될 때 태양 중심 중력상수는 $(0.01720209895)^2 ua^3 d^{-2}$이 된다.

* SI단위로 표현된 그 값들은 실험적으로 얻어진다.

[표 9]에는 상업, 법률 및 전문과학적 용도에서의 필요성을 만족시키기 위하여 SI와 함께 사용되는 것이 현재 용인된 SI 이외의 단위 가운데 몇 개가 열거되어 있다. 이 단위들이 사용되는 모든 문서에는 SI와 관련하여 그 단위가 정의되어야 하며, 이들의 사용을 권장하지는 아니한다.

| 표 9 | 국제단위계와 함께 사용되는 것이 현재 용인된 그 밖의 SI 이외의 단위

명칭	기호	SI단위로 나타낸 값
해리(가)		1해리$=1,852\text{m}$
놋트		1해리 매 시간$=(1,852/3,600)\text{m/s}$
아르(나)	a	$1\text{a}=1\text{dam}^2=10^2\text{m}^2$
헥타르(나)	ha	$1\text{ha}=1\text{hm}^2=10^4\text{m}^2$
바(다)	bar	$1\text{bar}=0.1\text{MPa}=100\text{kPa}=1,000\text{hPa}=10^5\text{Pa}$
옹스트롬	Å	$1\text{Å}=0.1\text{nm}=10^{-10}\text{m}$
바안(라)	b	$1\text{b}=100\text{fm}^2=10^{-28}\text{m}^2$

※ ㈎ 해리는 항해나 항공의 거리를 나타내는데 쓰이는 특수단위이다. 위에 주어진 관례적인 값은 1929년 모나코의 제1차 국제특수수로학회에서 "국제해리"라는 이름 아래 채택되었다. 아직 국제적으로 합의된 기호는 없다. 이 단위가 원래 선택된 이유는 지구 표면의 1해리는 대략 지구 중심에서 각도 1분에 상응하는 거리이기 때문이다.

※ ㈏ 이 단위와 기호는 1879년 CIPM(PV, 1879, 41)에서 채택되었으며 토지면적을 표현하는데 사용되고 있다.

※ ㈐ 바와 그 기호는 제9차 국제도량형총회(1948 ; CR, 70)의 결의사항 7에 있다.

※ ㈑ 바안은 핵물리학에서 유효단면적을 나타내기 위하여 사용되는 특수단위이다.

07 SI단위의 표시방법

(1) 개요

현재 세계 대부분의 국가에서는 국제단위계(SI)를 채택하여 과학, 기술, 상업 등 모든 분야에서 사용하고 있다. 따라서 단위도 SI단위가 국제적으로 통용되고 있으며, 종래에 사용해 오던 Torr(torr)나 μ(micron), γ(gamma) 같은 단위들은 이제는 사용하지 말고, 그 대신 SI단위인 Pa(pascal)이나 μm(micrometer), nT(nanotesla) 등으로 바꿔주어야 한다. 국제단위계(SI)는 7개의 기본단위를 바탕으로 형성되어 있으며, 필요한 모든 유도단위가 이들의 곱이나 비로만 이루어지는 일관성 있는 단위체계이다.

(2) 단위기호의 사용법

단위의 올바른 사용법은 아주 간단하다. 지금까지 설명하면서 [표 2]~[표 6]에 보인 기호들을 그대로 쓰면 된다. 즉 활자체는 물론 소문자, 대문자까지도 기호로 약속한 것이므로 어떤 경우도 변형시키지 말고 그대로 써야 한다는 것이다. 언어에 따라 나라마다 단위명칭은 다를지라도 단위기호는 국제적으로 공통이며 같은 방법으로 사용한다.

① 양의 기호는 이탤릭체(사체)로 쓰며, 단위기호는 로마체(직립체)로 쓴다. 일반적으로 단위기호는 소문자로 표기하지만 단위의 명칭이 사람의 이름에서 유래하였으면 그 기호의 첫 글자는 대문자이다.

　예 • 양의 기호 : m(질량), t(시간) 등
　　 • 단위의 기호 : kg, s, K, Pa, kHz 등

② 단위기호는 복수의 경우에도 변하지 않으며, 단위기호 뒤에 마침표 등 다른 기호나 다른 문자를 첨가해서는 안 된다. 다만, 구두법상 문장의 끝에 오는 마침표는 예외이다.

　예 • kg이며, Kg이 아님(비록 문장의 시작이라도)
　　 • 5s이며, 5sec.나 5sec 또는 5secs가 아님
　　 • gauge압력을 표시할 때 600kPa(gauge)이며, 600kPag가 아님

③ 어떤 양을 수치와 단위기호로 나타낼 때 그 사이를 한 칸 띄어야 한다. 다만, 평면각의 도($°$), 분($'$), 초($''$)에 한해서 그 기호와 수치 사이는 띄지 않는다.

예 • 35 mm이며, 35mm가 아님

　• 32 ℃이며, 32℃ 또는 32℃가 아님(℃도 SI단위임에 유의)

　• 2.37 lm이며, 2.37lm(2.37lumens)가 아님

　• 25°, 25°23′, 25°23′27″ 등은 옳음

참고 %(백분율, 퍼센트)도 한 칸 띄는 것이 옳음(25 %이며 25%가 아님)

④ 숫자의 표시는 일반적으로 로마체(직립체)로 한다. 여러 자리 숫자를 표시할 때는 읽기 쉽도록 소수점을 중심으로 세 자리씩 묶어서 약간 사이를 띄어서 쓴다. 표시해야 하는 양이 합이나 차이일 경우는 수치 부분을 괄호로 묶고 공통되는 단위기호는 뒤에 쓴다.

예 • c = 299 792 458m/s(빛의 속력)

　• 1eV = 1.602 177 33(49)×10^{-19}J(괄호 내 값은 불확도표시)

　• t = 28.4℃±0.2℃ = (28.4±0.2)℃(틀림 : 28.4±0.2℃)

(3) 단위의 곱하기와 나누기

다음에 설명하는 규칙은 원래 SI단위에 해당되는 것인데, SI단위가 아닌 단위도 SI단위와 함께 쓰기로 인정한 것이므로 이에 따른다.

① 두 개 이상의 단위의 곱으로 표시되는 유도단위는 가운뎃점이나 한 칸을 띄어쓴다.

예 N·m 또는 N m

주의 위의 예 'N m'에서 그 사이를 한 칸 띄지 않는 것도 허용되나, 사용하는 단위의 기호가 접두어의 기호와 같을 때(meter와 milli의 경우)는 혼동을 주지 않도록 한다. 예로서, N m이나 m·N으로 써서 m N(millinewton)과 구별한다.

② 두 개의 단위의 나누기로 표시되는 유도단위를 나타내기 위하여 사선, 횡선 또는 음의 지수를 사용한다.

예 $\dfrac{\mathrm{m}}{\mathrm{s}}$, m/s, 또는 m·s^{-1}

주의 사선(/) 다음에 두 개 이상의 단위가 올 때는 반드시 괄호로 표시한다.

③ 괄호로 모호함을 없애지 않는 한 사선은 곱하기 기호나 나누기 기호와 같은 줄에 사용할 수 없다. 복잡한 경우에는 혼돈을 피하기 위하여 음의 지수나 괄호를 사용한다.

예 • 옳음 : joules per kilogram 또는 J·kg^{-1}

　• 틀림 : joules/kilogram, joules/kg, joules·kg^{-1}

(4) SI 접두어의 사용법

① 일반적으로 접두어는 크기 정도(orders of magnitude)를 나타내는데 적합하도록 선정해야 한다. 따라서 유효숫자가 아닌 영(0)들을 없애고 10의 멱수로 나타내어 계산하던 방법 대신에 이 접두어를 적절하게 사용할 수 있다.

예
- 12 300mm는 12.3m가 됨
- 12.3×10^3m는 12.3km가 됨
- 0.00123μA는 1.23nA가 됨

② 어떤 양을 한 단위와 수치로 나타낼 때 보통 수치가 0.1과 1,000 사이에 오도록 접두어를 선택한다. 다만, 다음의 경우는 예외로 한다.

  ㉠ 넓이나 부피를 나타낼 때 헥토, 데카, 데시, 센티가 필요할 수 있다.

  예 제곱헥토미터(hm^2), 세제곱센티미터(cm^3)

  ㉡ 같은 종류의 양의 값이 실린 표에서나 주어진 문맥에서 그 값을 비교하거나 논의할 때에는 0.1에서 1,000의 범위를 벗어나도 같은 단위를 사용하는 것이 좋다.

  ㉢ 어떤 양은 특정한 분야에서 쓸 때 관례적으로 특정한 배수가 사용된다.

  예 기계공학도면에서는 그 값이 0.1~1,000mm의 범위를 많이 벗어나도 mm가 사용된다.

③ 복합단위의 배수를 형성할 때 한 개의 접두어를 사용해야 한다. 이때 접두어는 통상적으로 분자에 있는 단위에 붙여야 되는데, 다만 한 가지 예외의 경우는 kg이 분모에 올 경우이다.

  예
  - V/m이며, mV/mm가 아님
  - MJ/kg이며, kJ/g가 아님

④ 두 개나 그 이상의 접두어를 나란히 붙여 쓰는 복합접두어는 사용할 수 없다.

  예
  - 1nm이며, 1mμm가 아님
  - 1pF이며, 1$\mu\mu$F가 아님

  주 만일 현재 사용하는 접두어의 범위를 벗어나는 값이 있으면 이때는 10의 멱수와 기본단위로 표시해야 한다.

⑤ 접두어를 가진 단위에 붙는 지수는 그 단위의 배수나 분수 전체에 적용되는 것이다.

  예
  - $1cm^3 = (10^{-2}m)^3 = 10^{-6}m^3$
  - $1s^{-1} = (10^{-9}s)^{-1} = 10^9 s^{-1}$
  - $1mm^2/s = (10^{-3}m)^2/s = 10^{-6}m^2/s$

⑥ 접두어는 반드시 단위의 기호와 결합하여 사용하며(이때는 하나의 새로운 기호가 형성되는 것임), 접두어만 따로 떼어서 독립적으로 사용할 수 없다.

  예 $10^6/m^3$이며 M/m^3은 아님

(5) 단위 "1"의 사용법

① 차원(dimension)이 일(1)인 양의 SI단위는 '하나'(기호 1)이다. 이러한 양을 수치적으로 표시할 때는 이 단위의 기호는 생략한다.

  예 굴절률 $n = 1.53 \times 1 = 1.53$

그러나 이러한 차원 1인 양 중에서도 어떤 양의 단위는 특별한 명칭을 가지고 있는데, 이때는 문맥에 따라 이 단위를 쓸 수도 있고 생략할 수도 있다.

예 평면각 $\alpha=0.5\text{rad}=0.5$, 입체각 $\Omega=2.3\text{sr}=2.3$

② 단위 '하나'의 십진 배수와 분수는 10의 멱수로 나타내야 하며, 단위기호 '1'과 접두어의 결합으로 나타내서는 안 된다(앞에서 설명한 접두어만 따로 떼어서 독립적으로 사용할 수 없다는 것과 결과적으로 같음에 유의). 어떤 경우에는 기호 %(퍼센트)를 숫자 0.01 대신에 사용하기도 한다. 그러나 ppm, ppb 등은 특정언어에서 온 약어로 간주되므로 사용하지 말고 10^{-6}, 10^{-9} 등을 사용해야 한다.

예 반사인자 $r=0.8=80\%$

주 퍼센트는 하나의 숫자이므로 질량에 의한 퍼센트 또는 부피에 의한 퍼센트라고 말하는 것은 실제로는 무의미하다. 따라서 %(m/m) 또는 %(V/V) 등과 같이 단위의 기호 뒤에 추가정보를 첨가해서는 안 된다. 질량분율(mass fraction)을 나타낼 때는 "질량분율이 0.67이다" 또는 "질량분율이 67%이다"라고 표현하는 것이 좋다. 질량의 분율은 $5\mu\text{g/g}$, 부피분율은 mL/m^3의 형태로 나타낼 수도 있다.

(6) SI단위 영어명칭의 사용법

영문으로 논문을 작성할 경우 등 단위의 영어명칭을 사용할 필요가 있을 때가 있는데, 이때 몇 가지 유의해야 할 점은 다음과 같다.

① 단위명칭은 보통명사와 같이 취급하여 소문자로 쓴다. 다만, 문장의 시작이나 제목 등 문법상 필요한 경우는 대문자를 쓴다.

예 3newtons이며, 3Newtons가 아님

② 일반적으로 영어문법에 따라 복수형태가 사용되며, lux, hertz siemens는 불규칙 복수형태로 단수와 복수가 같다.

예 henry의 복수는 henries로 씀

③ 접두어와 단위명칭 사이는 한 칸 띄지도 않고 연자부호(hyphen)를 넣지도 않는다.

예 kilometer이며, kilo-meter가 아님

④ "megohm", "kilohm", "hectare"의 세 가지 경우는 접두어 끝에 있는 모음이 생략된다. 이 외의 모든 단위명칭은 모음으로 시작되어도 두 모음을 모두 써야 하며 발음도 모두 해야 한다.

01 길이

단위	cm	m	in	ft	yd	mile	尺	間	町	里
cm	1	0.01	0.3937	0.0328	0.0109	–	0.033	0.0055	0.00009	–
m	100	1	39.37	3.2808	1.0936	0.0006	3.3	0.55	0.00917	0.00025
in	2.54	0.0254	1	0.0833	0.0278	–	0.0838	0.0140	0.0002	–
ft	30.48	0.3048	12	1	0.3333	0.00019	1.0058	0.1676	0.0028	–
yd	91.438	0.9144	36	3	1	0.0006	3.0175	0.5029	0.0083	0.0002
mile	160930	1609.3	63360	5280	1760	1	5310.8	885.12	14.752	0.4098
尺	30.303	0.303	11.93	0.9942	0.3314	0.0002	1	0.1667	0.0028	0.00008
間	181.818	1.818	71.582	5.965	1.9884	0.0011	6	1	0.0167	0.0005
町	10909	109.091	4294.9	357.91	119.304	0.0678	360	60	1	0.0278
里	392727	3927.27	154619	12885	4295	2.4403	12960	2160	36	1

02 면적(넓이)

단위	평방자	평	단보	정보	m²	a(아르)	ft²	yd²	acre
평방자	1	0.02778	0.00009	0.000009	0.09182	0.00091	0.98841	0.10982	–
평	36	1	0.00333	0.00033	3.3058	0.03305	35.583	3.9537	0.00081
단보	10800	300	1	0.1	991.74	9.9174	10674.9	1186.1	0.24506
정보	108000	3000	10	1	9917.4	99.174	106794	11861	2.4506
m²	10.89	0.3025	0.001008	0.0001	1	0.01	10.764	1.1958	0.00024
a	1089	30.25	0.10083	0.01008	100	1	1076.4	119.58	0.02471
ft²	1.0117	0.0281	0.00009	0.000009	0.092903	0.000929	1	0.1111	0.000022

단위	평방자	평	단보	정보	m²	a(아르)	ft²	yd²	acre
yd²	9.1055	0.25293	0.00084	0.00008	0.83613	0.00836	9	1	0.000207
acre	44071.2	1224.2	4.0806	0.40806	4046.8	40.468	43560	4840	1

※ 참고 : 1hectare(헥타르)＝100are＝10,000m²

03 부피(체적) 1

단위	홉	되	말	cm³	m³	l	in³	ft³	yd³	gal(美)
홉	1	0.1	0.01	180.39	0.00018	0.18039	11.0041	0.0066	0.00023	0.04765
되	10	1	0.1	1803.9	0.00180	1.8039	110.041	0.0637	0.00234	0.47656
말	100	10	1	18039	0.01803	18.039	1100.41	0.63707	0.02359	4.76567
cm³	0.00554	0.00055	0.00005	1	0.000001	0.001	0.06102	0.00003	0.00001	0.00026
m³	5543.52	554.325	55.4352	1000000	1	1000	61027	35.3165	1.30820	264.186
l	5.54352	0.55435	0.05543	1000	0.001	1	61.027	0.03531	0.00130	0.26418
in³	0.09083	0.00908	0.0091	16.387	0.000016	0.01638	1	0.00057	0.00002	0.00432
ft³	156.966	15.6666	1.56966	28316.8	0.02831	28.3169	1728	1	0.03703	7.48051
yd³	4238.09	423.809	42.3809	764511	0.76451	764.511	46656	27	1	201.974
gal(美)	20.9833	2.0983	0.20983	3785.43	0.00378	3.78543	231	0.16368	0.00495	1

04 부피(두량/斗量) 2

단위	m³	gal(UK)	gal(US)	l
m³	1	220.0	264.2	1000
gal(UK)	0.004546	1	1.201	4.546
gal(US)	0.003785	0.8327	1	3.785
l	0.001	0.2200	0.2642	1

※ 참고 : 1gal(US)＝231in³, 1ft³＝7.48gal(US)

05   무게(질량) 1

단위	g	kg	ton	그레인	온스	lb	돈	근	관
g	1	0.001	0.000001	15.432	0.03527	0.0022	0.26666	0.00166	0.000266
kg	1000	1	0.001	15432	33.273	2.20459	266.666	1.6666	0.26666
ton	1000000	1000	1	–	35273	2204.59	266666	1666.6	266.666
그레인	0.06479	0.00006	–	1	0.00228	0.00014	0.01728	0.00108	0.000017
온스	28.3495	0.02835	0.000028	437.4	1	0.06525	7.56	0.0473	0.00756
lb	453.592	0.45359	0.00045	7000	16	1	120.96	0.756	0.12096
돈	3.75	0.00375	0.000004	57.872	0.1323	0.00827	1	0.00625	0.001
근	600	0.6	0.0006	9259.556	21.1647	1.32279	160	1	0.16
관	3750	3.75	0.00375	57872	132.28	8.2672	1000	6.25	1

06   무게(질량) 2

단위	kg	t	lb	ton	sh tn
kg	1	0.001	2.20462	0.0009842	0.0011023
t	1000	1	2204.62	0.9842	1.1023
lb	0.45359	0.00045359	1	0.0004464	0.00055
ton	1016.05	1.01605	2240	1	1.12
sh tn	907.185	0.907185	2000	0.89286	1

※ 참고 : t : 톤, ton : 영국톤(long ton), sh tn : 미국톤(short ton)

07   밀도

단위	g/m^3	kg/m^3	lb/in^3	lb/ft^3
g/m^3	1	1000	0.03613	62.43
kg/m^3	0.001	1	0.00003613	0.06243
lb/in^3	27.68	27680	1	1728
lb/ft^3	0.01602	16.02	0.0005787	1

※ 참고 : $1g/cm^3 = 1t/m^3$

08　힘

단위	N	dyn	kgf	lbf	pdl
N	1	1×10^5	0.101972	0.2248	7.233
dyn	1×10^{-5}	1	1.01972×10^{-6}	2.248×10^{-6}	7.233×10^{-5}
kgf	9.80665	9.80665×10^5	1	2.205	70.93
lbf	4.44822	4.44822×10^5	0.4536	1	32.17
pdl	0.138255	1.38255×10^4	0.01410	0.03108	1

※ 참고 : $1dyn = 1 \times 10^{-5}N$, $1pdl$(파운달) $= 1ft \cdot lb/s^2$

09　압력 1

단위	kgf/cm^2	bar	Pa	atm	mH_2O	mHg	lbf/in^2
kgf/cm^2	1	0.980665	0.980665×10^5	0.9678	10.000	0.7356	14.22
bar	1.0197	1	1×10^5	0.9869	10.197	0.7501	14.50
Pa	1.0197×10^{-5}	1×10^{-5}	1	0.9869×10^{-5}	1.0197×10^{-4}	7.501×10^{-6}	1.450×10^{-4}
atm	1.0332	1.01325	1.01325×10^5	1	10.33	0.760	14.70
mH_2O	0.10000	0.09806	9.80665×10^3	0.09678	1	0.07355	1.422
mHg	1.3595	1.3332	1.3332×10^5	1.3158	13.60	1	19.34
lbf/in^2	0.07031	0.06895	6.895×10^3	0.06805	0.7031	0.05171	1

※ 참고 : $1Pa = 1N/m^2$, $1bar = 1 \times 10^5 Pa$, $1lbf/in^2 = 1psi$, $1Pa = 7.5 \times 10^{-3} torr$

10　압력 2

단위	kPa	bar	psi	kgf/cm^2	mmH_2O	in H_2O	ft H_2O	mmHg	in Hg	torr
kPa	1	0.01	0.14504	0.01020	101.972	4.01463	0.33455	7.50064	0.29530	7.50064
bar	100	1	14.5038	1.01972	10197.2	401.463	33.4552	750.064	29.5300	750.064
psi	6.89476	0.06895	1	0.07031	703.070	27.6799	2.30666	51.7151	2.03602	51.7151

단위	kPa	bar	psi	kgf/cm^2	mmH$_2$O	in H$_2$O	ft H$_2$O	mmHg	in Hg	torr
kgf/cm^2	98.0665	0.98067	14.2233	1	10000	393.701	32.8084	735.561	28.9590	735.561
mm H$_2$O	0.00981	0.00010	0.00142	0.00010	1	0.03937	0.00328	0.07356	0.00290	0.07356
in H$_2$O	0.24909	0.00249	0.03613	0.00254	25.4	1	0.08333	1.86833	0.07356	1.86833
ft H$_2$O	2.98907	0.02989	0.43353	0.03048	304.800	12.000	1	22.4199	0.88267	22.4199
mm Hg	0.13332	0.00133	0.01934	0.00136	13.5951	0.53524	0.04460	1	0.03937	1
in Hg	3.38639	0.03386	0.49115	0.03453	345.316	13.5951	1.13202	25.4001	1	25.4001
torr	0.13332	0.00133	0.01934	0.00136	13.5951	0.53524	0.04460	1	0.03937	1

11 응력

단위	kgf/cm^2	kgf/mm^2	Pa	N/mm^2	lbf/ft^2
kgf/cm^2	1	1×10^{-2}	0.980665×10^5	0.0980665	2048
kgf/mm^2	1×10^2	1	0.980665×10^7	9.80665	2.048×10^5
Pa	1.0197×10^{-5}	1.0197×10^{-7}	1	1×10^{-6}	0.02089
N/mm^2	10.1972	0.101972	1×10^6	1	2.089×10^4
lbf/ft^2	0.0004882	4.882×10^{-6}	47.86	4.788×10^{-5}	1

12 속도

단위	m/s	km/h	kn(미터법)	ft/s	mile/h
m/s	1	3.6	1.944	3.281	2.237
km/s	0.2778	1	0.5400	0.9113	0.6214
kn(미터법)	0.5144	1.852	1	1.688	1.151
ft/s	0.3048	1.097	0.5925	1	0.6818
mile/h	0.4470	1.609	0.8690	1.467	1

※ 참고 : kn : 노트, 미터법 1노트＝1,852m/h

13 각속도

단위	rpm	rad/s
rpm	1	0.1047
rad/s	9.549	1

※ 참고 : $1\text{rad}=57.296°$, $\text{rpm}=\text{r/min}$

14 점도

단위	cP	P	Pa·s	kgf·s/m^2	lbf·s/in^2
cP	1	0.01	0.001	0.00010197	1.449×10^{-7}
P	100	1	0.1	0.0101973	1.449×10^{-5}
Pa·s	1000	10	1	0.101973	1.449×10^{-4}
kgf·s/m^2	9806.65	98.0665	9.80665	1	0.001422
lbf·s/in^2	6.9×10^6	6.9×10^4	6.9×10^3	7.03×10^2	1

※ 참고 : $1\text{P}=1\text{dyn·s/cm}^2=1\text{g/cm·s}$, $1\text{Pa·s}=1\text{N·s/m}^2$, $1\text{cP}=1\text{mPa·s}$,
　　　　$1\text{lbf·s/in}^2=1\text{Reyn}=6.9\times10^6\text{cP}$

15 동점도

단위	cSt	St	m^2/s	ft^2/s
cSt	1	1×10^{-2}	1×10^{-6}	0.00001076
St	100	1	1×10^{-4}	0.001076
m^2/s	1×10^6	1×10^4	1	10.76
ft^2/s	92900	929.0	0.09290	1

※ 참고 : $1\text{St}=1\text{cm}^2/\text{s}$

16 체적유량

단위	l/s	l/min	m^3/s	m^3/min	m^3/h	ft^3/s
l/s	1	60	1×10^{-3}	0.06	3600	0.03532

단위	l/s	l/min	m³/s	m³/min	m³/h	ft³/s
l/min	0.01666	1	1.66666×10^{-5}	1×10^{-3}	6×10^{-2}	0.00059
m³/s	1×10^{3}	6×10^{4}	1	60	3600	35.31
m³/min	1.66666×10	1×10^{3}	1.66666×10^{-2}	1	60	0.5885
m³/h	2.77777×10^{-4}	1.66666×10	2.77777×10^{-4}	1.66666×10^{-2}	1	0.00981
ft³/s	2.832×10	1.69833×10^{3}	2.832×10^{-2}	1.69833	101.9	1

17 일, 에너지 및 열량

단위	J	kgf · m	kW · h	kcal	ft · lbf	Btu
J	1	0.10197	2.778×10^{-7}	2.389×10^{-4}	0.7376	9.480×10^{-4}
kgf · m	9.807	1	2.724×10^{-6}	2.343×10^{-3}	7.233	9.297×10^{-3}
kW · h	3.6×10^{6}	3.671×10^{5}	1	860.0	2.655×10^{6}	3413
kcal	4186	426.9	1.163×10^{-3}	1	3087	3.968
ft · lbf	1.356	0.1383	3.766×10^{-7}	3.239×10^{-4}	1	1.285×10^{-3}
Btu	1055	107.6	2.930×10^{-4}	0.2520	778.0	1

※ 참고 : 1J＝1W · s, 1kgf · m＝9.80665J, 1W · h＝3,600W · s, 1cal＝4.18605J

18 일률

단위	kW	kgf · m/s	PS	HP	kcal/s	ft · lbf/s	Btu/s
kW	1	101.97	1.3596	1.3405	0.2389	737.6	0.9480
kgf · m/s	9.807×10^{-3}	1	1.333×10^{-2}	1.315×10^{-2}	2.343×10^{-3}	7.233	9.297×10^{-3}
PS	0.7355	75	1	0.9859	0.1757	542.5	0.6973
HP	0.746	76.07	1.0143	1	0.1782	550.2	0.7072
kcal/s	4.186	426.9	5.691	5.611	1	3087	3.968
ft · lbf/s	1.356×10^{-3}	0.1383	1.843×10^{-3}	1.817×10^{-3}	3.239×10^{-4}	1	1.285×10^{-3}
Btu/s	1.055	107.6	1.434	1.414	0.2520	778.0	1

※ 참고 : W : SI단위, 1W＝1J/s, 1kgf · m/s＝9.80665W, PS : 佛마력, HP : 英마력

19 열전도율

단위	kcal/m · h · ℃	Btu/ft · h · ℉	W/(m · K)
kcal/m · h · ℃	1	0.6720	1.163
Btu/ft · h · ℉	1.488	1	1.731
W/(m · K)	0.8600	0.5779	1

※ 참고 : W/(m · K) : SI단위, 1cal(it)=4.1868J

20 열전도계수

단위	kcal/m^2 · h · ℃	Btu/ft^2 · h · ℉	J/m^2 · h · ℃	W/(m^2 · K)
kcal/m^2 · h · ℃	1	0.2048	4187	1.163
Btu/ft^2 · h · ℉	4.882	1	2.044×10^4	5.678
J/m^2 · h · ℃	2.389×10^{-4}	4.893×10^{-5}	1	2.778×10^{-4}
W/(m^2 · K)	0.8598	0.1761	3599	1

※ 참고 : W/(m^2 · K) : SI단위, 1cal=4.18605J

시퀀스제어 문자기호

기본기호만으로는 상세하게 기기 및 장치의 종류, 기능, 용도를 표시하는데 부족하므로 전기용어의 영문에서 머리문자를 취한 문자기호를 사용한다.

01 회전기

문자기호	용어	영문
EX	여자기	Exciter
FC	주파수변환기	Frequency Changer, Frequency Converter
G	발전기	Generator
IM	유도전동기	Induction Motor
M	전동기	Motor
MG	전동발전기	Motor-Generator
OPM	조작용 전동기	Operating Motor
RC	회전변류기	Rotary Converter
SEX	부여자기	Sub-Exciter
SM	동기전동기	Synchronous Motor
TG	회전도계 발전기	Tachometer Generator

02 변압기 및 정류기류

문자기호	용어	영문
BCT	부싱변류기	Bushing Current Transformer
BST	승압기	Booster
CLX	한류리액터	Current Limiting Reactor
CT	변류기	Current Transformer

문자기호	용어	영문
GT	접지변압기	Grounding Transformer
IR	유도전압조정기	Induction Voltage Regulator
LTT	부하 시 탭전환변압기	On-load Tap-changing Transformer
LVR	부하 시 전압조정기	On-load Voltage Regulator
PCT	계기용 변압변류기	Potential Current Transformer, Combined Voltage and Current Transformer
PT	계기용 변압기	Potential Transformer, Voltage Transformer
T	변압기	Transformer
PHS	이상기	Phase Shifter
RF	정류기	Rectifier
ZCT	영상변류기	Zero-phase-sequence Current Transformer

03 차단기 및 스위치류

문자기호	용어	영문
ABB	공기차단기	Airblast Circuit Breaker
ACB	기중차단기	Air Circuit Breaker
AS	전류계 전환스위치	Ammeter Changer-over Switch
BS	버튼스위치	Button Switch
CB	차단기	Circuit Breaker
COS	전환스위치	Change-over Switch
SC	제어스위치	Control Switch
DS	단로기	Disconnecting Switch
EMS	비상스위치	Emergency Switch
F	퓨즈	Fuse
FCB	계자차단기	Field Circuit Breaker
FLTS	플로트스위치	Float Switch
FS	계자스위치	Field Switch
FTS	발밟음스위치	Foot Switch
GCB	가스차단기	Gas Circuit Breaker
HSCB	고속도차단기	High-speed Circuit Breaker

문자기호	용어	영문
KS	나이프스위치	Knife Switch
LS	리밋스위치	Limit Switch
LVS	레벨스위치	Level Switch
MBB	자기차단기	Magnetic Blow-out Circuit Breaker
MC	전자접촉기	Electromagnetic Contactor
MCB	배선용 차단기	Molded Case Circuit Breaker
OCB	기름차단기	Oil Circuit Breaker
OSS	과속스위치	Over-speed Switch
PF	전력퓨즈	Power Fuse
PRS	압력스위치	Pressure Switch
RS	회전스위치	Rotary Switch
S	스위치, 개폐기	Switch
SPS	속도스위치	Speed Switch
TS	텀블러스위치	Tumbler Switch
VCB	진공차단기	Vacuum Circuit Breaker
VCS	진공스위치	Vacuum Switch
VS	전압계 전환스위치	Voltmeter Change-over Switch
CTR	제어기	Controller
MCTR	주제어기	Master Controller
STT	기동기	Starter

04 저항기

문자기호	용어	영문
CLR	한류저항기	Current-limiting Resistor
DBR	제동저항기	Dynamic Braking Resistor
DR	방전저항기	Discharging Resistor
FRH	계자저항기	Field Regulator
GR	접지저항기	Grounding Resistor
LDR	부하저항기	Loading Resistor
NGR	중성점접지저항기	Neutral Grounding Resistor

문자기호	용어	영문
R	저항기	Resistor
RH	가감저항기	Rheostat
STR	기동저항기	Starting Resistor

05 계전기

문자기호	용어	영문
BR	평형계전기	Balance Relay
CLR	한류계전기	Current Limiting Relay
CR	전류계전기	Current Relay
DFR	차동계전기	Differential Relay
FCR	플리커계전기	Flicker Relay
FLR	흐름계전기	Flow Relay
FR	주파수계전기	Frequency Relay
GR	지락계전기	Ground Relay
KR	유지계전기	Keep Relay
LFR	계자손실계전기	Loss of Field Relay, Field Loss Relay
OCR	과전류계전기	Overcurrent Relay
OSR	과속도계전기	Over-speed Relay
OPR	결상계전기	Open-phase Relay
OVR	과전압계전기	Over voltage Relay
PLR	극성계전기	Polarity Relay
PR	역전방지계전기	Plugging Relay
POR	위치계전기	Position Relay
PRR	압력계전기	Pressure Relay
PWR	전력계전기	Power Relay
R	계전기	Relay
RCR	재폐로계전기	Reclosing Relay
SOR	탈조(동기이탈)계전기	Out-of-step Relay, Step-out Relay
SPR	속도계전기	Speed Relay
STR	기동계전기	Starting Relay

문자기호	용어	영문
SR	단락계전기	Short-circuit Relay
SYR	동기투입계전기	Synchronizing Relay
TDR	시연계전기	Time Delay Relay
TFR	자유트립계전기	Trip-free Relay
THR	열동계전기	Thermal Relay
TLR	한시계전기	Time-lag Relay
TR	온도계전기	Temperature Relay
UVR	부족전압계전기	Under-voltage Relay
VCR	진공계전기	Vacuum Relay
VR	전압계전기	Voltage Relay

06 계기

문자기호	용어	영문
A	전류계	Ammeter
F	주파수계	Frequency Meter
FL	유량계	Flow Meter
GD	검류기	Ground Detector
HRM	시계	Hour Meter
MDA	최대수요전류계	Maximum Demand Ammeter
MDW	최대수요전력계	Maximum Demand Wattmeter
N	회전속도계	Tachometer
PI	위치지시계	Position Indicator
PF	역률계	Power-factor Meter
PG	압력계	Pressure Gauge
SH	분류기	Shunt
SY	동기검정기	Synchronoscope, Synchronism Indicator
TH	온도계	Thermometer
THC	열전대	Thormocouple
V	전압계	Voltmeter
VAR	무효전력계	Var Meter, Reactive Power Meter

문자기호	용어	영문
VG	진공계	Vacuum Gauge
W	전력계	Wattmeter
WH	전력량계	Watt-hour Meter
WLI	수위계	Water Level Indicator

07 기타

문자기호	용어	영문
AN	표시기	Annunciator
B	전지	Battery
BC	충전기	Battery Charger
BL	벨	Bell
BL	송풍기	Blower
BZ	부저	Buzzer
C	콘덴서	Condenser, Capacitor
CC	폐로코일	Closing Coil
CH	케이블헤드	Cable Head
DL	더미부하(의사부하)	Dummy Load
EL	지락표시등	Earth Lamp
ET	접지단자	Earth Terminal
FI	고장표시기	Fault Indicator
FLT	필터	Filter
H	히터	Heater
HC	유지코일	Holding Coil
HM	유지자석	Holding Magnet
HO	혼	Horn
IL	조명등	Illuminating Lamp
MB	전자브레이크	Electromagnetic Brake
MCL	전자클러치	Electromagnetic Clutch
MCT	전자카운터	Magnetic Counter
MOV	전동밸브	Motor-operated Valve

문자기호	용어	영문
OPC	동작코일	Operating Coil
OTC	과전류트립코일	Overcurrent Trip Coil
RSTC	복귀코일	Reset Coil
SL	표시등	Signal Lamp, Pilot Lamp
SV	전자밸브	Solenoid Valve
TB	단자대, 단자판	Terminal Block, Terminal Board
TC	트립코일	Trip Coil
TT	시험단자	Testing Terminal
UVC	부족전압트립코일	Under-voltage Release Coil, Under-voltage Trip Coil

08 기능기호

문자기호	용어	영문
A	가속 · 증속	Accelerating
AUT	자동	Automatic
AUX	보조	Auxiliary
B	제동	Braking
BW	후방향	Backward
C	미동	Control
CL	닫음	Close
CO	전환	Chage-over
CRL	미속	Crawing
CST	코우스팅	Coasting
DE	감속	Decelerating
D	하강 · 아래	Down, Lower
DB	발전제동	Dynamic Braking
DEC	감소	Decrease
EB	전기제동	Electric Braking
EM	비상	Emergency
F	정방향	Forward
FW	앞으로	Forward

문자기호	용어	영문
H	높다	High
HL	유지	Holding
HS	고속	High Speed
ICH	인칭	Inching
IL	인터록	Inter-locking
INC	증가	Increase
INS	순시	Instant
J	미동	Jogging
L	왼편	Left
L	낮다	Low
LO	록아웃	Lock-out
MA	수동	Manual
MEB	기계제동	Mechanical Braking
OFF	개로, 끊다	Open, Off
ON	폐로, 닫다	Close, On
OP	열다	Open
P	플러깅	Plugging
R	기록	Recording
R	반대로, 역으로	Reverse
R	오른편	Right
RB	재생제동	Regenerative Braking
RG	조정	Regulating
RN	운전	Run
RST	복귀	Reset
ST	시동	Start
SET	세트	Set
STP	정지	Stop
SY	동기	Synchronizing
U	상승, 위로	Raise, Up

09 무접점계전기

문자기호	용어	영문
NOT	논리부정	Not, Negation
OR	논리합	Or
AND	논리적	And
NOR	노어	Nor
NAND	낸드	Nand
MEM	메모리	Memory
ORM	복귀기억	Off Return Memory
RM	영구기억	Retentive Memory
FF	플립플롭	Flip Flop
BC	이진카운터	Binary Counter
SFR	시프트레지스터	Shift Register
TDE	동작시간 지연	Time Delay Energizing
TDD	복귀시간 지연	Time Delay De-energizing
TDB	시간 지연	Time Delay(Both)
SMT	슈미트트리거	Schmidt Trigger
SSM	단안정 멀티바이브레이터	Single Shot Multi-vibrator
MLV	멀티바이브레이터	Multi-vibrator
AMP	증폭기	Amplifier

① A α → 알파(ALPHA) 그리스문자의 첫 번째 글자이자 많이 차용되는 기호이다.

② B β → 베타(BETA) 수학, 물리 등에서 알파 다음으로 많이 차용되는 기호이다.

③ Γ γ → 감마(GAMMA) 알파, 베타, 감마는 ABC나 가나다처럼 차용되는 기호이다.

④ Δ δ → 델타(DELTA) 극소의 이등분을 가리킬 때 쓰인다.

⑤ E ϵ → 입실론(EPSILON) 입실론의 소문자 2번째 형태는 "집합원소" 기호로 많이 사용한다. 그리고 '작다' 혹은 '적다'의 개념을 가지고 있어서 20세기 천재 수학자 에르되시 팔은 '아이＝child'를 '입실론'이라고 불렀다.

⑥ Z ζ → 제타(ZETA) 고전역학

⑦ H η → 에타(ETA) 물리. 자기장, 전기장 부분

⑧ Θ θ → 쎄타(THETA) 수학에서 각도를 나타내는 기호로 많이 쓰인다.

⑨ I ι → 이오타(IOTA)

⑩ K κ → 카파(KAPPA)

⑪ Λ λ → 람다(LAMBDA) 현대물리에서 파장을 나타낼 때 사용된다.

⑫ M μ → 뮤(MU) 통계학에서 모평균을 나타낼 때 물리의 자기장 부분에서 쓰이는 기호이다.

⑬ N ν → 뉴(NU)

⑭ Ξ ξ → 크사이(XI)

⑮ O o → 오미크론(OMICRON) 알파벳의 'o'와 구분하기 어려워 거의 안 쓰인다.

⑯ Π π → 파이(PI) 파이의 소문자는 보통 원의 직경에 대한 비율로 많이 쓰이며, 파이의 대문자는 경우의 수를 계산할 때 '곱하는 방법'의 계산법으로 쓰인다.

⑰ P ρ → 로우(RHO) 물리에서 저항을 나타낸다.

⑱ Σ σ → 시그마(SIGMA) 시그마의 대문자는 주로 "모두 더하기"의 기호이다.

⑲ T τ → 타우(TAU)

⑳ Y υ → 입실론(UPSILON)

㉑ Φ ϕ → 파이(PHI)

㉒ X χ → 카이(CHI)

㉓ Ψ ψ → 프사이(PSI)

㉔ Ω ω → 오메가(OMEGA)

Chapter 07 삼각함수공식

01 삼각함수

$$\cos\theta = \frac{1}{\sin\theta},\ \sin\theta = \frac{1}{\cos\theta},\ \cot\theta = \frac{1}{\tan\theta}$$

02 삼각함수 사이의 관계

① $\tan\theta = \dfrac{\sin\theta}{\cos\theta}$

② $\sin^2\theta + \cos^2\theta = 1$

③ $1 + \tan^2\theta = \sin^2\theta$

④ $1 + \cot^2\theta = \cos^2\theta$

03 제2코사인법칙

$$a^2 = b^2 + c^2 - 2bc\cos A$$

04 삼각함수의 주기와 최대 · 최소

(1) $y = a\sin(bx+c)+d,\ y = a\cos(bx+c)+d$

① 주기 : $\dfrac{2\pi}{|b|}$

② 이동 : $y = a\sin bx\,(\text{or } y = a\cos bx)$의 그래프를 x축 방향으로 $-\dfrac{c}{b}$, y축 방향으로 d 만큼 평행이동한 그래프

③ 최대값 : $|a|+d$, 최소값 : $-|a|+d$

(2) $y = a\tan(bx+c)+d$

① 주기 : $\dfrac{\pi}{|b|}$

② **이동** : $y = a\tan x$의 그래프를 x축 방향으로 $-\dfrac{c}{b}$, y축 방향으로 d만큼 평행이동한 그래프

③ 최대값과 최소값은 없다.

---

05 삼각함수의 덧셈정리

$$\sin(\alpha + \beta) = \sin\alpha\cos\beta + \cos\alpha\sin\beta \qquad \sin(\alpha - \beta) = \sin\alpha\cos\beta - \cos\alpha\sin\beta$$

$$\cos(\alpha + \beta) = \cos\alpha\cos\beta - \sin\alpha\sin\beta \qquad \cos(\alpha - \beta) = \cos\alpha\cos\beta + \sin\alpha\sin\beta$$

$$\tan(\alpha + \beta) = \dfrac{\tan\alpha + \tan\beta}{1 - \tan\alpha\tan\beta} \qquad \tan(\alpha - \beta) = \dfrac{\tan\alpha - \tan\beta}{1 + \tan\alpha\tan\beta}$$

---

06 삼각함수의 배각공식

① $\sin 2\alpha = 2\sin\alpha\cos\alpha$ ② $\tan 2\alpha = \dfrac{2\tan\alpha}{1 - \tan^2\alpha}$

③ $\cos 2\alpha = \cos^2\alpha - \sin^2\alpha = 2\cos^2\alpha - 1 = 1 - 2\sin^2\alpha$

---

07 삼각함수의 반각공식

① $\sin^2\dfrac{\alpha}{2} = \dfrac{1 - \cos\alpha}{2}$ ② $\cos^2\dfrac{\alpha}{2} = \dfrac{1 + \cos\alpha}{2}$

③ $\tan^2\dfrac{\alpha}{2} = \dfrac{1 - \cos\alpha}{1 + \cos\alpha}$

---

08 삼각함수의 합성

$$a\sin\theta + b\cos\theta = \sqrt{a^2 + b^2}\,\sin(\theta + \alpha)$$

단, $\cos\alpha = \dfrac{a}{\sqrt{a^2 + b^2}}$, $\sin\alpha = \dfrac{b}{\sqrt{a^2 + b^2}}$

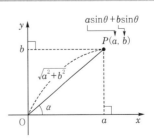

| 그림 4 | 피타고라스의 정리

용접기호

용접설계도면에 의해 제품을 제작할 때나 설계도면에 의해여 설계자의 의사를 전달할 때 다음과 같은 기호를 이용한다.

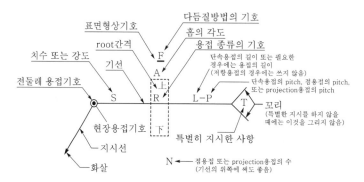

(a) 용접하는 쪽이 화살표 반대쪽인 경우(기선 위에 지시사항을 쓴다)

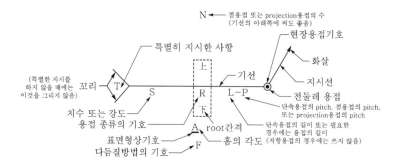

(b) 용접하는 쪽이 화살표 쪽인 경우(기선 밑에 지시사항을 쓴다)

| 그림 5 | 용접기호의 표시방법

| 표 10 | 용접방법에 따른 분류

방법	종류		기호	비고
아크 및 가스용접	홈용접	I형	‖	
		V형, X형	∨	X형은 설명선의 기선에 대칭하게 그 기호를 기재한다.
		U형, H형	Ｙ	H형은 기선에 대칭하게 그 기호를 기재한다.

방법	종류		기호	비고
아크 및 가스용접	홈용접	L형, K형	V	K형은 기선에 대칭되게 이 기호를 넣고, 세로선은 왼편에 기입한다.
		J형(양면)	ﾄ	양면 J형은 기선에 대칭하게 넣는다.
		J형		기호의 세로선은 왼편으로 한다.
		플레어 V형	∧	
		플레어 X형		플레어 X형은 기선에 대칭하게 기호를 넣는다.
		플레어 L형	ﾉl	
		플레어 K형		플레어 K형은 기선에 대칭하게 기호를 넣는다.
	필릿 용접	연속	⊿	기호의 세로선은 왼편에 기입한다.
		zig jag	▷	병렬용접은 기선에 대칭으로 기입한다. 휨용접은 다음 기호에 의한다. ⟋⟋
	플러그용접		▽	
	비드 및 덧붙임용접		▽	덧붙임용접은 기호를 2개 연속해서 기재한다.
저항용접	점용접		✳	기선 중심에 걸쳐서 대칭하게 기재한다.
	프로젝션용접		✕	
	심용접		✕✕✕✕	기선 중심에 걸쳐서 대칭하게 기재한다.
	플래시, 업셋용접				기선 중심에 걸쳐서 대칭하게 기재한다.

| 표 11 | 용접 표면상태와 영역에 따른 분류

구분		기호	비고
용접부의 표면형상	평평한 것	―	
	볼록한 것	⌢	기선의 바깥쪽으로 볼록
	오목한 것	⌣	기선의 바깥쪽으로 오목
용접부의 다듬질방법	칩핑	C	다듬질방법을 구별하지 않을 때에는 F
	연마다듬질(grinding)	G	
	기계다듬질(machining)	M	
현장용접		●	전둘레용접이 분명할 때는 생략
전둘레용접		○	
전둘레 현장용접		◉	

[저자 약력]

김순채(공학박사 · 기술사)

- 2002년 공학박사
- 47회, 48회 기술사 합격
- 현) 엔지니어데이터넷(www.engineerdata.net) 대표
  엔지니어데이터넷기술사연구소 교수
  한국공학교육인증원 4년제 대학 평가위원
  한국생산성본부(KPC) 전문위원(대기업 강의)
- 전) 명지전문대학 기계공학과 및 교양과 겸임교수
  서울과학기술대학교 기계시스템디자인공학과 겸임교수

〈저서〉
- 《산업기계설비기술사》
- 《기계안전기술사》
- 《건설기계기술사》
- 《기계제작기술사》
- 《용접기술사》
- 《공조냉동기계기능사 [필기]》
- 《공조냉동기계기능사 기출문제집》
- 《공유압기능사 [필기]》
- 《공유압기능사 기출문제집》
- 《현장 실무를 위한 공조냉동공학 기초》

〈동영상 강의〉
건설기계기술사, 산업기계설비기술사, 기계안전기술사, 용접기술사, 기계설계산업기사, 공조냉동기계기사, 공조냉동기계산업기사, 공조냉동기계기능사, 공조냉동기계기능사 기출문제집, 공유압기능사, 공유압기능사 기출문제집, 알기 쉽게 풀이한 도면 그리는 법·보는 법, 유공압공학 기초, 공조냉동공학 기초

현장 실무자를 위한

유공압공학 기초

2018. 1. 15. 초 판 1쇄 발행
2021. 5. 7. 개정증보 1판 1쇄 발행

지은이 | 김순채
펴낸이 | 이종춘
펴낸곳 | BM (주)도서출판 성안당

주소 | 04032 서울시 마포구 양화로 127 첨단빌딩 3층(출판기획 R&D 센터)
10881 경기도 파주시 문발로 112 파주 출판 문화도시(제작 및 물류)

전화 | 02) 3142-0036
031) 950-6300
팩스 | 031) 955-0510
등록 | 1973. 2. 1. 제406-2005-000046호
출판사 홈페이지 | www.cyber.co.kr
ISBN | 978-89-315-1979-2 (13550)
정가 | 29,000원

이 책을 만든 사람들

기획 | 최옥현
진행 | 이희영
교정·교열 | 문 황
전산편집 | 전채영
표지 디자인 | 박원석
홍보 | 김계향, 유미나, 서세원
국제부 | 이선민, 조혜란, 김혜숙
마케팅 | 구본철, 차정욱, 나진호, 이동후, 강호묵
마케팅 지원 | 장상범, 박지연
제작 | 김유석

이 책의 어느 부분도 저작권자나 BM (주)도서출판 성안당 발행인의 승인 문서 없이 일부 또는 전부를 사진 복사나 디스크 복사 및 기타 정보 재생 시스템을 비롯하여 현재 알려지거나 향후 발명될 어떤 전기적, 기계적 또는 다른 수단을 통해 복사하거나 재생하거나 이용할 수 없음.

※ 잘못된 책은 바꾸어 드립니다.